国家出版基金资助项目
现代数学中的著名定理纵横谈丛书
丛书主编　王梓坤

JONES POLYNOMIAL IN KNOT THEORY

纽结理论中的 Jones 多项式

刘培杰　陈明　孙博文　编著

哈尔滨工业大学出版社
HARBIN INSTITUTE OF TECHNOLOGY PRESS

内容简介

本书主要介绍了纽结理论、亚历山大多项式、琼斯多项式的基本知识,起源和发展等问题.通过本书的学习,读者可以较全面地了解这一类问题的实质,并且还可以认识到它在许多学科中的应用.

本书适合广大数学爱好者阅读和收藏.

图书在版编目(CIP)数据

纽结理论中的 Jones 多项式/刘培杰,陈明,孙博文编著. —哈尔滨:哈尔滨工业大学出版社,2018.1

(现代数学中的著名定理纵横谈丛书)

ISBN 978-7-5603-5656-3

Ⅰ.①纽⋯ Ⅱ.①刘⋯ ②陈⋯ ③孙⋯ Ⅲ.①多项式-研究 Ⅳ.①O174.14

中国版本图书馆 CIP 数据核字(2017)第 039615 号

策划编辑	刘培杰 张永芹
责任编辑	张永芹 聂兆慈
封面设计	孙茵艾
出版发行	哈尔滨工业大学出版社
社　　址	哈尔滨市南岗区复华四道街 10 号　邮编 150006
传　　真	0451-86414749
网　　址	http://hitpress.hit.edu.cn
印　　刷	哈尔滨市石桥印务有限公司
开　　本	787mm×960mm　1/16　印张 22.5
	字数 256 千字　插页 4
版　　次	2018 年 1 月第 1 版　2018 年 1 月第 1 次印刷
书　　号	ISBN 978-7-5603-5656-3
定　　价	98.00 元

(如因印装质量问题影响阅读,我社负责调换)

代序

读书的乐趣

你最喜爱什么——书籍.
你经常去哪里——书店.
你最大的乐趣是什么——读书.

这是友人提出的问题和我的回答.真的,我这一辈子算是和书籍,特别是好书结下了不解之缘.有人说,读书要费那么大的劲,又发不了财,读它做什么?我却至今不悔,不仅不悔,反而情趣越来越浓.想当年,我也曾爱打球,也曾爱下棋,对操琴也有兴趣,还登台伴奏过.但后来却都一一断交,"终身不复鼓琴".那原因便是怕花费时间,玩物丧志,误了我的大事——求学.这当然过激了一些.剩下来唯有读书一事,自幼至今,无日少废,谓之书痴也可,谓之书橱也可,管它呢,人各有志,不可相强.我的一生大志,便是教书,而当教师,不多读书是不行的.

读好书是一种乐趣,一种情操;一种向全世界古往今来的伟人和名人求教的方法,一种和他们展开讨论的方式;一封出席各种活动、体验各种生活、结识各种人物的邀请信;一张迈进科学宫殿和未知世界的入场券;一股改造自己、丰富自己的强大力量.书籍是全人类有史以来共同创造的财富,是永不枯竭的智慧的源泉.失意时读书,可以使人重整旗鼓;得意时读书,可以使人头脑清醒;疑难时读书,可以得到解答或启示;年轻人读书,可明奋进之道;年老人读书,能知健神之理.浩浩乎!洋洋乎!如临大海,或波涛汹涌,或清风微拂,取之不尽,用之不竭.吾于读书,无疑义矣,三日不读,则头脑麻木,心摇摇无主.

潜能需要激发

我和书籍结缘,开始于一次非常偶然的机会.大概是八九岁吧,家里穷得揭不开锅,我每天从早到晚都要去田园里帮工.一天,偶然从旧木柜阴湿的角落里,找到一本蜡光纸的小书,自然很破了.屋内光线暗淡,又是黄昏时分,只好拿到大门外去看.封面已经脱落,扉页上写的是《薛仁贵征东》.管它呢,且往下看.第一回的标题已忘记,只是那首开卷诗不知为什么至今仍记忆犹新:

日出遥遥一点红,飘飘四海影无踪.

三岁孩童千两价,保主跨海去征东.

第一句指山东,二、三两句分别点出薛仁贵(雪、人贵).那时识字很少,半看半猜,居然引起了我极大的兴趣,同时也教我认识了许多生字.这是我有生以来独立看的第一本书.尝到甜头以后,我便千方百计去找书,向小朋友借,到亲友家找,居然断断续续看了《薛丁山征西》《彭公案》《二度梅》等,樊梨花便成了我心中的女英雄.我真入迷了.从此,放牛也罢,车水也罢,我总要带一本书,还练出了边走田间小路边读书的本领,读得津津有味,不知人间别有他事.

当我们安静下来回想往事时,往往会发现一些偶然的小事却影响了自己的一生.如果不是找到那本《薛仁贵征东》,我的好学心也许激发不起来.我这一生,也许会走另一条路.人的潜能,好比一座汽油库,星星之火,可以使它雷声隆隆、光照天地;但若少了这粒火星,它便会成为一潭死水,永归沉寂.

抄,总抄得起

好不容易上了中学,做完功课还有点时间,便常光顾图书馆.好书借了实在舍不得还,但买不到也买不起,便下决心动手抄书.抄,总抄得起.我抄过林语堂写的《高级英文法》,抄过英文的《英文典大全》,还抄过《孙子兵法》,这本书实在爱得狠了,竟一口气抄了两份.人们虽知抄书之苦,未知抄书之益,抄完毫末俱见,一览无余,胜读十遍.

始于精于一,返于精于博

关于康有为的教学法,他的弟子梁启超说:"康先生之教,专标专精、涉猎二条,无专精则不能成,无涉猎则不能通也."可见康有为强烈要求学生把专精和广博(即"涉猎")相结合.

在先后次序上,我认为要从精于一开始.首先应集中精力学好专业,并在专业的科研中做出成绩,然后逐步扩大领域,力求多方面的精.年轻时,我曾精读杜布(J. L. Doob)的《随机过程论》,哈尔莫斯(P. R. Halmos)的《测度论》等世界数学名著,使我终身受益.简言之,即"始于精于一,返于精于博".正如中国革命一样,必须先有一块根据地,站稳后再开创几块,最后连成一片.

丰富我文采,澡雪我精神

辛苦了一周,人相当疲劳了,每到星期六,我便到旧书店走走,这已成为生活中的一部分,多年如此.一次,偶然看到一套《纲鉴易知录》,编者之一便是选编《古文观止》的吴楚材.这部书提纲挈领地讲中国历史,上自盘古氏,直到明末,记事简明,文字古雅,又富于故事性,便把这部书从头到尾读了一遍.从此启发了我读史书的兴趣.

我爱读中国的古典小说,例如《三国演义》和《东周列国志》.我常对人说,这两部书简直是世界上政治阴谋诡计大全.即以近年来极时髦的人质问题(伊朗人质、劫机人质等),这些书中早就有了,秦始皇的父亲便是受害者,堪称"人质之父".

《庄子》超尘绝俗,不屑于名利.其中"秋水""解牛"诸篇,诚绝唱也.《论语》束身严谨,勇于面世,"己所不欲,勿施于人",有长者之风.司马迁的《报任少卿书》,读之我心两伤,既伤少卿,又伤司马;我不知道少卿是否收到这封信,希望有人做点研究.我也爱读鲁迅的杂文,果戈理、梅里美的小说.我非常敬重文天祥、秋瑾的人品,常记他们的诗句:"人生自古谁无死,留取丹心照汗青""休言女子非英物,夜夜龙泉壁上鸣".唐诗、宋词、《西厢记》《牡丹亭》,丰富我文采,澡雪我精神,其中精粹,实是人间神品.

读了邓拓的《燕山夜话》,既叹服其广博,也使我动了写《科学发现纵横谈》的心.不料这本小册子竟给我招来了上千封鼓励信.以后人们便写出了许许多多的"纵横谈".

从学生时代起,我就喜读方法论方面的论著.我想,做什么事情都要讲究方法,追求效率、效果和效益,方法好能事半而功倍.我很留心一些著名科学家、文学家写的心得体会和经验.我曾惊讶为什么巴尔扎克在51年短短的一生中能写出上百本书,并从他的传记中去寻找答案.文史哲和科学的海洋无边无际,先哲们的明智之光沐浴着人们的心灵,我衷心感谢他们的恩惠.

读书的另一面

以上我谈了读书的好处,现在要回过头来说说事情的另一面.

读书要选择.世上有各种各样的书:有的不值一看,有的只值看20分钟,有的可看5年,有的可保存一辈子,有的将永远不朽.即使是不朽的超级名著,由于我们的精力与时间有限,也必须加以选择.决不要看坏书,对一般书,要学会速读.

读书要多思考.应该想想,作者说得对吗?完全吗?适合今天的情况吗?从书本中迅速获得效果的好办法是有的放矢地读书,带着问题去读,或偏重某一方面去读.这时我们的思维处于主动寻找的地位,就像猎人追找猎物一样主动,很快就能找到答案,或者发现书中的问题.

有的书浏览即止,有的要读出声来,有的要心头记住,有的要笔头记录.对重要的专业书或名著,要勤做笔记,"不动笔墨不读书".动脑加动手,手脑并用,既可加深理解,又可避忘备查,特别是自己的灵感,更要及时抓住.清代章学诚在《文史通义》中说:"札记之功必不可少,如不札记,则无穷妙绪如雨珠落大海矣."

许多大事业、大作品,都是长期积累和短期突击相结合的产物.涓涓不息,将成江河;无此涓涓,何来江河?

爱好读书是许多伟人的共同特性,不仅学者专家如此,一些大政治家、大军事家也如此.曹操、康熙、拿破仑、毛泽东都是手不释卷,嗜书如命的人.他们的巨大成就与毕生刻苦自学密切相关.

王梓坤

目录

第 1 章　一道别出心裁的赛题　//1
第 2 章　Peterson 谈打结的问题　//22
第 3 章　Conway 论纽结　//34
第 4 章　Witten 论纽结与量子理论　//50
第 5 章　纽结与奇点　//61
　5.1　序　//61
　5.2　复数　//64
　5.3　预备知识　//67
　5.4　对应着奇点的纽结——
　　　　特殊情况　//74
　5.5　对应奇点的纽结——
　　　　一般代数曲线　//80
　5.6　结论　//87
第 6 章　弦,纽结和量子群:1990 年三位 Fields
　　　　奖章获得者工作一览　//89
　6.1　引言　//89
　6.2　关系:Witten-Drinfel'd-Jones　//92
　6.3　弦理论:E. Witten　//94
　6.4　纽结理论:V. Jones　//109
　6.5　量子群:V. Drinfel'd　//117
　6.6　Michel Kervaire,1927—2007　//122
第 7 章　数学基础的统一和持久性　//126
　7.1　森重文和三维代数几何　//129
　7.2　Jones 的结和多项式　//130
　7.3　Дринфельд 和量子群　//132

7.4 Witten 和 Jones 多项式 //132

第8章 Alexander 多项式:绳结理论 //134
 8.1 绳结的历史,数学 //134
 8.2 打结,解结 //136
 8.3 你的结是什么颜色的 //139
 8.4 解开 DNA //147
 8.5 Alexander 的重大不变量 //153
 8.6 与物质世界的联系 //160
 8.7 一切都纠缠到一起了 //163
 8.8 结与能 //166

第9章 辫子和环链理论的最新进展 //170
 9.1 环链和闭辫子 //171
 9.2 辫子群 //175
 9.3 B_n 的代数结构 //177
 9.4 Markov 定理 //179
 9.5 对称群和辫子群 //180
 9.6 组合与环链论 //183
 9.7 Yang-Baxer 方程 //186
 9.8 Vassiliev 不变量的公理与初始条件 //189
 9.9 奇异辫子 //194
 9.10 定理1的证明 //199
 9.11 未解决的问题 //201

第10章 Aexei Sossinsky 论结与物理 //209
 10.1 巧合 //210
 10.2 题外话:巧合和数学结构 //212
 10.3 统计模型与结多项式 //213
 10.4 Kauffman 括号和量子场 //215
 10.5 量子群是制造不变量的机器 //218
 10.6 Vassiliev 不变量和物理 //219
 10.7 结束语:事情还没完结 //220

第 11 章　J. S. Blrman 论纽结理论中的新观点　//222
　11.1　纽结及其 Alexander 多项式引论　//225
　11.2　交叉点变换　//233
　11.3　辫群的 R-矩阵表示　//236
　11.4　所有纽结的空间　//247
第 12 章　纽结缆线和辫子　//252
　12.1　综述　//252
　12.2　数学　//254
　12.3　教学方法　//259
　12.4　怎样使枕垫型的辫子等价　//263
第 13 章　Poincaré 和三维流形的早期历史　//265
　13.1　引言　//265
　13.2　Poincaré 和基本群　//266
　13.3　Heegaard　//272
　13.4　Wirtinger　//274
　13.5　Tietze　//276
　13.6　Dehn　//282
　13.7　Alexander　//289
附录 A　Alexander 多项式的 20 年　//294
附录 B　AR 纽结 APP 使用说明书　//319
参考文献　//330
编辑手记　//336

一道别出心裁的赛题

第 1 章

在 1991 年的北京市高中一年级数学竞赛的复赛中有如下试题:

试题 对两条有方向的曲线的交叉点 A,我们定义"交叉特征值" $\varepsilon(A)$ 如图 1 所示.

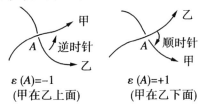

$\varepsilon(A)=-1$ 　　$\varepsilon(A)=+1$
(甲在乙上面)　(甲在乙下面)

图 1

现有一张两条曲线圈放在一起的模糊照片(在各交点处哪条曲线在上面已分辨不清),对两曲线圈所规定的方向如图 2 所示,照片中四个点的"交叉特征值"满足

$$\varepsilon(A_1)+\varepsilon(A_2)+\varepsilon(A_3)+\varepsilon(A_4)=0$$

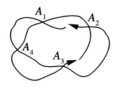

图 2

求证:这两条曲线圈实际上是可以完全离开的(即成为两个单独放置没有重叠的曲线圈).

证明 由于
$$\varepsilon(A_1)+\varepsilon(A_2)+\varepsilon(A_3)+\varepsilon(A_4)=0$$
必有两个加项为 $+1$,两个加项为 -1,那么,在 $(A_1,A_2),(A_2,A_3),(A_3,A_4),(A_4,A_1)$ 中必有一对恰好符号相反. 不妨设 (A_2,A_3) 两点的交叉特征值符号相反, $\varepsilon(A_2)$ 及 $\varepsilon(A_3)$ 中一个为 -1,另一个为 $+1$,则依交叉特征值定义判定,横向的两股曲线都在竖向的上部或下部,如图 3 所示.

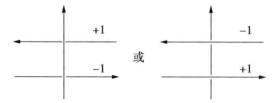

图 3

因此,图 4 中(a)可分离变为(b),但 A_1,A_4 两点的交叉特征值也是一个为 $+1$,另一个为 -1,所以同样的两圈可以分离,变为分离状态,即可分成两个单独放置的没有重叠的曲线图(c).

第1章 一道别出心裁的赛题

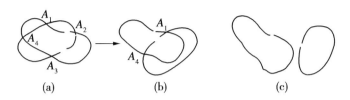

图 4

这是一道背景深刻且颇赶"时髦"的赛题. 它与当前数学界和物理学界都风头正健的"纽结理论"联系紧密.

华东师范大学张奠宙教授在回答记者关于"在即将开始的《高中数学课程标准》修订中应该看重解决哪些问题"时回答说:首先是英才教育问题. 2003 年的《标准》着重强调选择性,设置了许多进修课,效果不理想. "不同的人学习不同的数学",是一个很正确的口号,可惜没有实行. 我希望把高中数学课程标准的修订与数学英才教育结合起来,超越高考,让优秀的中学生能够接触到高等数学,包括系统的多元微积分和微分方程. 这些学生可以通过自主招生渠道升入大学. 世界上有许多数学英才学校,如美国科学数学学校,法国、德国的文法学校,俄罗斯的数学寄宿学校等,都很值得我们学习. 华裔学生如澳大利亚的陶哲轩,以及越南的吴宝珠,都是早在中学就显示出数学天才并加以特别培养,最后脱颖而出,最终获得了菲尔兹奖. 我国片面地理解"教育公平"以抑制英才教育,大家都被逼在高考的同一起跑线上,很不妥当.

在高校自主招生的早期,试题大多由高校数学教师命题. 所以有很多试题具有很深的高等背景,反映了当代数学的研究热点,这对于打破应试教育模式,冲出八股式数学教育的樊笼具有重要意义. 例如:下列曲线中哪一条拿住两端拉直后不打结？_____.

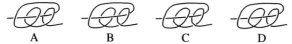

这个题目就是 2009 年复旦大学自主选拔测试的一个题目. 它也反映了当前数学和理论物理中研究的一个热点——纽结理论.

为了更好地了解这一理论我们编译了日本数学家竹崎正道对纽结理论的创始人菲尔兹奖获得者 Vaughan Jones 访问记①.

由物理转向数学, 转向算子环理论

竹崎（以下简为**竹**） 您是 1972 年毕业于 Auckland 大学的吧？新西兰什么时候学年结束？与北半球不同吧？

Vaughan Jones（以下简为 **VJ**） 圣诞节结束.

竹 有没有像毕业论文之类的？

VJ 是的, 1973 年 12 月得硕士称号. 然后于翌年 6 月去日内瓦大学. 不过先得学习三个月的法语课程.

竹 准备在日内瓦学习什么呢？

VJ 嗯, 这是个很有意思的问题……, 我选择日内瓦有好几个理由, 一是因为 Jauch 在那儿. 我在新西兰已读过他写的关于量子力学基础的书, 非常引人入胜. 他在日内瓦, 而且瑞士政府还向新西兰学生提供奖学金. 要想出国除此之外到哪儿去都没有钱; 另外一般都到英国、美国去, 所以到与众不同的国家去我想是很有意思的. 理由虽然不止一条, 但不管怎么说, 钱是主

---

① 原题：ヅョヘンズ（Vaughan Jones）interview. 译自：数学セツナ—1991 年 2 月, 临时增刊. 国际数学者会议, ICM′90, 28-37 页.

要的理由.

竹 那么您是到瑞士去学习物理的了,怎么改变专业了呢?

VJ 一是因为我到达二三周后 Jauch 去世了.

竹 那,您不还在学习法语期间吗?

VJ 是的.心脏病发作.不过在他生前我们曾经见过一面,大约 30 分钟左右.

竹 那您不是成了学问上的孤儿了.

VJ 哎,某种意义上是那样.暂时还继续学习物理.不过又是经济原因转到了数学.因为数学系给我工作干.

我选取了 Haefliger 的 De Rham 上同调课程,我为他对数学的看法所吸引.因此就问他有没有工作,正好他需要该课程的助教(他要外出).这样我就很快从他的学生变成了助教.

竹 这一助教的工作与美国的助教工作相比怎么样,完全不一样吗?

VJ 非常不同.首先助教任期五年,有长期保证.而且工作负担则轻得多.我在年轻时没有碰到这种好运,这次遇到了这么好的环境真是受益匪浅.

竹 在谈话往下进行之前,先想听听您是什么时候决心成为物理学家或数学家的呢?

VJ 基本上是事情发展的结果.不过从年轻时起就一直对物理与数学有兴趣.

竹 从高中时候起吗?

VJ 不,从 5 岁时起.

竹 原来如此.Haefliger 是否对您的思考态度影响最大呢?

VJ 嗯,受 Haefliger 非常强的影响.不过大概受 Alain Connes 的影响最大.

竹 是与 Connes 见面后吗?

VJ 嗯,下断言有些困难.不过我与 Haefliger 总能见面,而与 Connes 每年只一二次而已.

竹 就是说研究数学的态度受到 Haefliger 的影响?

VJ 从拓扑学到 von Neumann 代数.

竹 Haefliger 并不是您选择的领域的专家呀.

VJ 嗯,的确如此,我与 Connes 见面是 1976 年的下半年.幸运的是,瑞士政府对助教出席学会提供费用.因此我去听了 Alain Connes 在斯特拉斯堡学会上的报告.

竹 他们每年在斯特拉斯堡召开两次数学物理的学会.

VJ 对于我,那犹如极大的神灵启示.记得是两小时左右(AFD 因子环的)分类的报告,然后说到了叶状结构.谁都希望他继续讲,所以老是他在讲.我几乎连插话都不能.

竹 是否您从那以后决心成为 von Neumann 代数的专家呢?

VJ 那时我已经有了强烈的兴趣,以前我已经见过他的论文,在杂志上看到他关于内射型代数的论文时,简直大吃一惊,后来听了他的讲演,是这样!这才恍然大悟.

指标定理的想法与间隙的发现

竹 怎么提出有限群作用的分类问题的呢?我对您的那项工作印象极深,那是 1978 年吧.这么说来,开

第 1 章 一道别出心裁的赛题

始是在 1977 年左右了.

VJ 不,我与 Connes 见面是 1976 年秋,大约 11 月左右吧,当时我问他:我可以到巴黎去吗? 当然,他慷慨允诺了.

那时考虑过好几个想做的工作,包括有限交换群在内. Connes 看了这一清单,说了些"这很好. 这不好. 这是有趣的思想……"意见. 在他说好的部分加进了有限群的内容. 由于当时他关于循环群的论文印刷耽误了,所以就将手稿给了我. 我拿着回来了. 我靠的仅此而已.

交换群的情形马上就完成了,即便如此,也不是从循环群到有限交换群做简单归纳就行的,而且非交换群的场合有实质性困难,无论从技术方面还是概念方面而言,都需要新的观点. 对此 Ocneanu 也考虑了同样的问题.

竹 怎样到达指标的想法的呢?

VJ 指标? 是呀. 我拿到巴黎去的有一篇就是 *Comptes Rendus* 上发表的论文. 内容已经忘了,但是是关于子因子环的共轭类的,是与 Connes 见面前的事. 他不喜欢这篇,叫我不要发表,但幸好我已经发表了,指标的定义就是这里给出的.

竹 那是 1976 年吧.

VJ 是的. 出版是 1977 年. 关于指标我很迷茫,到底就这孤立一篇完了呢,还是继续再干呢? 很长时间除整数以外的例子也作不出来. 因此,就是做学位论文时,心底里还一直想着这个. 发现指标间有间隙是 1979 年末或 1980 年初,同时发现了间隙的存在以及从 4 到无限大全部都存在.

7

纽结理论中的 Jones 多项式

竹 由此到完成论文又是两年,是吧! 这两年间关于指标您是如何感觉的呢? 我看不到任何进展……. 可突然,您与解答一起又回来了.

VJ 我始终想着指标,同时与您的共同研究也在进展,而关于指标,鼓励我的是您. 您比 Connes 有更深刻的洞察力. Connes 不予重视. 非常感谢您那时的鼓励.

竹 没有进展的时刻是非常艰难的时刻. 真像在绝路上挣扎……. 尽管那样,您还是不断地向自己发问.

VJ 是的,很艰难. 特别是个人也很困难的时候,连温蒂①也很困难,来往于东西部之间. 同时,Hedrick 副教授(他在 UCLA 的职位,比普通副教授待遇更为优厚)等种种事情,我强烈感受到可能期待些什么.

竹 所以感到了压力吧!

VJ 是的. 不过没有什么效果……(笑). 幸好有我们(关于自同构群的)共同研究. 进展非常顺利.

竹 是呀. 所以并非处在黑暗的洞窟之中呀.

VJ 是这样. 您也是知道的了,1980 年的早些时候,注意到指标的 1 与 2 之间有间隙. 这由基本构成法马上可得. 然后考虑尝试塔的第 2、第 3 层②. 为了表示对指标有进一步的限制,就要使用 $\{e_i\}$.

竹 Wenzl(他后来的学生)仅仅看 $\{e_i\}$ 而推进了讨论,但您是想要使用迹.

---

① 温蒂是他的妻子,当时在普林斯顿大学学习国际金融的硕士课程,而他在 UCLA.
② 有一种根据子环进行因子环扩张的方法,称为 Jones 基本构成法,继续进行的过程叫作 Jones 塔.

第 1 章　一道别出心裁的赛题

VJ　是迹,我看到了迹.关于自然投影,就是考虑作为上限、下限而得到的投影.至于它们所生成的代数则一点也没有考虑到.然后 1981 年晚些时候,突然看到了为什么会是这样的.也就是考虑 $\{e_i\}$ 的全部,考虑由 $\{e_2, e_3\}$ 生成的子因子环的方案,后来清楚地看到了事态,感到特别的兴奋.

我最下功夫的问题是当指标比 4 更大时,表示 $\{e_i\}$ 代数具有平凡的相对交换子代数——因为我相信是对的.最终追到了计算问题,但是在那个时刻,$\{4\cos^2(\pi/n)\}$ 的情况变得更有意思了.很幸运,Wassermann 的研究也认为类似的评价是必要的,请教了他所得到的结果,大有帮助.我也做了我自己的计算,但是这个工作的大部分并不是进行计算,而是归结为计算.就是作 $\{e_i\}$ - 代数的 Bratteri 图,进一步与迹的荷重相联系.

我是个非常幸运的人.我能够实际感受到我已经获得了将我的整个生涯作为数学家而生活的正当理由.我毫无疑问已经是数学家了.

竹　听到您的结果时,我自己也特别高兴,因为关于您的计划我抱有信心是正确的.因为不然的话,您就会陷入绝境而毁掉.从开始我就确信这是困难而正确的课题,而并不知道有多大的困难.

VJ　哎,谁也不知道答案是什么样的.正如刚才所说,有意义的是您具有比 Connes 更为清晰而正确的直观.因为 Connes 对此是否定而消极的.该结果出来后,他才变得非常热情.

竹　因为他的热情完全体现在他认可了某种依据的瞬间.他马上发现了大路就在那儿,他就是小路也马上变成高速道路,羊肠小道也变成笔直的高速道路……

高速道路的出现——Jones 多项式的发现

VJ 我指出与辫子群的关系是 1983 年.虽说 1982 年就已考虑了,可还要教书,所以无法集中.可是,1983 年夏天我们休假去了墨西哥.在墨西哥期间发现了作为辫子群的象可得出有限单群.它给了我坚强的信心.就在这时,决定了与 von Neumann 代数的研究诀别.

从那以后对于 von Neumann 代数就没有得到特别的结果.不过,指导 Wenzl,还经常与 Wassermann 在一起,但…….我自己引人注目的工作并不是对于 von Neumann 代数做的,而是还发现了元素个数为 155 520 的漂亮的群,但…….

竹 哎,记得给我们讲过这个大数.

VJ 我无法相信有限群的发现.因此就向大家说了.深刻考虑辫子群则是在以后.最后与 Birman(研究辫子理论的领袖之一,在 ICM(国际数学家大会)上介绍 Jones 获菲尔兹奖的业绩的人)会面讲述了.大约是 5 月.她给我讲了很多很多,现在已成了历史性的讨论,不过她抱否定态度.

竹 当时嘛!

VJ 不,她不相信我得到的表示有意义.由于我特别兴奋,因此有些失望了.稍微降降温.就这样一周左右拼命反复思考,简直不顾一切了.

竹 我接到您的电话想是 1984 年的 6 月……,告诉我发现了辫子的不变量与 Jones 多项式.

VJ 确切的应是 5 月.

第 1 章 一道别出心裁的赛题

竹 是吗.

VJ 因此我决定尝试的远不是野心勃勃的. 在那以前使用附带迹的行列式, 想了解与 Alexander 多项式的关系. 由于迹特别复杂, 有荷重以及许多别的.

但是我注意到事情变得太难了, 比原先要来得复杂. 这就试图取得组合处的一个迹. 结果就完成了. 接着为了确认我的想法是正确的, 仅仅只是做很多计算. 心情万分激动.

不过, 在多项式的工作大约两周以前, D. Evans 就向我指出, 这与 Baxter 书中的 Potts model 有关系. 这应是 1984 年的 4 月或 5 月.

竹 与 Jones 多项式的发现完全是同一时期呀……. 这 1984 年到 1985 年的一年(这一年 Berkeley 研究所有以算子代数为专门课题的计划)对您可有特别意义了?

VJ 嗯. 首先是搬了家. 搬家对我代价很高, 错过了若干结果. 如果能够工作, 2 变量多项式(HOMFLY 多项式)以及其他种种, 也许我能够得到. 总之, 搬家在数学上代价很高.

竹 您是这样认为的了.

VJ 感到很着急. 就是那样的. 因为突然如您所说的出现了高速道路, 当取出这些结果汇总的时刻, 正好在那最要紧处, 到了捆绑起来的程度.

竹 您必须横跨辽阔的美国大陆吧!

指标理论发现之后, 是所有一切都爆发完了, 还是开始爆发……. 其中又是怎样来维持您自己的正确方向的呢? 在这种爆发中如果不充分把握住自己, 往往还可能失掉了自我.

纽结理论中的 Jones 多项式

VJ 横跨那么大的美国,加上温蒂怀孕并生下伊恩(长子).焦虑万分.另外在 1984 到 1985 一年间困难的是我突然变得有名了.要习惯这种事是需要时间的.谁都想知道我的结果,这使我无法平静.

竹 Ocneanu 看来似乎是紧追您后呢!

VJ 是啊,许多人都如此.然而我自己也做出了好的工作,最好的工作大概是逆转的结果.就是说我发现了 Jones 多项式,而他们发现了 HOMFLY 多项式,而一般人认为他们的工作更重要,我的多项式的确要被忘掉了.但我相信我的多项式是最重要的,所以并不怎么担心.

其最初的证据是关于这种逆转的结果.就是我的多项式并不怎么依赖于某一方向.对此我利用图形等也得到了极其明快的证明.这也确认了只要知道得更多些,就能得到进一步的结果.这是依赖于纽结理论的人无法想象的结果,是只看到事情本身而否定与其他事物联系的人发现不了的结果,这样我更应强调与统计力学的关系.

数学与数学物理学的接近

竹 现在稍微变换角度,您发现了数学与数学物理学的新关联.这对于数学家始终是个梦.不知物理学家是怎么想的呢……最近的这种倾向,特别是这次会议,您是怎么认为的?

VJ 嗳,我心情很激动.大致在这次会议上许多讲演表明与数学物理学有关系.我也知道其他许多数学家稍稍有些失望.但是参与这一领域的任何人都明白,数学物理学是数学的巨大领域,涉及数学与物理学的许多分支.

第 1 章 一道别出心裁的赛题

例如关于辫子理论与统计力学之间关系的问题完全没有回答. 谁也不知道究竟还有没有更深刻的东西存在, 是否单单是偶然的事情呢. 正如刚才所说的, 这件事情揭示了深刻的联系. 从可解模型取出辫子理论, 进而考虑其极限, 忘掉最初的模型所具有的许多东西, 可以想到, 同样的情况也出现在既取连续极限, 又取标度极限的时候.

关于这会得出些什么, 感觉到是否有什么关键存在, 也就是辫子理论必须理解为什么可以观察连续极限, 或者果真是那样的吗.

竹 连想都想不到的联系发现了, 同时人们极力称赞并强调这深刻的联系, 我对此有一点疑问. 以您的情况为例考虑, 做出那种发现的人, 直到作出该发现为止, 并不知道深刻的联系, 对一件事与其他事有什么联系如坠五里雾中. 也不知道其间有没有厚壁, 当在该壁开孔、爆破, 在那儿看到开放的世界时, 连本人都大吃一惊, 这就是现实.

也许这多少太具讽刺意味了, 说是与研究数学及物理学有联系, 空喊架桥, 实际连开洞都不干, 这是危险的.

VJ 这是很重要的点. 新的巨大领域的存在并不意味着最好去忘记真正训练有素的领域. 我认为, 重要的是表示有各种各样的观点, 因而大家都能分别做出贡献.

例如今天 Feijgin 的报告. 他的观点极其明确, 依据 Lie 代数上同调去理解所有一切. 我的观点与 Wassermann 一样, 是要通过 von Neumann 代数去加深理解. 还有一个是拓扑学. 这许多观点每个都是正确的.

哪一个都是与整体形象接近的正确方法. 在一个领域研究过来的人, 不是要去通晓所有其他领域, 而是首先应该尝试从他自己的观点出发去加以理解. 那样才能使每个人都对整体的理解做出贡献. 这些人不应该突然喋喋不休……

竹　完全如此, 那些人的叫喊声是最高的.

VJ　是的. 我也见过有种论文, 真应该觉得可耻. 曾经做过优秀工作的数学家, 突然会开始写这个…….

竹　下面这个问题我自己虽然回答不了, 但读者很有兴趣询问. 对下一世纪的数学您是怎么看的?

现在先进的生活, 没有 Gauss, Maxwell, Newton 就不能想象, 您不这样认为吗? 您不认为今天的数学就是那样影响到下一世纪甚至更以后的时代吗?

VJ　是的, 的确我都敢打赌. 尽管领取这个奖金时已没有了我……. 我认为本世纪的数学真正是爆发性的. 不过一直是这样的. 那种事情是无法预料的. 从 von Neumann 代数到分子生物学的"奇妙旅行"就完全不可能预见, 这种不能预见的步子总是不断积累而前进的, 所以简直无法想象一百年后成什么样子.

南与北、西与东的数学国情
——伯克利、日内瓦、新西兰、日本——

竹　稍微换换话题. 请谈谈伯克利的加利福尼亚大学, 包括气氛呀, 数学与物理学的关系呀, 还有学生与教员之间等.

VJ　伯克利的情况呀, 嗯, 很微妙, 还纠缠着政治.

我认为伯克利的问题是太大了一些. 研究生很多,

大概三百名研究生.环境并不怎么平静.教员拥有太多的学生,因此很难有时间与一个学生一起思考,或者自己去思考.另一方面,因为学生很多,其中也有特别优秀的人才,那是非常好的.

竹 在西海岸,伯克利把最优秀的学生集中在研究生院,但与入学学生的优秀程度相比较,出来的学生的优秀程度又如何呢?

VJ 关于研究生吗?

竹 确实也有超级优秀的毕业生,像丘(成桐)和 Thurston 都是有名的.但是最优秀的学生全部集中起来也还有危险的一面.就是说超级优秀的成功者与剩下的还没到那个程度的人们…….假如他或她到别的大学,也……许更加成功了.这一点您是怎么认为的.

VJ 是的.我自己如果到美国的研究生院恐怕就埋没了.我不认为我刚够毕业.那个年龄时,我抱有各种各样不同类型的问题,个人问题也是.所以日内瓦成了难以想象的好地方.我在那儿过的 5 年间,经济上没有问题,教研室很小,竞争那类事情也没有.我如果在伯克利放到三百名研究生中,恐怕就消失了.也许当个木匠无声无息了.当然有些人是有始有终学完的.不过我很喜欢伯克利.这是居住的好地方,系里拥有很多东西,不论什么样的论题都有专家.

竹 在转入最后的话题前,您一定很清楚新西兰与美国的情况,法国、德国的情况也有相当的了解.但对日本也许了解得不深…….关于数学的国情是怎样感觉的,请您谈谈印象.有什么特别的国家数学等.

VJ 好像感到有些什么,但归根结底并不怎么重要.对法国印象深刻的是数学如何的受重视,并且把大量的资金投到数学中. 我感到日本也有类似的印象, 的确受到很大的尊敬. 新西兰很遗憾, 要想支持纯数学的正宗研究还嫌国家太小. 对新西兰, 重要的是把人员不断送到国外, 乐观些说, 其中有些人回来, 构筑起什么来.

VJ 还请谈谈美国.

VJ 美国吗? 至今美国社会还根本无视菲尔兹奖. 到这一届为止, 纽约时报还没有登载过. 诺贝尔奖到有很大的轰动……

竹 现在美国许多数学系开始谈论说数学家的生活并不怎么坏呀! 这是不对的, 因为有了好生活, 就不是去选择数学, 重要的是有意义的挑战! 是吗?

VJ 完全如此. 美国数学有许多深刻的问题. 对于我, 最大的问题不只是数学, 还在于美国教育的整体水平下降了. 由于水平下降, 挑战这笔账也就勾销了, 什么事都是容易为好, 学生感到困难, 为什么就是老师的错误呢.

竹 完全是. 我发现这一点时真是一个打击. 这样伟大的国家仍然还进到了那个方向……

VJ 真正深刻的事态. 对好学生挑战是必要的. 他们连做梦也不应该去想这是很容易的事等. 他们应该懂得, 只有花了力气的工作才能有所收获.

竹 对日本数学家有什么要说的吗?

VJ 是呀. 我认为日本是在数学的最前沿的, 对此没有怀疑的余地, 大会在这里召开就是最好的证据, 反映了世界对这一点的承认, 而且连这次在内已经有 3 位得菲尔兹奖了, 还有这次会议上的许多特邀讲演者.

竹 的确, 也还由于是主办国. 不过与 1974 年温

第1章 一道别出心裁的赛题

哥华大会相比算复苏了,令人高兴.那个会对日本是毁灭性的.

VJ 是日本吗？特邀报告的人数很少吗？

竹 一个人.45分钟的特邀报告一个人.那是因为在那以前闹了学潮……

VJ 啊,从1968年到1972年的……

竹 对.所以大学里一事无成.竭尽全力只为求得生存,实际上我们这一代人都作了些牺牲.我是能够从学潮中逃出来的少数幸运者之一.就是说我没有回国,不过现在已经克服了困难.

VJ 但是,我希望您现在不要回去.

竹 谢谢.

[1990年8月27日]

结束采访

由于《数学进展》编辑部的强烈要求,在国际数学家会议期间(27日(星期一)的午休)在会场一角对Vaushan Jones进行了一个多小时的采访.听听录音带,难道这是在国外生活22年的我所说的英语吗,自己都不好意思,难为情.以后得用点心,再不上心,学生都会觉得可怜了.

Vaughan Jones与我10年来亲密交往,这次采访难免有些不好意思.只能赶鸭子上架,硬着头皮干.因为长期交往,谈话中间有些地方只有我们两个才懂,还有些地方不明白背景便难于理解.简单加以说明之.

他与我的交往追溯到1979年.我应美国数学会刊物的约请审查他的学位论文"有限群对II_1型AFD因子代数的作用",从那时开始的(1977年马塞的学术会上接受过提问,问题的内容还清楚记得,但对他本人则

纽结理论中的 Jones 多项式

没有留下印象).看其论文,感受到了一位很厉害的新手.因此我把由我审稿,以及我认为最好修改的地方都直接告诉了他本人,他也很快回信,于是开始了信件的来往.我欣赏他的伟才,劝他应聘 UCLA(加州大学洛杉矶分校)的 Hedrick 副教授,他也高兴应聘.我强调他的才华,总算成功地向他提供了 Hedriek 副教授的位子.他后来告诉我,普林斯顿高等研究所也来了邀请,但他拒绝了那边而选择了 UCLA.显然我的内心特别高兴.

与他的通信往来直到 1980 年秋等待就任 Hedriek 副教授为止,一直没有间断.4 月一个月,邀请他来访 UCLA,他很高兴来了.他从欧洲直飞洛杉矶,我去机场迎接时,在车中我知道了指标概念的说明,以及存在着值为离散的领域.那时的冲击至今还记忆犹新.

他在 UCLA 与正好在那里逗留的 Bratteri 见面,他以 Bratteri 图而出名.Jones 是个大汉,Bratteri 毫不逊色也是位大汉,两人并列蔚为壮观.这时,现在在九州大学教养部①的寺崎秀樹君刚刚递上学位论文,年轻同事得交往.在逗留期间反复讨论了他的有限群作用的分类与指标.这次访问 UCLA 以后,6 月他出席罗马尼亚的学会,与新秀 Ocneanu 会面.令人吃惊的是 Ocneanu 正在做着柔顺群对 AFD Ⅱ$_1$ 型因子环的作用的分类,我可以想象这对他不能不是一个打击…….他却无忧无虑回到了美国,说在罗马尼亚有位优秀的家伙.那年夏天,在 Kingston,由 Kadison 组织举办了算子代数的夏季学习班,我有机会就他的工作作了介绍.但他

---

① 相当于(日本)基础部.——译注.

第 1 章　一道别出心裁的赛题

在那里却不是讲自己的工作,而是全部介绍 Ocneanu 的工作,我钦佩他的胆识与度量,越发对他好感.

秋天到 UCLA 赴任.他的夫人温蒂稍有损失.她在普林斯顿大学学习国际金融的硕士课程.他一人生活很不适应,靠新西兰来的朋友的帮助住到了卡尔坦克附近的帕沙迪纳.他横穿街道骑摩托车上班.我真有些担心.不管怎样每天单程就 30 公里,在世界上交通最拥挤的高速公路上骑摩托车,令人焦虑不安.翌年,为与她一起生活而转到了以算子代数闻名的宾夕法尼亚大学.这是 1981 年的事.那时他断然骑摩托车从西到东横跨大陆.

说起 1981 年,夏天在瓦立克(英国)实行算子代数的特别计划,由 Evans 与 Sehmidt 为组织者.他与我都参加了.两人的合作在这里有了眉目.其后半,英国数学会主办的算子代数学术会议在丢拉姆召开.但初出茅庐的他由于申请太迟而被拒绝参加.我想他内心是不愉快的,他就此留在瓦立克.在那儿却发生了一件大事.由于签证关系而姗姗来迟的 Ocneanu 说不回罗马尼亚了.Jones 马上给我打电话.这是一件大事,我与 Effros,Rieffel,Herman,Ringrose 各位商量,决定把他带到伦敦的美国大使馆.但因为罗马尼亚与美国有最惠国待遇,如果把 Ocneanu 引渡到罗马尼亚可就不得了了,所以还决定与某个美国公民即 Herman 同行.这就是后来 Ocneanu 移居宾夕法尼亚州立大学的原因.也许可以说 Jones 与 Ocneanu 的友谊是这时候确立的.

这样 1981 年夏天也就结束了.深秋时刻在宾夕法尼亚大学他发现了子因子环的指标可能取的值只限于非连续的

纽结理论中的 Jones 多项式

$$\left\{4\cos^2\frac{\pi}{n}, n \geq 3\right\} \cup \{4, \infty\}$$

的离散部分与连续部分的值.

1982 年夏天 Jones 是在欧洲过的. 我也在马赛与奥地利的 Tirol 与 Kastler 一起渡过的. 他来到马赛享受地中海沿岸夏天的乐趣. Wassermann 也来了. 我们原准备由此去参加预定的华沙会议, 波兰的戒严令打碎了大家的梦.

那年秋, Jones 回到了 UCLA. 他在学术讨论会上报告时写了辫子群的关系式和 $\{e_i\}$-关系式, 同事 Steinberg 指出那是 Hecke 代数的关系式. 这样指标理论就扩张到辫子理论、Hecke 代数及其周围领域. 1983 年正月, 他带着新打开的世界回到了东部.

1983 年日本的算子代数迎来了繁忙的夏天. 日美学术会加上 Connes 来日. Jones 也作为美国代表之一来了日本. 这时 Hecke 代数、辫子群、统计力学的 Potts model 等巨大装置他已经处理得井井有条. 日本专家也大受感动. Connes 旋风与 Jones 台风令感兴趣的人们头晕目眩. 这次访问日本后, Jones 与家属到墨西哥去"休假". 这次他访日的旅费不是由宾夕法尼亚大学, 而是由 UCLA 负担的. 显然在其背后可见我们 UCLA 的同事们对他的期待之大, 有着更深的考虑也是自然的. 这件事也许对他造成了压力……

以后也还有很多可回忆的, 采访也有重复, 以上大致可作为采访的背景去理解. 下面谈谈我的感想.

我惊叹他丰富的才华, 同时还惊叹他的幸运, 读者诸位也会有同感. 21 岁的年轻人怀抱雄心壮志远离故乡, 到瑞士留学. 遇到的是自己的导师之死, 在束手无

第 1 章　一道别出心裁的赛题

策的时刻,邂逅了足以为师的先生并伸出援助之手,就像上帝授予他开创命运新纪元的钥匙.他作为学生能够出席国外的学会,与 Connes 在斯特拉斯堡会面也是幸运的.总之,新西兰把他培养成人,瑞士又援助他发挥才能.温文尔雅的他不喜欢生硬、细致和争夺优先权的数学,体质也不适合. Ocneanu 满足于群作用的分类(他是稍无常性喜怒无常的人),在探索下一课题时(1984 年夏)邀请他加入从指标理论到辫子理论的也是 Jones. Ocneanu 不是一般人物,请进来一个月后就发现了例外的二变量辫子不变量多项式.这是 Jones 博大胸怀的一个证明.

　　1981 年 Jones 在英国的学会上被排斥在外,而 1989 年 5 月到 6 月则作为英国纪念 Hardy 的演讲者受到隆重的接待,且在 1990 年 4 月被选为英国学士院会员.

Peterson[①] 谈打结的问题

第 2 章

在对结的研究中,数学家可以像对缠绕的钓鱼线、毛线或绳子做任何无效的解开工作一样,被弄得一团糟. 事实上,一段两头接起来不能解开的打结的绳子,对于数学家们的工作而言,是其抽象对象的极好物理模型. 数学上的结可以设想成通过三维空间蛇行扭转后与自己尾部相接,形成一个环的一维曲线——像一条缠结起来然后自己插接的电线延长插头(参看图1).

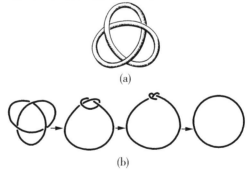

图 1 结的模型由变粗的一维曲线轻松地构成,以至使其看起来像是包装在一个立体、柔软的管子(a)中,否则结总能被拉成(b)

---

① 彼得逊——译注.

第 2 章 Peterson 谈打结的问题

奇妙的是,"打结"不是曲线本身的一种性质. 一只假想的蚂蚁在这样一条曲线的一维空间中沿着一条细管爬行,即使在完成它的环行后,也不能说出此曲线是否打结. 打结以曲线处在三维空间中的方式存在.

像肥皂膜和肥皂泡几何学的很多方面一样,结的理论也是可以完全忽视光滑性、大小和形状的数学领域中的拓扑学的一部分. 仅有的几何性质是,经过弯曲、挤压、扭转、伸展和空间的其他变形后仍明显存在的那些东西. 完全的可塑性是其基本规则. 对拓扑学家而言,不论如何扭曲或纠缠的不同的结,都只不过是把一个圆嵌入三维空间的不同方式而已.

关于打结的曲线,数学家可能会问与童子军同样的一些问题:这是哪一种结?此曲线(或绳索)真的打了结了吗?能有第二个结来解开第一个结吗?这个结等价于另一个结吗?最后一个问题是导致结理论的基本问题,即如何区分不同的结?

一般很难说出打在一条绳上的某个结与打在另外一条绳上看来不同的结是否相同(参看图2),解开此谜题的方法是,试着对一个结作扭转或其他变形但不切断,而把此结变成另一个结. 这个解法的烦恼是必须依靠人们解开此结的耐心. 花数小时脱开一个结的纽结和环套仍不能让其与另一个相配,却并不能证明这两个结是不同的. 正确的行为组合也许会被忽视.

为着手把结分类和加以区别,数学家们已采用了一组使结更便于研究的规则. 他们用测试结投下的二维影子代替对三维结的分析. 即使极为纠缠的构形也能展示成一个连续的环,它的影子越过平的面,有时从

纽结理论中的 Jones 多项式

上面,有时从下面与本身交叉. 在结的图形中用线中的小隔断显示是从下面还是从上面通过,同时用箭头指示循着环行进的方向(参看图 3). 再有,正像晴天在微风中挂着的悬空铁丝框架投在地上的不断改变的影子,从不同的角度照射一个结可以在平面上显示出不同的投影. 数学家通常为已知结做找到最简单投影的工作.

图 2　这两个交叉 10 次的结看来不同,但灵巧的处理可把其中一个变成另一个

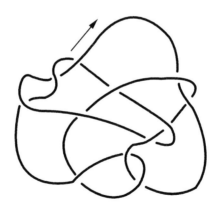

图 3　在结的图中,把一些线断开并且展示选定的方向(箭头),数学家可以保持结的空间位置的行踪

第 2 章　Peterson 谈打结的问题

没有任何纽结或交叉的环——最简单的形式是圆——称为无结.投影展示出的只有一个或两个交叉的环总能变换成无结(参看图 4).最简单的结是手势结或三叶结,这实际上正是一个穿过了它自身的圆周.以其最清楚的形式,这个结有三个交叉.它也以两种风格出现:互成镜面反射像的左手和右手构形(参看图 5)以及除非把环剪断,否则不可能再减少交叉数的三叶结变形.

有四个交叉的结只有一种,有五个交叉的结只有两种.此后结的种数急剧增加,直到具有 13 个或以下数量交叉的不同结的总数是 12 965,还不包括镜面反射像.13 是现存的结的完全目录的最高交叉数.就像链条中的环节,结也会互相盘绕,因此其复杂性急速地倍增.

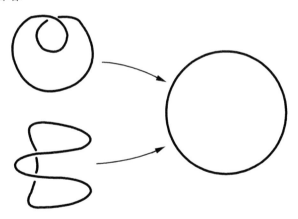

图 4　能转化成无结的明显的结

纽结理论中的 Jones 多项式

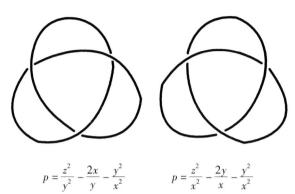

$$p = \frac{z^2}{y^2} - \frac{2x}{y} - \frac{y^2}{x^2} \qquad p = \frac{z^2}{x^2} - \frac{2y}{x} - \frac{y^2}{x^2}$$

图5 以左手和右手构形展示的三叶结，
附有适当的多项式标志

水手、编织工人和其他以结为日常工作的人有着长期凭其物理特性把结分类的方法，但是结的数学分类却要返回到19世纪后期. 在那个时候，后来被称为开尔文勋爵的物理学家 Thomson（汤姆逊1824—1907）把原子设想成微小的、油炸圈状的、旋转流体的旋涡，嵌入一种反常的、充满空间的、称为以太的介质中. 为了说明是什么把一种化学元素与别的元素区别，Thomson 转向了结. 他把不同元素的原子想象成打成不同结的旋涡管子. 每个扭转的管子看来像打结的绳索，其两端接在一起以保证结不会散开.

受这个思想吸引，Thomson 的同事 Peter Guthine Tait（彼得·格思里·塔特1831—1901）开始发掘那些可能的结. 这个极大的、反复的试验工作产生了按照最小交叉数组织的第一张表. 但是，这个工作的步骤是烦琐而冗长的，计划陷入困境——怎样确定表是真正完全的. 结理论学家当时没有简单明了的方法，可以用来测试怎样的两个结是相同的，或者确实是以根本不

第 2 章　Peterson 谈打结的问题

同的方式弯曲地通过空间.

为解决在结中间做区分的问题,数学家们试着发展使它们具有标志的方案,使得有相同标志的两个结确实等价——虽然它们的图像可能显得完全不同——而且有不同标志的两个结真正不同. 在后一种情形,标志应足以指明,不论多少次扭转、拉扯和挤压都不会把一个结变成另外一个.

与结的任何在变形时保持不变的性质对应的数学标志称为不变量,例如,在结的图形中找到的极小交叉数. 这个数常作为组织结的表的基础. 然而在某些时候,交叉数不是合适的不变量,我们并非总可以容易地说出一个结是否确实已被极小的交叉点画出. 因此,难以计算此数. 再有,这个不变量并不容易鉴别,因为很多不同的结有相同的交叉数. 而且关于已知结的结构,单个的数只包含很少的信息.

另一种方法是利用结的图中的交叉排列,以产生一个作为结的标志的代数式. 20 世纪 20 年代,James W. Alexander(詹姆斯·亚历山大 1888—1971)从结图中向上和向下交叉的格式中,发现了产生这样一个公式的系统的过程. 他的表示成某个变量的带整系数的正或负次乘幂的简单多项式作为结的特征和标志非常有用,而且相当容易计算,虽然并不理想.

如果两个结有不同的 Alexander 多项式,那么这两个结肯定不等价. 举例说,三叶结有标志 $t^2 + t + 1$,而 8 字形结的标志是 $t^2 - 3t + 1$,两者都与无结不同,无结的多项式是常数 1. 但是,有相同多项式的结却不一定是等价的. 例如,这个方法不能区分左手结和右手结,虽然其中一个不可能转换成另一个.

纽结理论中的 Jones 多项式

早在几十年前,数学家们已完全了解了计算 Alexander 多项式的概念基础,而且知道此多项式抓住了结的什么性质. 在 Alexander 的方法中,仅是交叉的方向——在上或在下,以及它们相对于其他交叉的排列造成了差别. 此公式在数学上等价于系统地在每个交叉处把结的两段剪断,再将端点联结起来以使它们不再扭转.

在一个长时期内,Alexander 多项式是拓扑学家们辨别结时可用的少数工具之一. 然而,1984 年结理论学家突然意外地带着新颖的不变量冲入了新的数学领域. 引起这次骚动的数学家是加州大学伯克利分校的 Vaughan F. R. Jones(沃恩·琼斯). 他发现了一个全新的不变量——在区别结上比 Alexander 多项式更有效的另一个多项式.

与确定 Alexander 多项式的方法不同,Jones 的探讨基于上越和下越(或正的和负的交叉)起不同作用的思想. 他的发现在数学社会中引起了极大的兴奋,因为他的多项式能确认一个结和其镜面像之间的差别. Jones 也令人惊奇地吸引了整个数学社会,因为他的专长领域与结的理论没什么关系. 他意外地发现了结理论与量子力学中起作用的数学技术之间的联系.

Jones 多项式的消息掀起了数学活动的一阵波澜. 看来正是看到了 Jones 送出的宣布他的发现的信,并且认识到其重要性的每一位数学家都抓住了新可能性的一缕微光,数学家们争着寻找同时包括 Jones 和 Alexander 多项式的一般式子.

人们报道成功发现 Jones 多项式的事实,远远不如五个独立的数学家群体在主要方面获得的同样结果,而更令人惊奇的是,实际上他们是同时到达终点的.他们全都找到了在不同的结之间做区分的比 Jones 多项式更成功的新的多项式不变量.在一些奇异的方法中,这些新的经过改进的不变量看来更深地进入了结的本质.

很显然,虽然全都是由 Jones 的工作所启发,数学家们却完全独立于他人提出了得出其结论的论文.整个情况看来会有关于优先权的争论的趋势.但是到最后,这些都合理而友好地解决了.这些争吵的群体最终一致认为,试图确定优先权是徒劳无益的.他们同意发表一篇合写的有六位作者署名的文章,由一位没有直接参与此发现的数学家写序言.四个群体列出了其证明的主体.第五个群体是一对波兰数学家,由于邮件延迟以致没能包括在合写的论文内.得出的不变量现在称为 HOMFLY 多项式,这是后来以发表合写文章的六位数学家的姓的首个字母合起来的.

这阵骚动远没有结束,Jones 多项式和 HOMFLY 多项式导向发现另外一群新的不变量.它们也引出了新的数学问题.虽然数学家们已有计算这些新不变量的诀窍,他们对得出的代数表达式译述三维结的特性仍只有很少的理解.

Jones 多项式本身仍是解谜的钥匙.它明显把多种关于结的现存数据以一种非常奇怪的方式编码.很多数学家都十分惊奇,一个多项式居然能提示出结的如此多的不同性质.不过,新的不变量已证明是有用的工具.数学家利用它能证明他们长期希望的一些东西:所有交叉交替出现的结(像在织物中的纬线)是其最简单的形式.

纽结理论中的 Jones 多项式

可以清楚地看出,所有这些不变量都是数学家们勉强能看到的更大图像的一部分.他们知道最前的 12 965 个结中没有一个等于 1 的多项式(无结的多项式),但是他们也知道当前的理论不能区分某些不同类的结.在企图打开新多项式不变量的秘密时,数学家们试验画一堆的图,并用了很长的计算时间.他们检查结,寻找那些集中于注意新不变量揭露什么和隐藏什么的量.为产生复杂的结构以供测试,他们小心地把特殊性质的相对简单的结相互黏合起来.

对反映在结的图中的某些能被看到的多项式特性的探索,混合着经验、试验和直觉.像试图了解组成物理世界的粒子和力的意义的物理学家一样,结理论学家寻找能解释所有不变量和所有结的类似于大统一理论的东西.他们希望最后找到一个能区分任何两个结的完全的不变量.

结理论回到了科学中,不像开尔文勋爵的以太中打结的旋涡,而是化学和分子生物学中的扭转的环状绳子样的结构.这类结构中最有名的是体现控制生命基因密码的、长的、皮质的、旋梯形的脱氧核糖核酸(DNA).如果单个的 DNA 链有电话线那么粗,那么它就比 1 英里(1 英里 = 1.609 3 千米)还要长.在细胞之外,此链看来像是一条缠绕、无序堆积的面条.在细胞内,一对螺旋形的 DNA 链会小心地折叠或扭转成弹簧样的一卷,或端点对端点地联结成一个环圈.两个环圈会像链条中的节一样互相盘绕.各链会蜿蜒成一个结.由电子显微镜得到包着蛋白质的 DNA 分子的照片,清楚地展示着这种结构的纽结和交叉(参看图 6).

第 2 章 Peterson 谈打结的问题

图 6 一条包着蛋白质的打着结的 DNA 环可以被解开,显示此环是一个三叶结

分子生物学家开始利用结理论去认识 DNA 所能取的不同形态.他们能追踪到细胞内进行基本生命维持过程中,一个结逐步变形为另一个的一系列步骤.最新的进展帮助他们看到,进行切断和粘连的酶为何必须履行它们的功能.

在例如细胞分裂的生物过程中,DNA 能缠绕并转变成几个闭合圈的形式.在这种扭转中,它们有时能把自己打成结.这证明有些酶在识别及解开结方面的本领很强.实际上,最多种类的酶几乎不会出错地能检查、识别并解开比自身更庞大的打结的 DNA 圈中的缠绕.酶不是在打开缠绕时随机地把 DNA 两端黏合成一个圈,而是减少连接分子数以简化拓扑结构.对酶怎样改变 DNA 链的拓扑的研究帮助研究者决定工作的细节,而且结理论向分子生物学家提供了定理和模型,使他们能洞察 DNA 在各种状况下怎样表现.在这方面,一个有用的概念是无结数,这是让一个结穿过自身来解开自己(即把它变成无结)所需的最小次数.

实际上,结理论使加州大学伯克利分校的研究者们了解到,在一个细胞内发现的不同形状的 DNA 链的混乱阵列的意义.看来单个机制未必能说明所看到整个构形变化的产生.研究者们已发现两个打结的 DNA 链是否真正一样,以及一个结是如何与另一个相联系的——结理论学家们曾长期全力对付过的同样问题.当研究者

纽结理论中的 Jones 多项式

们利用结和环节的数学序列来编排分子时,他们找到了一个逻辑的路径. 为了测试他们的思想,曾预言下一步必定是一个特殊的有六个交叉的结,而后当他们寻找它时,最终找到了所预言的链(参看图 7).

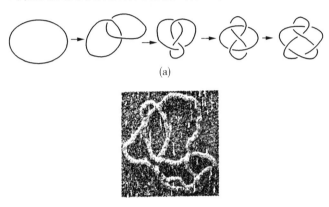

(a)

(b)

图 7 用适当的切割和粘连,
一个无结能转变成一个有 6 个交叉的结(a),
这样的一个结后来在 DNA 链中找到了(b)

对合成新的化合物感兴趣的化学家也开始关心起拓扑学和纽结理论. 一般地,他们试着用改变原子连接的方式来产生新的、不寻常的分子. 在这方面,他们希望增长对制造化合物的化学过程如何工作的认识. 几何学,特别是拓扑学,为这种努力提供了一批目标. 受到 Euclid(欧几里得)几何立体图形的启示,化学家们在过去几年曾着手合成分子,例如碳原子,被连接到四面体和十二面体的顶点形成了四面体物和十二面体物.

现在有一些化学家开始想到用拓扑学的无限柔软的模型,这比 Euclid 的立体模型更好. 新的一组有魅力的合成目标已经显现,包括连接在一条链中的原子的打结的环和大圆.虽然在过去几十年内合成了一些称为双环化合物以环连接的分子,但迄今尚未完全用化学方法做出过打结的环.困难在于,未必可以使一个原子链穿过一个环圈而形成一个分子的半套钩.联结长串原子端点的化学反应现在一般可以做到,但是以这种方式形成一个打结的环的可能性还是极小的.

产生一个牢固分子结(不像 DNA 中较松的、自然生成的结)的希望,已经从依靠 Möbius(麦比乌斯)带性质的新技术得到了一些帮助.从半宽处切开这种带,结果没有生成分开的两片,而生成了单独的一条扭转四次半的带.其他的切开和构形方式,形成各种扭转的环、打结的环和分开的组套起来的环.1981 年,科罗拉多大学的 Verba(沃尔巴)设法把碳和氧原子的一个梯子状的双股带的端点联结起来,产生了扭转一半的分子Möbius带.

就像分子生物学家对 DNA 的扭转和转折所做的工作,Verba 的工作提出了很多新的数学问题.在丰富了双方事务的交流中,化学家和生物学家被拉进了结和环链的迷人的数学世界,而数学家则与分子和化学纠缠在一起.

哥伦比亚大学的 Bierman(贝尔曼)评论说:"结理论长期以来一直是拓扑学的小支流,现在它已被认定为数学众多领域的一个很深刻的现象."撇开与化学和生物学的关联,在结和物理学中各种问题之间有非常有趣的联系,包括结合所有已知的力和在一个凝聚结构内的粒子的统一理论的研究.为冒险进入这些纠缠中,我们需要看一下几何学,那是从我们日常的三维世界扩展到四维或更高维的难以想象的领域.

Conway[①] 论纽结

第 3 章

Conway 被称为可能是本世纪最聪明的数学家,他对纽结情有独钟.他曾这样介绍过这一理论.

首先,也许有人会说,打绳结,那有什么值得研究的?纽结不像是一个数学课题.然而,说到纽结,马上就要回答一个不好回答的问题:"究竟有没有纽结?"

这个问题也可以改成如下提问:这个纽结能否被解开?(顺便提到,传统的纽结,是要把两个自由端联结起来的那类纽结,整条绳索是一个闭合绳圈)没有人能够解开这个纽结,并不意味着你一定不能打出这个纽结.这也许只表明人们实在是够笨的.不过你得知道,确实有一些简单思想,在长达 2 000 年的时间里也没有人想到过,直到 Einstein(爱因斯

---

① 康威——译注.

坦)出现,才抓住了它们.

现在让我们来摆弄一条绳索,把它扭过来穿过去改变构形. 这时可以有 3 种基本操作,它们被称为"Reidemesister 移步",是为了纪念德国的一位几何学教授 Kurt Reidemeister(库尔特·瑞德迈斯特)而取的名字. 我们这里把这三种移步分别记作 R_1, R_2 和 R_3, 如图 1,2,3 所示.

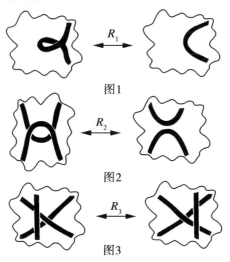

图1

图2

图3

移步 R_1 包括将绳索扭曲成一个圈或者将一个圈解开,而其余不变.

移步 R_2 是把一个圈插在相邻的另一段绳索的下面.

移步 R_3 是滑移,即移动一段绳索使之从一侧经过另两段绳索的交叉点而来到另一侧.

各种形式的纽结都可以分解为一系列三种移步的组合.

纽结理论中的 Jones 多项式

例如图 4 左侧是一个纽结,右侧是一个平凡结,即没有结的一根绳圈,是否可以通过一系列移步来解开左侧的纽结而得到右侧的平凡结?你大概会想到,进行一系列移步最终反而会搞得更乱,也许经过 100 万次移步得到的结果却是如图 5 所示.

图 4

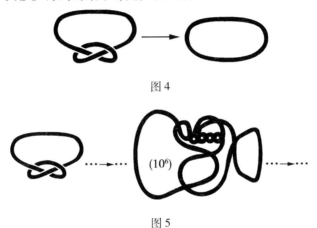

图 5

不过也不是没有一种可能,运气不错的话,进行 100 万次移步,最终却幸运地解开了这个纽结(图 6).

图 6

你能证明我的说法不对吗?

那是很难证明的.不会有谁真的有耐心去反复试 100 万次,看结果如何.于是,我们若要证明存在着一

第3章 Conway 论纽结

个纽结①，我们要做的事情就是必须说明根本不存在可以解开它的移步序列.

首先要引入一个称之为纽结分段标注（knumbering of knots）的概念. 所谓纽结分段标注，是为能够看见的所有绳索节段都分别指定一个小数字，而且当一个节段被另一个节段交叉覆盖时，为相交点两侧下节段所指定的两个数字，相互之间必须与上节段绳索的标注数字有一定的关联. 比如说，若上节段的标注是 a，而被此上节段交叉的下面绳索两侧下节段的标注分别是 b 和 c，那么，a,b,c 三个数字必须构成一个算术级数. 这就是说，从 a 到 b 增加的数字必须要正好就是从 b 到 c 增加的数字（图7）.

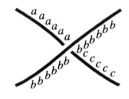

图7

举例说，如果 a 是13，而 b 是16，那么最好把 c 标注为 19（图8）.

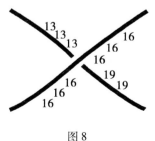

图8

---

① 这里说的"证明存在着一个纽结"，是指证明存在着不能解开为平凡结，也就是不能解开为一个闭合绳圈的纽结.

那么,这 3 个数字是怎样关联起来的呢?让我们先来试试能否按照上述要求对纽结进行分段标注. 以我们熟悉的三叶纽结为例,围绕这个纽结为绳索的每一节段指定一个数字,看看我们是否能够保证在绳索的每一个相交点都满足上述分段标注的条件. 我们该如何开始呢? 关于算术级数,我们注意到它的第一个特点是它的不变性:把 a, b 和 c 三个数分别加上或减去选定的任何同一个数,它们仍然是算术级数. 这样,就可以把纽结暴露在外的两个节段先标注为 0 和 1(图 9),然后从这两个数字出发去逐个标注纽结的其他节段. 我们将按照这个规则来标注每一个相交点.

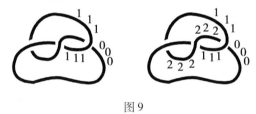

图 9

看来一切顺利(图 10)!

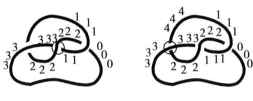

图 10

糟糕! 在逐次标注到最上面那个节段时遇到了麻烦. 这个节段应该标注为 4,不等于先前标注的 1,但是两个标注数字本应该相等,因为 4 和 1 标注的是绳索的同一个节段. 不过数学方法就有这么大的威力,只要愿意,就可以下定义,我们现在就定义4等于1.(数学家把这种等式叫作"以3为模数的同余式")这样一来,麻烦就解决了.

在纽结最下面的那个节段也出现了同样的矛盾,这段绳索被同时标注为3和1.但是,既然已经定义了4等于1,那么自然有3等于0.现在一切都解决了(图11).

图11

我们已经完成了对纽结的分段标注.

那么,这些标注有什么意义呢?这是一种非常有用的方法.假定有一个已经分段标注过的纽结,现在对它进行三种Reidemesister移步操作,看会出现什么情况.请看图12,我们是否可以对左侧图形进行标注而得到对右侧图形的标注呢?

答案是肯定的.对左侧图形所做的任何标注都可以被复制为右侧图形的一种标注,反之亦然.对于前两种Reidemesister移步操作,这是比较清楚的.

对于第三种移步,也许需要确认一下
$$2(2c-b)-(2c-a)=4c-2b-(2c-a)$$
$$=2c-(2b-a)$$

我们发现,对图形进行三种移步的任何操作都不会搞乱其余的分段标注(图12).

纽结理论中的 Jones 多项式

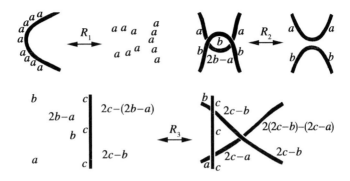

图 12

任何有效的分段标注,无论对其进行移步操作还是不进行移步操作,都始终是有效的分段标注. 这一事实表明,对左侧图形可能进行分段标注的数目恰好等于对右侧图形可能进行分段标注的数目.

现在再回到三叶纽结是否可以被解开为平凡结这个问题上来. 平凡结只有三种标注如图 13 所示.

图 13

但是,三叶纽结却至少有四种标注:全部 0、全部 1 和全部 2,此外还有一种如图 14 所示.

图 14

第 3 章　Conway 论纽结

因为三叶纽结具有的分段标注的数目与平凡结不同,这样我们就证明了三叶纽结不能被解开. 如果三叶纽结与平凡结可以通过一系列 Reidemesister 移步而互相转化的话,两者就应该具有一样的标注数目.

这就证明了确实存在着纽结.

下面再讨论一下缠结问题.

有人会经常玩玩打绳结的小魔术. 缠结同纽结有些相似,但是有 4 个自由绳端. 缠结其实同数学也有关系,只是一般人平时没有深想罢了.

演示缠结,最好是由站在四角的 4 位舞蹈者来表演. 其中两位舞者分别手持着一条绳索的两端,另外两位舞者则分别手持着另一条绳索的两端. 我们只需通过两种移步就可以变化出种种缠结. 这两种移步是"缠绕"(twist'em up)和"转圈"(turn'em round).

做缠绕时(图 15),站在右侧的两位舞者彼此交换位置,原来站在下侧的舞者从上侧舞者手持的绳索的下面穿过去. 我们可以为每一种缠结规定一个数值,并认为"缠绕"改变了缠结的这个值,使之从 t 改变为 $t+1$. (这些数值与前面所说的分段标注无关,你现在应该忘掉标注数字)

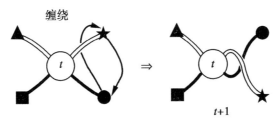

图 15

纽结理论中的 Jones 多项式

做转圈时,全部 4 位舞者都沿顺时针方向移动位置. 转圈将使缠结的值从 t 改变为 $-1/t$(图 16).

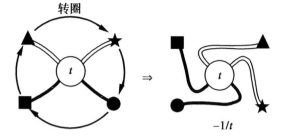

图 16

下面就来通过移步使缠结发生变化. 开始时,缠结如图 17 所示,假定它的值是 $t=0$.

图 17

全都明白了吧? 那么现在开始移步(图 18~31).

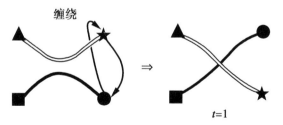

图 18

第 3 章　Conway 论纽结

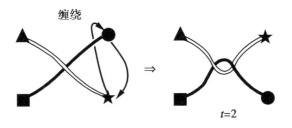

图 19

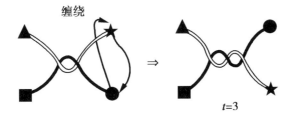

图 20

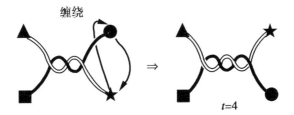

图 21

纽结理论中的 Jones 多项式

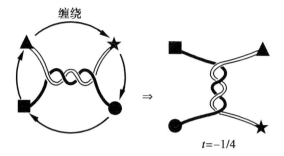

$t=-1/4$

图 22

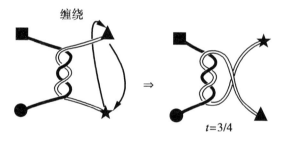

$t=3/4$

图 23

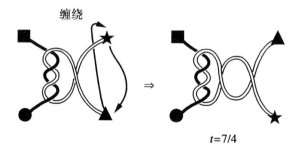

$t=7/4$

图 24

第 3 章　Conway 论纽结

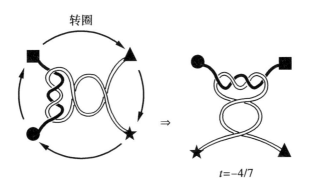

图 25

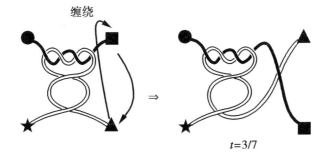

图 26

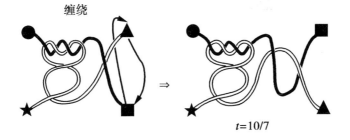

图 27

纽结理论中的 Jones 多项式

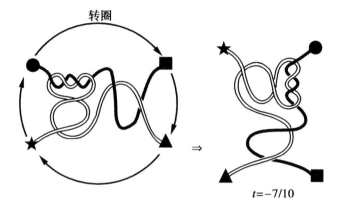

图 28

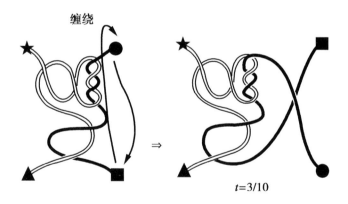

图 29

第 3 章　Conway 论纽结

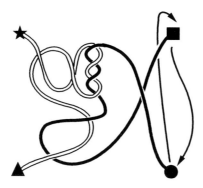

图 30

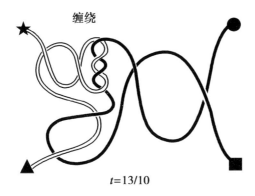

图 31

下面的事情请读者自己来做：让舞蹈者回到数值为 0 的缠结。你只允许进行前面讲过的两种移步，是缠绕还是转圈，悉听尊便。

若你利用算术知识使缠结的值回到了 0，那么，这就等于你发现这个缠结其实是一个平凡缠结。这是不是像魔术？（这里给出一种移步序列

$$13/10 \xrightarrow{r} 10/13 \xrightarrow{u}$$

纽结理论中的 Jones 多项式

$$3/13 \xrightarrow{r} -13/3 \xrightarrow{u} -10/3 \xrightarrow{u}$$
$$-7/3 \xrightarrow{u} -4/3 \xrightarrow{u} -1/3 \xrightarrow{r}$$
$$3 \xrightarrow{r} 4 \xrightarrow{r} -1/4 \xrightarrow{u}$$
$$3/4 \xrightarrow{r} -4/3 \xrightarrow{u} -1/3 \xrightarrow{u}$$
$$2/3 \xrightarrow{r} -3/2 \xrightarrow{u} -1/2 \xrightarrow{u}$$
$$1/2 \xrightarrow{r} -2 \xrightarrow{u} -1 \xrightarrow{u} t=0$$

此序列中的 $\xrightarrow{u}$ 和 $\xrightarrow{r}$ 分别代表缠结和转圈移步）

这是一种非常简单的思想的一个例子. 我们懂得一些数字, 但是我们以前仅限于把这些算术知识用来处理数字, 而不知道也可以把它们用来处理纽结. 事实上, 纽结理论的这个小分支就是算术.

既然发现这种以前未想到的联系, 那么, 现在我们可以用一个小游戏来结束本章. 从 $t=0$ 出发, 做转圈移步得到了什么？

啊, 得到了 $-1/0$（图 32）, 这不就是无穷大或者说负无穷大吗？

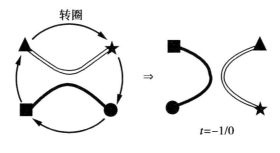

图 32

在这个无穷大上加 1, 看能得到什么？在无穷大

第 3 章　Conway 论纽结

上加 1,会使它变化吗？进行缠绕移步！(图 33)

妙吧？在无穷大上加 1,得到的仍然是无穷大.

这就是我们数学家用到的一种非常有力量的思想:在别处学到了什么,马上把它应用于另一个领域,后者原来好似同数学无关,现在于是就有关了.

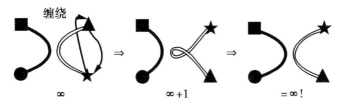

图 33

Witten 论纽结与量子理论[①]

第 4 章

量子理论曾是 20 世纪人类所建立起来的最为精妙的理论. 令人惊奇的是它居然与纽结也能联系起来. 在日常生活中,一条绳子,比如鞋带,通常是用来加固物品或者把物品固定在一定的位置,有时我们会打一个结,其目的是希望收到更好的效果. 不过,通常因为不小心,这条绳子常常会缠成一团乱麻(图1).

图1

[①] 译自:The Institute Letter of IAS,2011,Spring,p.1,4,5,Knots and Quantum. Theory,Edward Witten,figure number 7. Copyright ⓒ2011 The Institute for Advanced Study. Reprinted with permission. All rights reserved. The Institute for Advanced Study 授予译文出版许可.

第 4 章　Witten 论纽结与量子理论

数学家们所用的术语"纽结"是对上面的经验稍加抽象而得来的. 一个数学意义上的纽结是一个在通常三维空间中可以自由浮动的, 可能打了结的线圈. 由此可见, 数学家是在研究打结这种现象本身. 图 1 展示了一个数学意义上典型的纽结. 这张图很可能使我们想起日常生活中熟悉的事物. 要清楚地理解一段缠绕的绳子——判断它是否可以解开, 以及如何解开——是非常困难的问题. 要判断两个线圈是否等价也是同样困难的问题.

如果人们习惯性认为数学是研究加减乘除的, 那么上面的问题听起来就不太像数学. 而事实上在 20 世纪, 数学家发展了一套非常深刻的纽结理论, 以令人惊讶的方式回答了诸如一个纠缠在一起的线圈是否可以解开之类的问题.

尽管纽结是在通常三维空间中的客观存在, 但物理学家对它们的兴趣只是来自于最近几十年来某些惊人的发现. 纽结理论的很大一部分可以在 20 和 21 世纪量子物理进展的框架里得到最好的理解. 换言之, 使我着迷的不是纽结本身, 而是纽结和量子物理的联系.

第一个"纽结多项式"在 1932 年由 Alexander 发现. Alexander 是普林斯顿本地人, 后来成为研究院[①]最早期的教授之一. 他是代数拓扑学的先驱. 但是我这里要讲的故事, 始于 1983 年由 Jones 发现的 Jones 多项式. Jones 多项式是一种崭新的研究纽结的方法. 它的发现引导出一连串新的惊人的发现, 一直持续到今日.

---

①　指普林斯顿高等研究院, 下文同. 它下设 4 个学部: 历史研究、数学、自然科学、社会科学. ——译注

纽结理论中的 Jones 多项式

尽管 Jones 多项式是接近当代数学前沿的理论,却可以用一种非常初等的方式描述,甚至可以理直气壮地解释给高中生听. 可以做到这一点的现代数学的前沿进展并不多,比如,没人会试图向高中生解释 Andrew Wiles(怀尔斯)对 Fermat(费马)大定理的证明.

简而言之(更多的细节可见后面的内容),Jones 发现了一种方法来对每一个纽结计算出一个数. 我们把纽结记作 K,把对这个纽结用 Jones 的方法算出来的数记为 J_K. 有一个确定的法则可以让你对任何纽结来计算 J_K,不论纽结 K 多么复杂,只要我们有耐心,我们总可以算出 J_K.

如果 J_K 不等于 1,那么纽结 K 就不能被解开. 举例来说,让我们回到图 1 中的那个纽结,如果你试着去解开它,那么你永远也不会成功. 但是我们怎么证明这是不可能的呢?Jones 给出了回答这类问题的方法:计算 J_K,如果结果不等于 1,那么 K 永远不能被解开. Jones 的计算 J_K 的方法是非常聪明的,但是它一旦被发现,任何人都可以按照法则来计算而不需要特别的聪慧.

事实上,计算 J_K 的方法多得令人惊讶. 我只解释最简单的一个. 对于"平凡结"(即一个简单不打结的闭圈,见图 2)有一个重要的法则,即若 K 是平凡结,则 $J_K=1$.

图 2

对于所有其他的纽结,我们需要稍稍做个小游戏. 首先选 3 个喜爱的数,例如 2,3,10. 现在我们要做的乍看之下是把事情变复杂了:我们不是单考虑 K,而是考虑 3 个纽结 K,K',K''. 如果这 3 个纽结以某种方式关联起来,则我们有以下的算术关系

第 4 章 Witten 论纽结与量子理论

$$2J_K + 3J_{K'} + 10J_{K''} = 0$$

这个关系——或如数学家所称,这个等式——非常强大,它使我们可计算所有 J_K.

这个等式中的 K, K', K'' 应当是怎样关联在一起的?图 3 是一个缺失了一部分的纽结,其中缺失的部分用问号标记.有很多种方法来把这缺失的部分补上而得到一个完整的纽结.图 4 中画出了 3 种最简单的填补方式.选择这 3 种填补方式中的一种我们就得到了一个纽结,相应地记为 K, K', K''. 如前所述,我们要求 3 个 Jones 数 $J_K, J_{K'}$ 和 $J_{K''}$ 满足关系

$$2J_K + 3J_{K'} + 10J_{K''} = 0$$

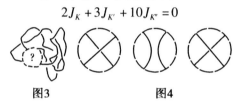

图3　　　　图4

这是一个相当强大的等式,使我们可以对所有的 K 计算 J_K. 其中的细节在后面的内容中有更详尽的解释.

令人惊讶的不是这个法则可以用来计算 J_K, 而是它永远不会导致矛盾. 我们之所以感觉到会产生矛盾,是因为对于同一个纽结 K, 实际上可以有很多种方式利用刚才提到的等式来计算 J_K. 但是在 20 世纪 80 年代 Jones 和其他数学家证明了永远不会产生矛盾——不管如何利用上面描述的程序(或是在那段时间里发现的其他相关的程序)来计算 J_K, 人们总是会得到相同的结果.

这些证明表明了那些用来计算 J_K 的方法是正确的,但是没有回答"这个方法为什么是正确的"这样一

纽结理论中的 Jones 多项式

个问题.遗憾的是,很难向一个不是在数学、物理学或与之相关联领域里工作的人解释知道"什么"是对的和知道"为什么"它是对的之间的区别.人们研究数学在很大程度上正是为了追求存在于"为什么"问题的答案中的美.

在我们这个例子中,人们在对 Jones 多项式的研究中发现了越来越多不寻常的公式,而这些公式的意义却越来越不明朗.

但是,了解这些公式的意义是有线索的,实际上,有很多线索.从 Jones 最初的工作开始,随着这个领域的发展,它同数学物理有了非常多的联系,多到令人困惑. Jones 多项式和数学物理间的联系实在是太多了.有时一条好的线索胜过一大堆令人困惑的结果!

就我个人而言,在一个期间①,高研院的成员 Erik Verlinde(沃林德),Greg Moore(莫尔),Nati Seiberg(塞尔伯格,自然科学学部的教授)和日本数学家 Akihiro Tsuchiya 和 Yukihiro Kanie 的工作以及前高研院教授 Michael Atiyah(阿蒂亚)的建议对我们有很大的影响.

人们发现对 Jones 多项式的解释与量子理论有关.所以我需要对量子物理与 20 世纪之前物理学的不同之处稍加解释.

若要从一个点到达另一个点,一个经典粒子会沿着一条遵循牛顿定律的轨道(图 5(a));而相反地,一个量子粒子可以沿任意路径,一条典型的路径可以很不规则(图 5(b)).对于量子粒子,我们得允许所有可能的路径,这些路径可以蜿蜒曲折,绕很多圈.

---

① 1980 年末——译注

第 4 章　Witten 论纽结与量子理论

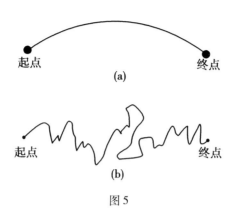

图 5

需要强调的一点是,我们是相对论物理学家,因为相对论在 20 世纪和量子力学同时被发明出来.所以当我画出一条路径时,它其实不是在空间中,而是在时空中的一条路径.

我们居住的真实世界的物理维数是 4——三维空间加上一维空间.但是为理解纽结理论,我们暂时想象一个仅有三维时空的世界——二维空间加上一维时间.

在一个三维时空世界中,一个粒子的路径可以打结,例如图 6 所示的路径.

图 6

一个粒子可以沿不同的路径到达终点,量子物理学家要把所有可能的路径的效果相加.物理学家在构建量子理论时学会了计算这个求和的方法,它现在成为粒子物理的标准模型.

在量子力学中,尽管所有的路径都是可能的,但如果粒子沿一条特定的路径 K 前进,那么它以一个依赖

纽结理论中的 Jones 多项式

于 K 的"几率幅"到达终点. 这个几率幅依赖于 K 的方式十分重要,它使得即使在量子世界里仍然存在一定的秩序. 所有的路径都是可能的,但一条极为蜿蜒曲折的路径出现的概率很低.

粒子沿一条路径 K 前进的量子力学几率幅由所谓的 Wilson(威尔逊)算子 W_k 给出. 就我们的需要而言,我们并不用知道它到底是怎么定义的. 我们仅需要知道它是量子物理的基本组成部分;例如,物理学家利用它来计算夸克间的作用力.

Jones 多项式和量子物理间的联系是这样的:如果我们把一个纽结 K 看成一个带电粒子在时空中的轨道,那么 Jones 多项式就是 Wilson 算子的平均值. 所以 Jones 多项式的量子公式就是 $J_K = <W_K>$,这里 $<>$ 表示求量子平均的过程.

在上述联系中,相关的量子理论利用了所谓的规范场的 Chern-Simons(陈省身 – 西蒙斯)泛涵. (陈省身,现代微分几何的创建者之一,和詹姆斯·西蒙斯,研究院的理事,都曾是高研院的成员)

上面讲到的这些,都是当我在研究院早期时发生的故事. 但是这个故事最近有了一个新的发展,所以现在撰文讨论这个论题正当其时.

日常生活中,纽结是在三维空间中的物理对象. 但为了用量子理论来解释 Jones 多项式,我们得把纽结看成三维时空中的路径. 这恐怕是看待纽结的一个不那么自然的视角.

但是,在 1990 年左右,当时的研究院成员 Igor Frenkel 开始发展一个新的数学理论,期望在这个理论中能把纽结看成物理对象而不是三维时空中的路径.

第 4 章　Witten 论纽结与量子理论

这个新理论被认为是能包含 Jones 多项式的一个更强的形式.

我很希望能说我给了 Frenkel 一些有用的建议,但实际上我所做的是告诉他这是不可能的,因为 Chern-Simons 泛函是对三维空间定义的,在四维并没有 Chern-Simons 泛函正确的推广. 这在当时是一个合理的反对意见,而现在我惊讶地发现这个反对意见是错的.

不管怎样,Frenkel 和其他人,包括他的学生 Mikhail Khovanov 和高研院成员 Louis Crane 继续发展这个想法. 最终在 2000 年左右,Khovanov 创造了现在称为 Khovanov 同调的理论,对 Jones 多项式加以改进. 在这个理论中纽结是四维时空中的物理对象而不再被看成三维时空中粒子的轨迹.

和 Jones 多项式一样,Khovanov 同调一旦被发明出来,就可以通过一套明确的法则来计算,尽管这套法则比 Jones 多项式用到的那套要精密得多. 我觉得不太可能向高中生解释 Khovanov 同调的定义.

Khovanov 同调理论在数学上影响很大,例如,几年前在高研院数学学部的特别计划中,Khovanov 同调是一个重要课题.

定义 Khovanov 同调并不需要用到量子物理,但是要理解它的意义,就需要用到. 事实上,2004 年物理学家 Sergei Gukov, Albert Schwarz 和 Cumrun Vafa 提出了 Khovanov 同调的一个量子解释. (这些物理学家都曾经是高研院的成员或学生) 这一解释建立在 Vafa 和 Hirosi Ooguri 以前工作的基础上. 他们的理论用到了大量的关于量子场论和弦论的前卫想法.

纽结理论中的 Jones 多项式

虽然他们的理论既优美又有力,我还是猜想应该有一个更直接的方法来解释 Khovanov 同调,于是我在去年试着构造一个这样的解释.尽管在某种意义上我取得了成功,但我还是不确定我得到的是一个更直接的解释还是只是一个稍有些不同的解释.①

Khovanov 同调和 Jones 多项式的主要差别在于 Khovanov 同调的取值更抽象.纽结 K 的 Jones 多项式 J_K 是一个数,而 K 的 Khovanov 同调 H_K 则是一个"量子态空间".如果把 K 解释为三维空间中的物理对象,那么 H_K 就是它所有可能的量子态的空间.

由于 Khovanov 同调用到四维时空而不是三维,和 Jones 多项式相比,它涉及的思想更接近真正的粒子物理.一个重要的思想就是电场和磁场间的对称.这一对称性称为电 - 磁对偶.在 1970 年 Peter Goddard,Jean Nuyts 和 David Oliver(均为前高研院成员)对此进行了开创性的研究.从 1990 年中期开始,不管是在研究院还是在其他地方,电 - 磁对偶成为研究量子场论和弦论的主要工具.利用电 - 磁对偶是绕开之前使我认为 Igor Frenkel 的想法不能成立的那个障碍的关键.

弦论的另一侧面——额外维数——也显示出重要性.虽然我们认为我们想要得到的是一个四维时空中的理论,但是要想正确理解它,就要把它和五维或六维中的理论联系起来.

这一切最令人惊奇之处在于,尽管 Khovanov 同调可以用不涉及量子物理的方法明确地定义——它就是

---

① Edward Witten, Fivebranes and Knots, http://arxiv.org/abs/1101.3216.——原注

第 4 章 Witten 论纽结与量子理论

这样被发现的——我们可以用量子场论和弦论的最现代的工具来更好地理解它. 很可能这个故事的一个完整图景涉及我们至今尚不完全理解的物理思想.

最后我们来谈谈进一步的数学细节.

为了便于介绍的关系,现在来定义 Jones 多项式(或它的推广, HOMFLYPT 多项式), 我们需要引入 3 个变量 a,b,c,并考虑一个一般的等式
$$aJ_K + bJ_{K'} + cJ_{K''} = 0$$
由这个等式(及令平凡结 $J_K = 1$ 的规范化条件)可以看出, J_K 是这 3 个变量的齐次有理函数.

不仅对于纽结(三维空间中一个嵌入圆周),对于链环(一些嵌入圆周的不交并)也可以定义 J_K. 通常 K, K', K'' 中的一些或全部有不止一个连通分支. 在最初的 Jones 多项式的定义中,纽结和链环是未定向的,如图 7 所示. 但是在更为一般的 HOMFLYPT 多项式中,纽结和链环是定向的.

图 7

利用等式 $aJ_K + bJ_{K'} + cJ_{K''} = 0$ (K, K', K'' 是以图 4 的方式关联的三元组)就足以计算任何链环的 Jones 多项式. 这可以通过对链环的二维投影图的交叉数做归纳法加以证明. 图 7 是一个有 3 个交叉点的纽结的例子. 在 $b = 0$ 时,等式 $aJ_K + bJ_{K'} + cJ_{K''} = 0$ 表明我们可以将纽结中的一段穿过另一段,而同时将 Jones 多项

式乘以 $-c/a$. 如果纽结中的各段可以自由地互相穿过, 那么我们当然可以把这个纽结最终解开成平凡结. 若 b 不为 0, 则等式产生一个额外项, 但是这个额外项减少了交叉数. 所以通过归纳法我们最终可以约化到一个没有任何交叉点的链环 K, 也就是平面上 s 个圆周的不交并. 简单地应用等式

$$aJ_K + bJ_{K'} + cJ_{K''} = 0$$

可知, 在这个特殊情形, $J_K = (-(a+c)/b)^{s-1}$.

要证明不论怎样应用等式 $aJ_K + bJ_{K'} + cJ_{K''} = 0$ 都可以得到一致的结果则不那么容易, 人们是通过论证这个等式与链环间称为 Reidemeister 移动的关系相容来证明这一点的.

纽结与奇点[①]

第5章

5.1 序

5.1.1 纽结

所谓纽结(knot)是指一条或几条闭曲线在空间中相互缠绕在一起. 例如在图1中,像图(a)那样的两个圆在空间中相互连在一起. 这样的两个圆称为链圆(link).

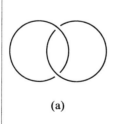
(a)

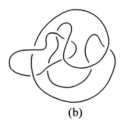
(b)

图1

[①] 原题:結び目と特異点,译自:数学セミナー,1(1985),6-26. 此稿是1984年7月31日至8月2日在京都大学数理解析研究所举行的报告会的讲稿经整理而成的.

纽结理论中的 Jones 多项式

在拓扑学中,我们并不关心曲线的长短和弯曲程度等,而由量到质的变化才是研究的重点.所以可让曲线或曲面自由地伸缩.于是像图 1(b) 中的曲线,若进行适当地伸缩,就可以使之化为与链圆相同的形状.从而图(a)与图(b)可视为相同的纽结.

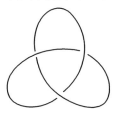

图 2

然而,在拓扑学中,虽然不考虑曲线的长短等问题,但要想使一条曲线穿过另一条上下交差的曲线,无论采取什么方法进行自由伸缩,总还是保持原来图形的性质.因此,在拓扑学中忽视哪些量,研究哪些量,是非常重要的问题.

现在让我们看一下图 2 中纽结,这个纽结是由一条闭曲线缠绕自身形成的.因其形状很像三叶草,所以称为三叶形纽结(clover knot).

以上的两个纽结,是具有代表性的纽结,实际上,这种纽结与奇点有着很大关系.

5.1.2 奇点

曲线上的奇点是指可以引出两条以上的切线的点,或切线产生急剧变化的点(比如反转).例如,由方程

$$z_2^2 = z_1^2 + \frac{1}{2}z_1^3 \tag{1}$$

第 5 章 纽结与奇点

确定的平面曲线,如图 3,若仅在原点处局部地研究这条曲线,那么它就是两条相交的曲线,也就是说有交叉点. 这样的奇点称为结点(node). 实际上,这种结点与刚才提到的链圆有关.

另外,由方程

$$z_2^2 = z_1^3 \qquad (2)$$

确定的曲线,如图 4,这条曲线在原点处具有尖形奇点,这样的奇点称为尖点(cusp). 如果进一步研究这种拨点就会知道,它与前面所讲的三叶形纽结有某些关系.

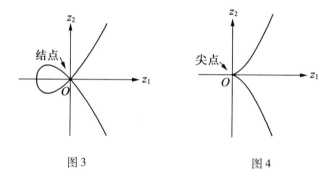

图 3　　　　　　　图 4

5.1.3　纽结与奇点的关系

对于图 1 和图 3、图 2 和图 4,无论我们怎样进行比较,似乎都看不出它们之间有什么联系. 这主要是由于图 3、图 4 中的曲线表示在实数范围内的原故. 因为把变量 z_1、z_2 看作为实变量,所以由方程(1)、(2)确定的点(z_1,z_2)的集合就成为平面上的曲线,那么在曲线上就会产生拨点. 然而,无论怎样去观察这样的奇点,都看不出它与纽结的关系. 要想了解奇点与纽结的关系就必须把变量作为复变量. 若把 z_1,z_2 视为复数,则所讨论的空间就变为4维欧氏空间.并且,当讨论4维欧氏空间中的一个适当领域(如方体或球体)的边界时,边界就是3维空间,那么在其中就会有纽结出现.

下面先进行复数的复习.

5.2 复　数

5.2.1 复数

我们知道,一个实数平方之后为正数或零,但不是负数,因此对于平方之后等于 -1 的数就不在实数的范围内.这就要求我们去构造一种新的数.对于平方之后等于 -1 的数,我们用 $\sqrt{-1}$ 或 i 来表示,即

$$i^2 = -1 \text{ 或 } i = \sqrt{-1}$$

x, y 为实数,如下形式的数

$$z = x + iy$$

就称为复数,其中 x 称为复数的实数部分,y 称为虚数部分.从而一般的复数可以表示为实数部分与虚数部分乘以 i 的和的形式.

5.2.2 复平面和极坐标表示

下面把复数作为平面上的点来表示出来.在平面上,取横轴为实数轴(x 轴),纵轴为虚数轴(y 轴),则复数 $z = x + iy$ 就对应着平面上的点 (x, y)(图5).于是复数的全体与平面上点的全体是一一对应的.若复数的全体记为 **C**,实数的全体记为 **R**,则有

$$\mathbf{C} = \{\text{复数全体}\} = \text{平面}$$
$$= 2 \text{ 维实空间}$$
$$= \mathbf{R} \times \mathbf{R}$$
$$= \mathbf{R}^2$$

第 5 章　纽结与奇点

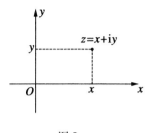
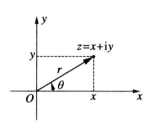

图 5　　　　　　　　图 6

因为平面上的每一点都可看作一个向量,所以从原点到该点的距离 r(向量的长度)和向量与 x 轴的正向夹角 θ(向量的方向)就可以确定该点的位置(图 6).于是对应于该点的复数就可以用数组 (r,θ) 来表示,复数的这种表示方法称为极坐标表示.

5.2.3　复数的方便表示法

对于懂得使用 r 和 θ 来表示复数的读者来说,当指数函数为复数时,应该知道其指数函数的意义.

设 $d = a + ib$ 为复数,定义 e^d 为

$$e^d = e^a(\cos b + i\sin b) \qquad (3)$$

在上式的右端里,因为 a,b 是实数,所以函数 e^a,$\cos b$,$\sin b$ 均在实数范围内变化.这样定义是非常方便的.例如公式

$$e^{d_1} \cdot e^{d_2} = e^{d_1 + d_2}$$

就可以使用三角函数的加法定理

$$\cos(A+B) = \cos A\cos B - \sin A\sin B$$
$$\sin(A+B) = \sin A\cos B + \cos A\sin B$$

立即求得.请读者自己试证一下.

由以上事实可知,复数 z 可用 r 和 θ 表示为

$$z = re^{i\theta} \qquad (4)$$

这是因为,直角坐标 (x,y) 和极坐标 (r,θ) 表示平面上的同一点,由图 6 可知

纽结理论中的 Jones 多项式

$$x = r\cos\theta, \quad y = r\sin\theta$$

于是

$$z = x + iy = r\cos\theta + ir\sin\theta = r(\cos\theta + i\sin\theta)$$

在定义的式(3)中,令 $a = 0, b = \theta$,得

$$e^{i\theta} = e^0(\cos\theta + i\sin\theta) = \cos\theta + i\sin\theta$$

因此

$$z = r(\cos\theta + i\sin\theta) = re^{i\theta}$$

即求得式(4). 今后经常使用式(4)的复数表示方法.

对于复数的绝对值 $|z|$,我们定义为从原点到点 (x,y) 的距离,即

$$|z| = r = \sqrt{x^2 + y^2}$$

由此定义可立刻得到复数的绝对值有以下性质

$$|z_1 z_2| = |z_1||z_2|, \quad |z^n| = |z|^n$$

设 r_0 为正实值常数,θ 在 $0 \leqslant \theta \leqslant 2\pi$ 的范围内变动,那么 $z = r_0 e^{i\theta}$,即 $|z| = r_0$ 的轨迹是什么样呢?我们知道,当角度 θ 从 0 变动到 2π 时,点 z 转动一周又回到原处. 而从原点到点 (x,y) 的距离 r_0 始终为常值. 因此 z 的轨迹是一个半径为 r_0 的圆周(图7(a)). 采用集合的符号可记为

$$\{z : |z| = r_0\} = \text{半径为 } r_0 \text{ 的圆周}$$

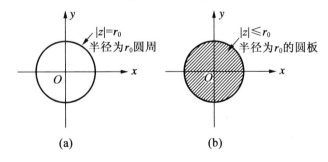

图 7

第5章 纽结与奇点

同理，集合

$\{z : |z| \leq r_0\}$

= {到原点的距离不超过 r_0 的全体点}

= 半径为 r_0 的圆板

关于复数的复习到此结束，以下为了具体求纽结再做些准备工作．

5.3 预备知识

5.3.1 4维实空间

在5.2中我们复习了关于一个复数的情况，现在考虑二个复数的情况．实际上，由下式

$$\begin{cases} z_1 = x_1 + \mathrm{i}y_1 = re^{\mathrm{i}\theta}, & |z_1| = r \\ z_2 = x_2 + \mathrm{i}y_2 = se^{\mathrm{i}\gamma}, & |z_2| = s \end{cases}$$

表示的所有二个复数构成的集合与 $\mathbf{R}^4$ 相同，即

$\mathbf{C} \times \mathbf{C} = \mathbf{C}^2 = \{(z_1, z_2) : z_1, z_2 \text{ 分别为复数}\}$

= 4维实空间

= $\mathbf{R}^4$

集合 $\overline{\Delta}(r_0, s_0)$，$\Delta(r_0, s_0)$，$D(r_0, s_0)$，$D_1, D_2$ 的定义

在上述4维实空间中，定义几个集合如下：设 r_0，s_0 为正的常数．令

$\overline{\Delta}(r_0, s_0) = \{(z_1, z_2) : |z_1| \leq r_0, |z_2| \leq s_0\}$ （5）

$\Delta(r_0, s_0) = \{(z_1, z_2) : |z_1| < r_0, |z_2| < s_0\}$ （6）

$D(r_0, s_0) = \overline{\Delta}(r_0, s_0) \setminus \Delta(r_0, s_0)$

= {属于 $\overline{\Delta}(r_0, s_0)$ 但不属于 $\Delta(r_0, s_0)$ 的点的全体}

= $D_1 \cup D_2$ （7）

其中

$$D_1 = \{(z_1,z_2): |z_1| = r_0, |z_2| \leq s_0\} \quad (8)$$
$$D_2 = \{(z_1,z_2): |z_1| \leq r_0, |z_2| = s_0\} \quad (9)$$

式(7)的意义或许有些难以理解,实际上,$D(r_0,s_0)$ 表示 $\overline{\Delta}(r_0,s_0)$ 的边界部分,是关于 $\overline{\Delta}(r_0,s_0)$ 的 $\Delta(r_0,s_0)$ 的补集. 也就是说在 $\overline{\Delta}(r_0,s_0)$ 中去掉满足条件 $|z_1|<r_0$ 和 $|z_2|<s_0$ 的点. 所以 D 是在满足条件 $|z_1|\leq r_0$, $|z_2|<s_0$ 的点集中,所有满足条件 $|z_2|=r_0$ 或 $|z_2|=s_0$ 的点集.

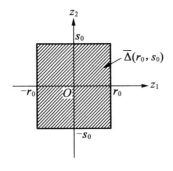

图 8

如果变量 z_1,z_2 在实数范围内时,上面的事实就会易于理解. 在图 8 中,画有阴影部分的长方形表示 $\overline{\Delta}(r_0,s_0)$,$D_1$ 为长方形的左右两条边,D_2 为长方形的上下两条边. 于 D_1 和 D_2 的并集 $D_1\cup D_2$ 就是长方形的四条边,即 $\overline{\Delta}(r_0,s_0)$ 的边界.

但实际上,由于 z_1,z_2 为复变量,这时,D_1,D_2 分别为环状的 3 维实体,即实心圆环(solid torus).

5.3.2　D_1 的几何形状

现在让我们再仔细地研究一下 D_1 的形状(由于 D_2 就是 z_1 和 z_2 相互交换后的 D_1,所以其结构原理与

D_1 相同). 由以上的讨论知道,决定 D_1 形状的条件有两个.

条件 1　$|z_1| = r_0$, 即
$$z_1 = r_0 e^{i\theta},\ 0 \leqslant \theta \leqslant 2\pi \tag{10}$$
显然 z_1 在 $\theta = 0$ 和 $\theta = 2\pi$ 处取相同的值. 若 D_1 限制在一个变量 z_1 上, 就是以原点为中心, 半径为 r_0 的圆周(图 9(a)).

条件 2　$|z_2| \leqslant s_0$, 即
$$|z_2| \leqslant s e^{i\tau},\ 0 \leqslant s \leqslant s_0,\ 0 \leqslant \tau \leqslant 2\pi \tag{11}$$
若变量限制在 z_2 上, 则是以原点为中心, 半径为 s_0 的圆板(图 9(b)).

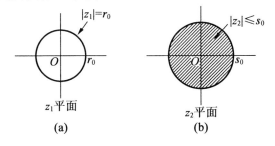

图 9

图 10

对于满足条件 1 的任意值 z_1, 我们都可取到满足条件 2 的任意值 z_2. 换句话说, 对于半径为 r_0 的圆上的每一点都对应着半径为 s_0 的圆板. 当此点绕圆转一

69

周时,就得到了 D_1 的图形. 这说明 D_1 是一个环状的实心体(图 10).

5.3.3 D_1 的准确表示

下面,我们再准确地表示 D_1. 对于半径为 r_0 的圆周表示式(10),当把 θ 作为参数时,可把图 11 中的线段的两端看作是同一点. 现在我们暂且不考虑这两端为同一点,于是 D_1 就认为是图 12 那样的圆柱(可认为把实心圆环切开拉直). 在这里,我们并不关心圆柱的长短,可将其伸缩 $r_0/2\pi$ 倍.

另外,在半径为 s_0 的圆板表示式(11)中,若只考虑其圆周部分就是

$$z^2 = s_0 \mathrm{e}^{\mathrm{i}\tau},\ 0 \leqslant \tau \leqslant 2\pi$$

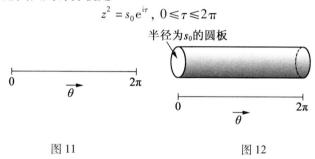

图 11　　　　　　图 12

这时,若把 τ 作为参数,并把图 13 所示的线段的两端看作一点,同样把长度伸缩 $s_0/2\pi$ 倍,则图 12 中的圆柱去掉中间部分而形成的圆管就可以看作是把图 14 中的正方形的上下边合在一起而构成的图形. 这样,由于原来的 D_1 的表面是环面(torus),所以 D_1 的表面就可以按以下顺序来构成.

(1)从图 14 中的正方形开始,沿纵向把长度伸缩 $s_0/2\pi$ 倍,再把上、下两边合在一起(使之完全重合),这样就作成了图 12 中去掉实心部分的圆管.

第5章 纽结与奇点

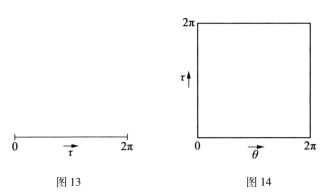

图 13   图 14

（2）把作成的圆管的长度伸缩 $r_0/2\pi$ 倍,再把左右两个端圆完全重合在一起.

在这里,如下事实需要读者理解.

当我们不考虑图形的实际长度及大小,而只关心其特性时,也就是说,当从拓扑的观点来讨论图形时,作为 D_1 表面的环面,可从图 14 的正方形出发,把其上、下边,左、右边分别看作同一边而构成.并且,在这个环面画一条曲线时,θ 和 τ 就是曲线的参数.

$D(r_0,s_0)$ 的几何形状

当知道了 D_1,D_2 的形状后,对于 D_1,D_2 的并集

$$D(r_0,s_0)=D_1\cup D_2$$

是什么样的图形我们还不清楚.如果没有相当抽象的想象力是难以知道其形状的.实际上,$D(r_0,s_0)$ 与 3 维球面是同一类图形.

大家所知道的球面,即普通球的表面,均称为 2 维球面,这样的 2 维球面可以看作是把平面(无限延伸的平面)弯曲变形,使之成为球状,然后再加上一个无穷远点构成(图 15).

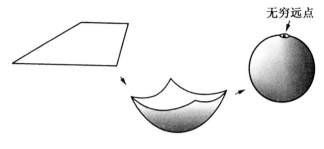

图 15

同理,3 维球面可以看作一个 3 维空间再加上一个无穷远点构成. 即

$$D_1 \cap D_2 \approx S^3 (3 \text{ 维球面})$$
$$\approx 3 \text{ 维欧氏空间} + \text{无穷远点}$$

$D_1 \cap D_2$ 为 3 维欧氏空间(即我们周围的空间)这一结论也可以考虑如下.

由前面的讨论可知,一个环面,即实心圆环的表面,可以通过两个圆作转动得到,即集合

$$\{(z_1, z_2) : |z_1| = r_0, |z_2| = s_0\}$$

表示环面. 由图 16 可见,这样的两个圆分别为横圆和纵圆. 如果用式子表示这种特定的圆,则有

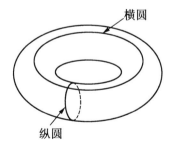

图 16

第 5 章 纽结与奇点

$$\begin{cases} 纵圆 = \{固定某个\ z_1, |z_2| = s_0\} \\ 横圆 = \{|z_1| = r_0, 固定某个\ z_2\} \end{cases}$$

这里,尽管 r_0, s_0 为不同的常数,但若不考虑它们的话,纵圆和横圆只是互换一下变量 z_1, z_2 即可相互转化.

在 D_1 的表面取一横圆(图 17)

$$|z_1| = r_0, \quad |z_2| = s_0 \mathrm{e}^{\mathrm{i}\tau_0} \quad (\tau_0\ 为常数) \quad (12)$$

于是,这个横圆在 D_2 中就是个纵圆. 现在看一下满足

$$|z_1| \leqslant r_0, \quad z_2 = s_0 \mathrm{e}^{\mathrm{i}\tau_0}$$

的点集,显然这些点的集合在 D_2 中是个圆板. 而在对应的 D_1 中则是以横圆为边的半球形(像个无沿的帽子). 这时,在 D_2 中的圆板通过实心圆环的内部转一周时,与之对应的 D_1 中的半球形就在 3 维空间也转动一周,从而把 D_1 的外部扫了一遍. 特别情况,当横圆位于 D_1 的最外侧时,半球形就变态为水平面,从而这个半球的中心就可以认为是无穷远点.

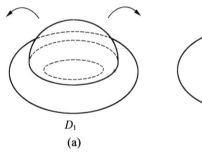
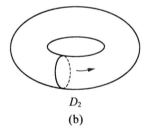

(a) D_1　　　　　(b) D_2

图 17

像这种把两个实心圆环看作是 3 维欧氏空间加上一个无穷远点的例子对我们来讲是非常重要的.

关于预备知识就准备这些,下面就开始研究对应着奇点的纽结问题. 设 X 为在原点处有奇点产生的代

数(复)曲线,通过研究曲线 X 和 D 相交($D = D_1 \cup D_2$),就会知道在相交处有纽结产生. 下一节先讨论几种特殊情况,然后再讨论一般的情况.

5.4 对应着奇点的纽结——特殊情况

5.4.1 含有尖点的曲线 $z_2^2 = z_1^3$

先回顾一下最初作为例子举出的含有尖点的曲线
$$X: z_2^2 = z_1^3 \tag{13}$$
现在要求变量 z_1, z_2 在复数范围内变化. 这时,我们看一下曲线 X 与 D 的相交情况. 在集合
$$D = D(r_0, s_0) = D_1 \cup D_2$$
中,假定 $r_0 = s_0 = 1$,其中
$$D_1 = \{(z_1, z_2): |z_1| = 1, |z_2| \leq 1\}$$
$$D_2 = \{(z_1, z_2): |z_1| \leq 1, |z_2| = 1\}$$
即 $|z_1|, |z_2|$ 中至少有一个为1. 另一方面,由绝对值的性质知
$$z_2^2 = z_1^3 \Rightarrow |z_2^2| = |z_1^3| \Rightarrow |z_2|^2 = |z_1|^3$$
因此,由
$$|z_2| = 1 \Rightarrow |z_1| = 1$$
或者由
$$|z_1| = 1 \Rightarrow |z_2| = 1$$
总之,有 $|z_1| = |z_2| = 1$ 成立. 即 D 与 X 相交在环面
$$T = \{(z_1, z_2): |z_1| = 1, |z_2| = 1\} \tag{14}$$
上(在图12中,令 $r_0 = s_0 = 1$).

现在在环面上以 θ, τ 为参数画一条曲线,则曲线上的点满足
$$z_1 = e^{i\theta}, z_2 = e^{i\tau} \quad (0 \leq \theta, \tau \leq 2\pi)$$
将上式代入式(13)中得

第5章 纽结与奇点

$$(e^{i\tau})^2 = (e^{i\theta})^3$$

即

$$e^{i(2\tau)} = e^{i(3\theta)}$$

把上式的实数部分,虚数部分分离出来,则有

$$\cos 2\tau = \cos 3\theta, \quad \sin 2\tau = \sin 3\theta$$

由三角函数的性质知

$$2\tau = 3\theta + 2k\pi \quad (k\text{ 为整数})$$

即

$$\tau = \frac{3}{2}\theta + k\pi$$

图 18

由于满足上式的 θ,τ 在 0 到 2π 之间变化,则可在以 θ 为横轴,τ 为纵轴的正方形上画出其图形(图 18)。我们看到,这是斜率为 $\frac{3}{2}$ 的四条直线段。当把它作为环面上的曲线时,只要把正方形的上、下两边和左、右两边分别视为同一边,即像图 19 那样进行变形就可以了。到此,我们知道,由式(13)表示的对应于尖点的纽结就是三叶形纽结。

纽结理论中的 Jones 多项式

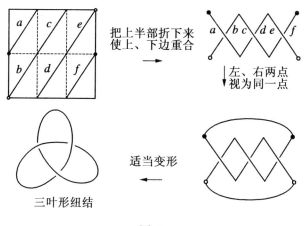

图 19

5.4.2 含有结点的曲线 $z_2^2 = z_1^2$

在 5.1 序中,已经给出了由方程(1)确定的含有结点的曲线的例子. 现在让我们看一下与此例类似的在原点处相交叉的曲线

$$X: z_2^2 = z_1^2 \qquad (15)$$

当在实数范围内讨论这条曲线时,它就是二条相交的直线. 若仅在原点附近讨论的话,这条曲线的奇点与方程(1)确定的曲线的奇点是相同的.

与前面 5.4.1 的情况相同,X 和 D 相交在由式(13)表示的曲面上. 类似地,将等式

$$z_1 = e^{i\theta}, z_2 = e^{i\tau}$$

代入式(15)中,得

$$(e^{i\tau})^2 = (e^{i\theta})^2$$

即

$$e^{i(2\tau)} = e^{i(2\theta)}$$

由此得

$$2\tau = 2\theta + 2k\pi \quad (k \text{ 为整数})$$

76

即

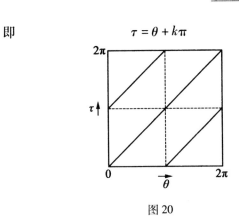

图 20

把满足上式的点画在以 θ,τ 为边的正方形上,就得到图 20 中的图形.并且再返回到环面上,就得到图 21 所示的链圆.

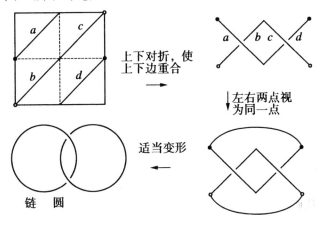

图 21

到此,关于最初所谈的结点与链圆,尖点与三叶形纽结的关系就清楚了.

5.4.3 一般指数的情况 $z_2^n = z_1^m$

对于一般的指数 m, n,曲线为
$$X: z_2^n = z_1^m \quad (m, n \text{ 为正整数}) \tag{16}$$

对于这样的曲线 X,同样考虑 X 与 $D = D_1 \cup D_2$(假定 $r_0 = s_0 = 1$)的相交情况. 首先,为使曲线上的点 $(z_1, z_2) \subset D$,由
$$D_1 = \{(z_1, z_2) : |z_1| = 1, |z_2| \leqslant 1\}$$
$$D_2 = \{(z_1, z_2) : |z_1| \leqslant 1, |z_2| = 1\}$$

可知,必有
$$|z_1| = 1 \quad \text{或} \quad |z_2| = 1 \tag{17}$$

另外,由绝对值的性质得
$$z_2^n = z_1^m \Rightarrow |z_2^n| = |z_1^m|$$
$$\Rightarrow |z_2|^n = |z_1|^m \tag{18}$$

由式(17)、式(18)得
$$|z_1| = |z_2| = 1$$

于是 $D \cap X$ 含于环面
$$T = \{(z_1, z_2) : |z_1| = 1, |z_2| = 1\}$$

中. 类似前面的方法,把等式
$$z_1 = e^{i\theta}, \quad z_2 = e^{i\tau}$$

代入式(16)中,得
$$(e^{i\tau})^n = (e^{i\theta})^m$$

即
$$e^{i(n\tau)} = e^{i(m\theta)}$$

从而求得
$$n\tau = m\theta + 2k\pi \quad (k \text{ 为整数})$$

即
$$\tau = \frac{m}{n}\theta + k\pi$$

这些点集在以 θ, τ 为边的正方形中,构成了斜率为 $\frac{m}{n}$ 的一族直线. 若把它们描绘出来求得纽结,可按如

第5章 纽结与奇点

下步骤进行.

（1）把纵轴分为 n 等份；

（2）把横轴分为 m 等份；

（3）在等分后的 mn 个长方形中,分别引各自的对角线（从左下角引到右上角）,如图22；

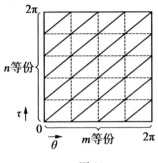

图 22

（4）为能在环面上看到其图形,把上、下边和左、右边分别看作同一个边对折起来. 注意:在上、下两边对折时,先把最上端一行延长 $(n-1)$ 倍然后再对折. 这样当左右两端再对折时就不会使对应的端点重合了（当 $m = n = 3$ 时,如图23 表示的顺序）.

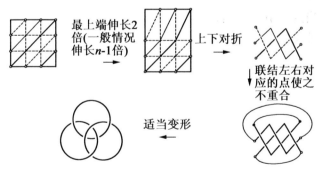

图 23

这样做成的纽结称为由分数 $\dfrac{m}{n}$（有理数）确定的环状纽结(torus knot). 当 m,n 互质时(记为 $(m,n)=1$), 就是由一条曲线连成的纽结.

5.5 对应奇点的纽结——一般代数曲线

5.5.1 一般情况
设
$$f(z_1,z_2)=0$$
为二个复变量的方程,则满足此方程的所有点 (z_1,z_2) 的集合是 $\mathbf{C}^2$ 的子集,称为复数曲线. 记为
$$X=\{(z_1,z_2):f(z_1,z_2)=0\}\subset\mathbf{C}^2$$
当在 $\mathbf{R}^4$ 中讨论 X 时,则 X 是个曲面,这是因为,在 $\mathbf{C}^2$ 中表示 X 的方程只有一个,而在 $\mathbf{R}^4=\mathbf{C}^2$ 的 4 维实变量空间中,由于 $f(z_1,z_2)$ 的实数部分、虚数部分都等于零,则方程就化为两个,因而表示曲面.

设曲线通过坐标原点,即 $f(0,0)=0$,现在考虑 X 在原点附近的状态. 在这里,还需说明以下事实. 在适当的变量变换后,应用维尔斯特拉斯(Weierstrass)定理及覆盖理论就可以从方程 $f(z_1,z_2)=0$ 中解出 z_2 来. 并且 z_2 可表示成含有 z_1 的分数幂的级数形式. 详细解法请参考有关复变函数论的教科书.

一般情况下, z_2 的级数形式是相当复杂的,写出来就是如下形式

$$z_2=\sum_{j=1}^{K_0}c_{0j}z_1^j+\sum_{j=0}^{K_1}c_{1j}z_1^{(m_1+j)/n_1}+\sum_{j=0}^{K_2}c_{2j}z_1^{(m_2+j)/n_1n_2}+\cdots+\sum_{j=0}^{\infty}c_{gj}z_1^{(m_g+j)/n_1n_2\cdots n_g}$$

(19)

第 5 章 纽结与奇点

其中 m_i, n_i, k_i 为正整数,并且:

(ⅰ) $1 \leqslant k_0 < \dfrac{m_1}{n_1}, \dfrac{m_{a-1} + k_{a-1}}{n_1 n_2 \cdots n_{a-1}} < \dfrac{m_a}{n_1 n_2 \cdots n_a}$ ($a = 2, 3, \cdots, g$);

(ⅱ) $n_i \geqslant 2, (m_i, n_i) = 1$ ($i = 1, 2, \cdots, g$);

(ⅲ) $c_{a0} \neq 0$ ($a = 1, 2, \cdots, g$).

5.5.2 式(19)的意义

下面简单地说明一下式(19)的意义. 首先注意到, z_1 的指数是按照由小到大进行排列各项的. 第一个和式是以指数为整数各项取和, 下一个和式是以指数为分数(非整数)的项开始取和. 其分数的分母为 n_1, 且和式中每一个指数都是以 n_1 为分母写成的分数形式. 再下一个和式是以 $n_1 n_2$ 为指数的分母的各项之和……, 由条件(ⅰ)可知, 各和式中最初一项的指数都比前一和式中最后一项的指数大, 由(ⅱ)知, m_i 和 n_i 互质, 由(ⅲ)知, 各和式中的第一项系数都不等于 0.

若用另外的简便表示法, 可设 $n = n_1 \cdots n_g$, 则 z_2 就可以写成 $z_1^{\frac{1}{n}}$ 的幂级数形式. 注意, 确定 z_1 的一个值, 一般地 $z_1^{\frac{1}{n}}$(即 z_1 的 n 次方根)都可取 n 个值, 因此, z_2 是 z_1 的多值函数.

由于式(19)相当复杂, 所以在不使对应原点处奇点的纽结发生变化的条件下适当改变系数 c_{aj}, 使之化为较简单的形式. 所谓"纽结不发生变化"是指在变化系数 c_{aj} 的过程中, 无论对于任何 z_1 值, 与 z_1 对应的 n 个 z_2 值在变化中总是不相同的. 在这样的条件下来变化系数时, 即使环面上的曲线也发生变化, 但在变化过程中, 曲线不会在某处与环面上的其他部分产生相互缠绕或者相交, 也就是说在拓扑的意义下是不变的, 这就是所谓纽结不变化.

变化的结果,在式(19)中除了各和式(去掉整数幂的和式)的第一项系数 c_{a0} ($a = 1, 2, \cdots, g$) 以外,其余各项系数均为零,且令

$$c_{a0} = \frac{1}{N^{a-1}} \quad (N \geqslant \max\{n_1, n_2, \cdots, n_g\})$$

则其纽结也不会有什么变化. 因此只要考虑如下形式的有限项多值函数就可以了

$$z_2 = z_1^{\frac{m_1}{n_1}} + \frac{1}{N} z_1^{\frac{m_2}{n_1 n_2}} + \frac{1}{N^2} z_1^{\frac{m_3}{n_1 n_2 n_3}} + \cdots + \frac{1}{N^{g-1}} z_1^{\frac{m_g}{n_1 n_2 \cdots n_g}}$$

(20)

5.5.4 描绘纽结

以下开始描绘式(20)中对应奇点的纽结. 为了解当 z_1 值变化时,式(20)表示的 z_2 值如何变化,可以设

$$A_1 = z_1^{\frac{m_1}{n_1}}$$

$$A_2 - A_1 = \frac{1}{N} z_1^{\frac{m_2}{n_1 n_2}}$$

$$A_3 - A_2 = \frac{1}{N^2} z_1^{\frac{m_3}{n_1 n_2 n_3}}$$

$$\vdots$$

$$A_g - A_{g-1} = \frac{1}{N^{g-1}} z_1^{\frac{m_g}{n_1 n_2 \cdots n_g}}$$

$$A_g = z_2$$

这样,只要先看 A_1 如何变化,其次再看 A_2 如何变化,然后看 $A_3 - A_2$ 的变化,……,最后看 A_g,即 z_2 的变化就可以了.

第 5 章 纽结与奇点

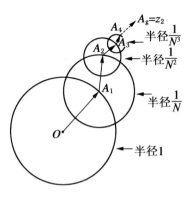

图 24

当 z_1 值固定时,若把 $A_1,A_2,\cdots,A_g$ 看作 z_2 平面上的向量,则这些向量的变化就像图 24 所示的那样,从半径为 1 的圆开始,以后各圆的半径一个比一个缩小 $\dfrac{1}{N}$ 倍,并且后一个圆的圆心都在前一个圆的圆周上.

下面,逐步来讨论对应式(20)的纽结.

5.5.3 环状纽结

首先我们知道,对应于

$$z_2 = z_1^{m_1/n_1} \tag{21}$$

的纽结已在 5.4.3 中求得,它是在环面 T 上由分数 m_1/n_1 确定的环状纽结(图 25),表示 $m_1=3, n_1=2$ 的情况. 其中图 25(a)表示以 θ,τ 为边的正方形上的一组斜率为 $\dfrac{3}{2}$ 的直线. 图 25(b)表示把这个正方形的上下两边粘合为一边所形成的圆管).

纽结理论中的 Jones 多项式

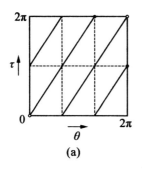
(a)

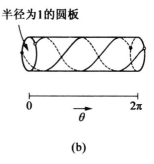
半径为1的圆板
(b)

图 25

这样的环状纽结,在圆管上看时,是由 n_1 条曲线(图 25 中是二条)构成的.但实际上,当 $(m_1, n_1) = 1$ 且把左右两端视为一端时就成为一条曲线了.现在把 n_1 个这样的圆管连起来构成一个新的圆管,连接之后,在圆管上的连接的曲线中只考虑其中的一条,那么当把圆管的左右端视为同一端时,这条曲线就成为一条闭曲线(图 26),图 26(b)是当 $m_1 = 3, n_1 = 2$ 时,两个圆管的连接,并且只考虑其中的一条用粗实线表示的曲线).

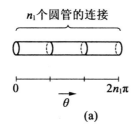
n_1 个圆管的连接
(a)

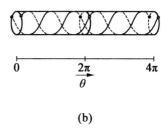
(b)

图 26

可是,这样做之后,就不能像以前那样嵌入到空间 D 中,因而也就看不到曲线自身相互缠绕的情形.尽管

纽结理论中的Jones多项式

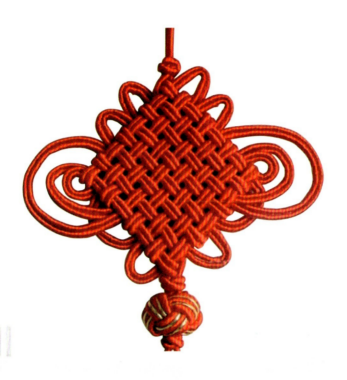

纽结

什么是纽结?
What is a knot?

简单的说,纽结是一个解不开的圆圈,一个圆圈是一个平凡的纽结,也就是说没有结的纽结,最简单的非平凡结是三叶结。

纽结是三维空间中不与自己相交的封闭曲线,即与圆周同胚的图形。

纽结理论中的Jones多项式

等价 纽结理论的根本问题
The fundamental problem of knot theory

  关于纽结的理论的根本问题是研究纽结的等价分类，区分不等价的纽结。

  两个纽结等价是指存在三维空间本身的一个形变，把其中一个纽结变为另一个。

如此,但随着 z_1 值的变化,表示 z_2 变化的点却不发生什么变化.

其次,看一下对应于

$$z_2 = z_1^{\frac{m_1}{n_1}} + z_1^{\frac{m_2}{n_1 n_2}} \qquad (22)$$

的纽结. 对于这样的纽结,可先考虑在之前求出的一条曲线,再以这条曲线上的点为圆心,让半径为 $\frac{1}{N}$ 的圆板从左向右移动,这样就得到一个弯曲的圆管(图27),称之为曲线的管状邻域(tubular neighborhood),于是对应式(22)的纽结就是这个管状邻域的表面上的曲线.

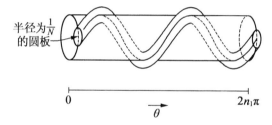

图27

为了讨论方便,移动这个管状邻域,把半径为 $\frac{1}{N}$ 的圆板中心平移到 z_2 平面的坐标原点处,再用拓扑学的观点把它拉直,然后把左右端合在一起,经过这样做以后,管状邻域的表面仍然是一个环面(图28). 于是当描绘式(22)的纽结时,只需考虑

$$z_2 = \frac{1}{N} z_1^{\frac{m_2}{n_1 n_2}} = \frac{1}{N} (z_1^{\frac{1}{n_1}})^{\frac{m_2}{n_2}} \qquad (23)$$

就可以了(平移之后,只去掉了 $z_2 = z_1^{\frac{m_1}{n_1}}$ 的部分).

纽结理论中的 Jones 多项式

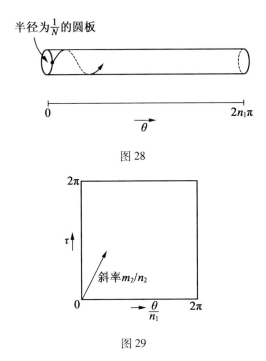

图 28

图 29

对应于式(23)的纽结,仍然是一个环状纽结.若把它描绘在以 θ, τ 为边的正方形上时,需要注意以下情况.由图 28 可知,当 θ 从 0 变到 $2n_1\pi$ 时,z_1 才回到原处.因此,就要如图 29 所表示的那样,把横轴的变量设为 θ/n_1,这样在边长为 2π 的正方形中就可以描绘出斜率为 m_2/n_2 的一组直线来.若用式子表示,就是:对于 $z_1 = e^{i\theta}$,把

$$z_1^{\frac{1}{n_1}} = e^{i\theta/n_1}$$

看作变量.这样就得到了关于分数 m_2/n_2 的环状纽结.

现在考虑如下等式

$$z_2 = z_1^{\frac{m_1}{n_1}} + \frac{1}{N} z_1^{\frac{m_2}{n_1 n_2}} + \frac{1}{N^2} z_1^{\frac{m_3}{n_1 n_2 n_3}} \qquad (24)$$

因为在求出的环状纽结是由 n_2 条曲线构成的,所以和前面的做法一样,把 n_2 个圆管连接起来得出一条闭曲线(因为$(m_2,n_2)=1$). 若仅考虑这条曲线的管状邻域,就可以描绘出对应于

$$z_2 = \frac{1}{N^2} z_1^{\frac{m_3}{n_1 n_2 n_3}} = \frac{1}{N^2} (z_1^{\frac{1}{n_1 n_2}})^{\frac{m_3}{n_3}}$$

的环状纽结. 在这种情况下,由于 θ 从 0 变动到 $2n_1 n_2 \pi$ 时,z_1 仍变回原处,故纽结为对应分数 $\dfrac{m_3}{n_3}$ 的纽结.

5.5.5 多重环状纽结

通过如上的做法,即先考虑环面上的曲线的管状邻域,然后在管状邻域的表面(实际上也是环面)上描绘曲线,再考虑所描绘出的曲线的管状邻域,……. 这样继续做下去,到第 g 次时就可以做出对应式(20)的纽结.

上述纽结称之为多重环状纽结(iterated torus knot, iterated = 重复). 这些纽结是由分数组

$$\left(\frac{m_1}{n_1}, \frac{m_2}{n_2}, \cdots, \frac{m_g}{n_g}\right)$$

来确定的.

这里特别需要注意,像前面已讲过的那样,因为分别进行了 n_1 个,n_2 个,…… 圆管的连接,所以就不能嵌入到空间 D 中,这样一来要想知道实际的相互缠绕的纽结,就必须返回到原来的空间 D 中去考虑.

5.6 结 论

通过以上讨论,把所得的结果归纳为如下定理.

纽结理论中的 Jones 多项式

定理 设 $X: f(z_1 z_2) = 0$ 为 $\mathbf{C}^2$ 中的代数（或解析）曲线,则在 X 中奇点的充分小邻域中的纽结是形如 $\left(\dfrac{m_1}{n_1}, \dfrac{m_2}{n_2}, \cdots, \dfrac{m_g}{n_g}\right)$ 的多重环状纽结,且满足条件:

(i) $n_i > 1$, $(m_i, n_i) = 1$ $(i = 1, 2, \cdots, g)$;

(ii) $\dfrac{m_1}{n_1} < \dfrac{m_2}{n_1 n_2} < \cdots < \dfrac{m_g}{n_1 n_2 \cdots n_g}$.

最后需要指出,所谓"奇点的消除"在某种意义上讲是指把求出的对应于奇点的纽结拆开,使之化为简单形. 并且对于一般的多变量(高维数)的情况也与这里二变量的情况类似.

弦,纽结和量子群:1990年三位Fields奖章获得者工作一览

第6章

6.1 引 言

Fields 奖章,作为数学界最有声望的国际奖,1990 年 8 月 21 日至 29 日在日本京都召开的国际数学家大会上颁发.获奖者如下:

Vladimir Drinfel'd,他是前苏联哈尔科夫和乌克兰科学院低温工程物理研究所的,获奖工作是量子群.

Vaughan F. R. Jones,他是加州大学伯克利分校数学系的,获奖工作是纽结理论.

---

① 原题:Strings, Knots, and Quantum Groups: A Glimpse at three 1990 Fields Medalists.

译自:SIAM Review;34:3,406 – 425,September,1992.

纽结理论中的 Jones 多项式

Shigefumi Mori(森重文),他是日本京都数学科学研究所(RIMS)的,获奖工作是3维代数簇的分类.

Edward Witten,他是普林斯顿高等研究院自然科学院的,获奖工作是弦理论,联系着理论物理学和现代数学.

在我们的概述中,我们把注意力限制在 Witten, Jones 和 Drinfel'd 的工作上,并阐述它们是怎样通过联系理论物理和现代数学而相互关联的. 注意 Witten 和 Drinfel'd 都在物理学机构任职而 Jones 是数学系教授. 自然,不可能在这样短的概述中对他们的工作做出详细或完整的论述,但希望感兴趣的读者可以得到充足的解释,以看出基本的思想及联系. 这些思想有些是"数学的",有些是"物理的",而在这两种语言之间进行翻译不总是容易的,甚至不总是可能的.

在 20 世纪的前几个时代,数学和物理学曾有过极大的联系:数学结构被引入了理论物理的发展,而物理中产生的问题也影响了数学的发展. 20 世纪著名的事例是 Riemann(黎曼)几何在广义相对论中的作用,还有量子力学对泛函分析发展的影响. Einstein 在 1915 年提出了广义相对论的最终形式,而量子场论自 1927 年 Dirac 创立以来一直是在探索着的领域. 在此后的 50 年中,理论物理与数学没有多少联系,两者都走向不同的方向. 数学趋向更抽象的领域,而量子场论则以一种颇具技巧的、形式的方式出现,而这种方式难以掌握. 在 70 年代中期,当非 Abel 的规范场论作为物理学中最要紧的量子场论产生时,这种情况改变了. 数学和物理学之间的相互作用与影响再次活跃起来. Yang-Mills 理论的数学形式建立于主纤维丛理论上. Yang-

第6章 弦,纽结和量子群:1990年三位Fields奖章获得者工作一览

Mills方程的解的研究,例如瞬子和磁单极子,牵涉到向量丛的分类.量子分色动力学(QCD)中$U(1)$问题的解牵涉到Atiyah-Singer指标定理.关于规范场论中的反常理解,则牵涉到椭圆算子簇的理论和无限维Lie代数的表示论及其上同调论.

20世纪物理学有两大基础理论——广义相对理论和量子场论.这两个理论各在不同尺度上描述了同一世界.广义相对论在天文学尺度上描述了引力,而量子场论描述了基本粒子的相互作用、电磁力、强和弱力.在两大理论之间存在着不协调.广义相对论的形式量子化导致无穷大的公式.在物理学的两大基本理论之间的这种不协调是一个重要的问题,很多人,包括Einstein曾经试图构造一个完全统一的理论(TUT).Einstein发明广义相对论是为了解决另一不协调,即狭义相对论与Newton(牛顿)引力理论之间的不协调.量子场论的发明是为了调解Maxwell(麦克斯韦)的电磁学和狭义相对论与非相对论的量子力学的关系.但存在两个根本上不同的途径.在Einstein的"思想实验"中,也就是导致广义相对论发现的"思想实验"中,逻辑上的框架是第一位的.后来在Riemann几何中,找到了正确的数学框架.另一方面,在量子场论的发展中,没有先验的逻辑基础;实验线索占据重要角色,但没有数学模型.Witten曾说过:

> 实验不可能提供详细的指导来使我们协调广义相对论与量子场论.我们因而可以相信唯一的希望是模仿广义相对论的历史,以纯粹的思想来发明一个新的数学框架,它推广Riemann几何并可以包含量子场论.很多雄心勃勃的物理学家曾经立志做这件事,但这种努力却没有多少结果.

纽结理论中的 Jones 多项式

在20世纪80年代从弦理论方面似乎带来了进展,而就在这里,Witten,Jones 和 Drinfel'd 的工作相互关联着.

6.2 关系:Witten-Drinfel'd-Jones

在讨论细节之前,让我们对 Fields 奖章获得者 Witten,Drinfel'd 和 Jones 的物理 - 数学相互作用作一个泛泛的描绘. 在后面的 6.3,6.4 和 6.5 中我们会分别地讨论他们每个人的工作,并且给出更多的解释和细节.

经典力学(自 Newton 开始)是一个运动的理论,它用该系统状态的相空间中的一些常微分方程来描述,这些状态即位置 x_i 和速度 $v_i = \dot{x}_i$(或动量 $p_i = mv_i$). 一个经典物理系统随时间的演变(运动方程)可由单独一个函数确定,即 Lagrange 函数 L 或 Hamilton 函数 H,以 Euler-Lagrange 方程组确定

$$\frac{\partial L}{\partial x_i(t)} - \frac{\mathrm{d}}{\mathrm{d}t} \frac{\partial L}{\partial \dot{x}_i(t)} = 0$$

或等价地以 Hamilton 方程确定

$$\dot{x}_i = \frac{\partial H}{\partial p_i}, \dot{p}_i = -\frac{\partial H}{\partial x_i}$$

量子力学中基本的问题不是像经典物理学中"这个物理量在这个特定情况取什么值"那样,而是"一个物理量 A 可能取哪些值,而在一个给定的情况下它取某个特定的可能值的概率是多大?"例如,一个电子被看作一个点粒子,但它在一个给定时间的状态不能像经典

第6章 弦,纽结和量子群:1990年三位Fields奖章获得者工作一览

力学中那样用一个点 $x \in \mathbf{R}^3$ 和一个动量 $p \in \mathbf{R}^3$ (或速度 $v = (1/m)p$) 来描述. 事实上一个电子的状态(忽略其自旋)是一个复值函数 $\Psi \in L^2(\mathbf{R}^3)$,而在 x 点找到该电子的概率密度是 $\rho_\Psi(x) = |\Psi(x)|^2$. 一般来说,一个物理体系的一个状态 $\Psi(x)$ 是一个 Hilbert 空间的元素,一个状态的时间演变由 Schrödinger 方程

$$ih(\mathrm{d}\Psi/\mathrm{d}t) = \hat{H}\Psi$$

确定,其中 $\hat{H}$ 是一个自伴算子. 一个可观测量 A 由一个算子 $\hat{A}$ 表示,在一个系统中一个状态 $|\Psi>$ 下重复可测量 $\hat{A}$ 的平均值是 $<\Psi|\hat{A}\Psi>$. 等价于 Schrö-dinger 方程的是 Heisenberg 运动方程 $ih(\mathrm{d}\hat{A}(t)) = [\hat{A}(t), \hat{H}]$.

在经典力学和量子力学中,都有两个基本概念:状态和可观测量. 对物理量进行测量就是在物理系统上进行运算. 在经典力学中,状态是一个(辛)流形 M(相空间)中的点,而可观测量是 M 上的函数. 在量子力学中,一个系统的可能状态对应于一个 Hilbert 空间中的单位向量,而可观测量对应于 H 上的(自伴、非交换)算子. 将狭义相对论与这两种理论结合就分别从经典力学引导到广义相对论,从量子力学引导到量子场论. 从经典力学到量子力学的过渡叫作量子化. Drinfel'd 和 Witten 从不同观点研究了量子化的过程. 根据 Drinfel'd,经典和量子力学的关系可观测量的语言较容易理解. 在两种情况下,可观测量都形成一个结合代数,它在经典情况下可交换而在量子情况下非交换. 所以量子化就像是把交换代数替换为非交换代数之类的事. 状态由 Drinfel'd 以 Hopf 代数的语言来描述. 这个代数的方法使 Drinfel'd 推出量子群的概念、与统计力学的关系、完全可积性、Lie 代数的形变，以及 Yang-Baxter 方程．我们将在 6.4 和 6.5 中描述这些关系．Witten 的方法是拓扑学的．量子化是用 Feynman 路径积分方法以状态的语言来描述的．可观测量就是拓扑不变量．这个方法使 Witten 推出弦理论，拓扑量子场论，共形场论以及 Chern-Simons 作用量，我们将在 6.3 中解释这个方法．Jones 的工作通过 Jones 多项式，相伴的辫子群的表示及其与统计力学的联系，还有 Yang-Baxter 方程组纽结的 Jones 多项式间的组合关联来和 Drinfel'd 的工作相联系．我们将在 6.4 和 6.5 中给出细节．Jones 与 Witten 工作的联系通过以拓扑量子场论解释 Jones 多项式被发现．利用 Feynman 路径积分中的 Chern-Simons Lagrange 量，我们可以计算 Jones 多项式，或反过来我们可以利用这个关系把形式泛函积分重写为具体的数学量．我们可以在 6.3 中描述这个关系．在图 1 中我们概括了这些关系．

6.3 弦理论：E. Witten

6.3.1 从点到弦

弦理论，常被称为放之四海而皆准的理论(the theory of everything)，是在 20 世纪 60 年代末与 70 年代初尝试理解强相互作用的过程中发现的．随着弦理论的发展，产生了一个非常丰富的数学结构，但它现在与强相互作用却没多大相像．1974 年左右，从非交换的规范理论产生了一个成功的强相互作用理论．但对弦理论，人们就此失去了兴趣．Witten 是 20 世纪 80 年

第6章 弦,纽结和量子群:1990年三位Fields奖章获得者工作一览

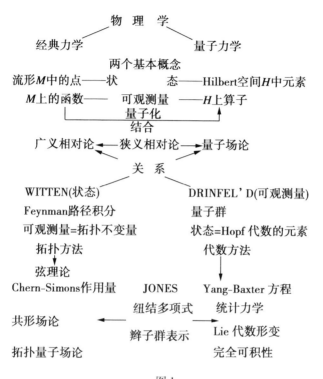

图1

代弦理论的主要再倡导者之一,他们提出弦理论不应该当作是一种强相互作用的理论,而是应该当作一种GUT(大统一理论)的框架,用来调和引力理论与量子力学. 这个思想有很多古怪的推论. 例如,空-时是10维而不是4维. 从弦理论产生的Witten影响涉及了一系列美妙的数学理论,例如Morse理论、数论和指标定理. 拓扑不变量,在2维描述了Jones纽结多项式,而在3,4维分别描述了Floer和Donaldson的不变量. 但现在的弦理论与物理学没多少相似. 虽然我们学到了

纽结理论中的 Jones 多项式

这个学科的很多东西，但还是没有一个逻辑的数学框架，这就像广义相对论在没有 Riemann 几何的情况下被发明，而我们的任务正是重建作为广义相对论基本构架的 Riemann 几何．

在经典力学中，我们考虑点粒子，当时间流逝，它们的轨迹形成了一条四维空间时 M^4 中的一条世界线（图 2）．对 Lagrange 量 $L(q,\dot{q})$ 用作用量原理 $\delta S=0$ 使它在时刻 t_1 和 t_2 之间的长度极小化，从而给出运动方程组，Euler-Lagrange 方程组．（我们将在 6.3.2 中讨论具体的例子）

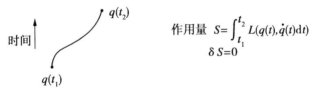

作用量 $S=\int_{t_1}^{t_2} L(q(t),\dot{q}(t))\mathrm{d}t$
$\delta S=0$

图 2　世界线，作用量原理

在量子力学中一个系统从一个状态 $|q_1(t)>$ 到另一状态 $|q_2(t+\Delta t)>$ 的转移幅度由

$$<q_2(t+\Delta t)|q_1(t)> = <q_2|\mathrm{e}^{-\mathrm{i}\Delta t H}|q_1>$$

给出．设 Hamilton 量就是 $\hat{H}(\hat{q},\hat{p}) = (\hat{p}^2/2m) + \hat{V}(\hat{q})$．对小的 Δt 我们可对势能算子 $\hat{V}(\hat{q})$ 用它的值 $V(q)$ 来逼近，并且，利用相关的 Lagrange 量 $L(q,\dot{q}) = \frac{1}{2}m\dot{q}^2 - V(q)$，我们发现转移加幅度的相因子等于从 $q_1(t)$ 到 $q_2(t+\Delta t)$ 沿着经典路径的作用量取的值 $\int_{q_1(t)}^{q_2(t+\Delta t)} L(q,\dot{q})\mathrm{d}t$．利用迭加原理我们可以计算 $<q_f,t_f|q_i,t_i>$，也就是从时刻 t_i 开始的任一初始状态 q_i 到 t_f 时刻的终

第6章 弦,纽结和量子群:1990年三位Fields奖章获得者工作一览

了状态 q_f 之间的转移幅度. 只要我们对离散和有限的事例可以确定经典路径, Feynman 于是提出无限分割时间区间, 然后取极限, 从而使一个量子力学系统的一个状态 $|q_1>$ 和 $q_2>$ 之间的全转移幅度成为一些基本贡献项之和, 每一个在时刻 t_1 从 q_1 出发到时刻 t_2 达到 q_2 的连续轨迹都给出一个贡献. 每个贡献项都有一样的模, 而它的相因子是这条路径的经典作用积分 $\int L dt$. 用符号写, Feynman 原理是

$$< q_2, t_2 \mid q_1, t_1 > = \frac{1}{N} \int \exp\left\{ i \int_{t_1}^{t_2} L(q, \dot{q}) dt \right\} Dq(t)$$

(*)

其中 $Dq(t)$ 表示所有轨迹 $q(t)$ 组成函数空间上的"测度" ($1/N$ 是归一化因子). 这个泛函积分数学上的微妙精微之处可追溯到两个源头: 第一, 我们不是对有限个自变量, 而是对在时刻 t_1 起始于 q_1 与时刻 t_2 终止于 q_2 的所有路径, 也就是说对无限个自变量求积分. 第二, 被积式是一个强烈振动的函数, 这因为指数式中有 i 这个因子. 这不是具有被积式 e^{-tt} 的 Wiener 积分, 有人建议利用所谓的 Wick 旋转来得到一个欧氏理论, 即旋转到虚值时间以从 Schrödinger 方程转换到热(扩散)方程. 对这些 Feynman 路径积分的数学理解相当于 20 世纪 30 年代时的情形, 当时 Dirac 引入了"Dirac delta 函数". 而数学家后来才定义广义函数(L. Schwartz 1957).

在弦理论中, 我们不像在经典力学中一样把一个"基本粒子"当成一个点粒子, 而是一个叫作弦的一维小结构. 它们可以是开放的  或者是闭合的

纽结理论中的 Jones 多项式

,而它们的振动频率则被当作与基本粒子对应. 当这些弦在空时中运动时,它们的轨迹不是一条世界线,而是一块世界片,而作用量原理使得这些世界片的面积极小化(见图3).

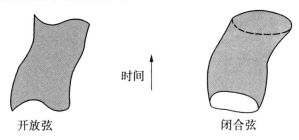

图 3　世界片

粒子的相互作用是通过计算复杂的(∗)形式的 Feynman 路径积分来获得的. 虽说这些积分数学上的定义是不明确的,Feynman 发明了一种办法在微扰理论中计算相应的 Green 函数,即通过发展一个象征图和一些规则把问题化为考虑一个由所谓 Feynman 图(图4与图5)所组成的集合(在・处带有奇点)而将 Green 函数作为耦合常数的近似 Taylor 展开,图5中的每一项表示微扰级数中的一项. 例如,在 QED(量子电动力学)中,电子被当成是旋量场 Ψ 的基本粒子而配对 $\Psi(x)\overline{\Psi}(y)$ 对应于直线 ⟶,而它在动量空间表示 $i/(p^2 - m^3 + i\varepsilon)$;电磁场的配对 $A(x)A(y)$ 由光子传播子 ⁀ 表示,它代表着

$$-i\left[\frac{g_{vp} - k_v k_p/\mu^2}{k^2 - \mu^2 + i\varepsilon} + \frac{k_v k_p/u^2}{k^2 - M^2 + i\varepsilon}\right]$$

高阶项则变得越来越复杂.

第6章 弦,纽结和量子群:1990年三位Fields奖章获得者工作一览

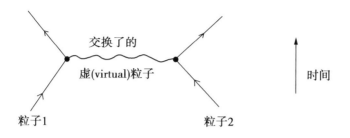

图4 点粒子间相互作用的Feynman图

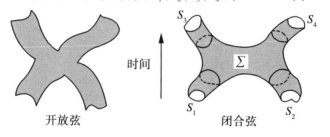

图5

同上述的图像类比,可以将弦的相互作用以相应的世界片的连接和分离表示出来. 例如,图4中图的类比对弦而说就成了图6中的曲面(注意奇点·被光滑化后去掉了),图6中的闭合弦的世界片是一个亏格为0,带有4个边界分支S_1,S_2,S_3,S_4的Riemann面.

图6 弦的相互作用

所要研究的对象是任意亏格的Riemann面上面的物理学方程是什么样的? 这就是弦理论的内容. 第二个问题是:这样一个理论如何量子化? 也就是说,我们怎样给一个Riemann面Σ(例如图7)联系上一个

99

纽结理论中的 Jones 多项式

Hilbert 空间 H?

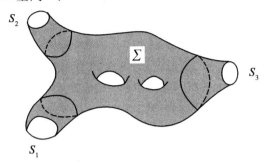

图 7 亏格为 2,带 3 个边界分支 S_1, S_2, S_3 的 Riemann 面 Σ

量子化:Riemann 面 $\Sigma \to$ Hilbert 空间 H?

Witten 的共形场论就是为了处理这些问题. 但对这些问题目前还没有清晰的答案.

6.3.2 场论

为理解这些物理概念中所涉及的一些数学机制,我们来描述一些场论中的经典例子.

广义相对论 在此理论中,空时是一个具有符号 $(-+++)$ 的度量 g 的四维伪 Riemann 流形. 广义相对论由联系着下述 Lagrange 作用量的变分原理所统治

$$S_{GR}(g) = \frac{1}{\gamma}\int_M R$$

其中 R 是 M 的 Ricci 标量曲率;γ 是 Newton 常数. 运动方程(Euler-Lagrange 方程)是从变分原理 $\delta S_{GR}=0$ 推导出的 Einstein 方程,即 Ricci 张量

$$R_{ij}=0$$

注 1 在 2 维空时 S_{GR} 是一个拓扑不变量 $\chi(M)$,即 M 的 Euler 示性数.

注 2 在 3 维空时,变分方程 $R_{ij}=0$ 蕴含空时 M 是平坦的.

注 3 在 4 维空时,Einstein 方程 $R_{ij}=0$ 蕴含空时 M 是平坦的.

所以广义相对论的特性色彩首次在四维显现出来. 这里 Einstein 方程 $R_{ij}=0$ 有类似波的解;如果 n_{ij} 是平坦空间的 Loreniz 度量,我们寻找一个近乎平坦的解 $g_{ij}=n_{ij}+h_{ij}$. 到 h 的最低阶,Einstein 方程有平面波的解

$$h_{ij}=\varepsilon_{ij}\mathrm{e}^{ik\cdot x}+\overline{\varepsilon}_{ij}\mathrm{e}^{-ik\cdot x}$$

(k_i,ε_{ij} 是常数)

这类似于 Maxwell 的电磁学方程的平面波解,后者是描述光波的. 这些解被解释为关于引力波的预见. 当量子力学发展起来(在广义相对论之后十年),已经很清楚的是,波和粒子是同一物理学存在的不同表现. 因此,广义相对论不仅是一个引力理论,而且也描述了一种"物质". 所以,以 Riemann 几何为基础,广义相对论是一个引力和物质的统一理论. 但是广义相对论作为一个量子理论没有意义. 除广义相对论预言的物质外在自然界还观察到其他形式的物质. 这些不同的物质形式中的,或者等价地说其他形式的波中的一部分是弱和强相互作用的非 Abel 规范力. 它们在数学上由规范理论描述.

规范理论 在这些理论中,空时仍是四维的伪 Riemann 流形 M,但除了 Riemann 度量之外,还有附加的结构负责内在对称性(规范不变性). 这些局部的对称性由一个 Lie 群 G 描述,而相应的数学框架是 M 上的主 G 丛结构

纽结理论中的 Jones 多项式

$$G \begin{matrix} P \\ \downarrow \\ M \end{matrix}$$

规范群 G 是 P 的规范变换组成的无限维 Lie 群. 即由 P 的保纤维自同构组成的

$$G = \{\phi:P \to P | \phi(p \cdot g) = \phi(p) \cdot g\}$$

考虑 P 上的一个联络 A, A 是一个取值在某个 Lie 代数中的 1 次形式. 联络 A 的一个重要不变量是其曲率

$$F_A = D_A A = \mathrm{d}A + \frac{1}{2}[A, A]$$

其中 D_A 是 A 所诱导的协变导数. 曲率 F_A 是 P 上的 Lie 代数值的 2 次形式. 物理学家们把 A 和 F_A 分别叫作矢势和场强. 规范群以 $A^\phi = \phi^{-1}A\phi + \phi^{-1}\mathrm{d}\phi$ 作用在联络的空间上,并且,作用在相应的场上为 $F^\phi = \phi F \phi^{-1}$. 例如,给电磁势 $A(x)$ 加上一个函数 f 的梯度

$$A(x) \to A(x) + \nabla f(x)$$

就是一个规范变换. 它不改变磁场 $B = \mathrm{curl}\, A$ 并导出等价的 Maxwell 方程组. 在此情况下我们有 Abel 规范群 $G = U(1)$ 和 $\mathbf{R}^4$ 上的一平凡丛.

给定 G 的任一表示 p,有一个相配的向量丛

$$\begin{matrix} V_p \\ \downarrow \pi \\ M \end{matrix}$$

它们是很重要的,因为这些向量丛的截面 S, $S \in C^\infty(V_p)$(即映射 $S:M \to V_p$ 使得 $\pi(S(x)) = x$),被解释成各种物质场. 例如,对一个电子而言,每个波函数都可以看成是一个"轨道函数"(一个标量函数)与两种可能的自旋函数之一的乘积. 在这种情况下,它可由 $SU(3)$ 的二维自旋表示来描述,而这个表示又是由 $SU(2)$ 的用 Pauli 矩阵得来的基本表示所诱导的.

第6章 弦,纽结和量子群:1990年三位Fields奖章获得者工作一览

对于一般理论的群 G(更精确地说是其 Lie 代数),我们从实验知道它包含

$$SU(3) \times SU(2) \times U(1)$$

为子群,该子群分别地对应着与强相互作用 QCD,弱相互作用(Yang-Mills)和电磁相互作用(Maxwell)相联系的夸克的不同种类的对称性,称为色和味. 1967年 Weinberg 和 Salam 在统一电磁力的 $U(1)$ 和弱力的 $SU(2)$ 成功,导致了预言新粒子 W^+, W^- 和 Z^0 的存在性. 而它们后来于 1983 年在 CERN① 都在实验中发现. Weinberg 和 Salam 在 1979 年以其工作获诺贝尔奖. 这件事引申出很多人的努力来把这两种力与强力即 $SU(3)$ 力结合成一种所谓的大统一理论,简称 GUT. 这些理论最惊人的预言就是原子是不稳定的,以及质子会衰变,一些实验现在已经在进行了,但还是没有哪个给出了质子衰变的确实性证据.

强相互作用的非 Abel $SU(2)$ 规范理论,是 Yang 和 Mills 在 1954 年提出的,是电磁 $U(1)$ 规范理论的一种类比. 考虑一个联络 A 和它的曲率 F_A. Yang-Mills 作用量(Lagrange 量),则是

$$S_{YM}(A) = -\frac{1}{e^2}\int_M |F_A|^2$$

其中 $|F_A|^2 = g^{ij}g^{kl}<F_{ij}, F_{kl}>$. 这里的 g^{ij} 是空时度量而 $<\cdot,\cdot>$ 是 G 的 Lie 代数上的 Killing 形式;常数 e 是 Yang-Mills 耦合常数.

从变分原理 $\delta S_{YM} = 0$ 所得的 Euler-Lagrange 方程是 Yang-Mills 方程

---

① 欧洲核研究中心——译注

纽结理论中的 Jones 多项式

$$D_A * F_A = 0$$

其中 $*$ 表示由度量诱导出的 Hodge 星号算子.

当然, 在 S_{YM} 中出现的度量 g 就假定与广义相对论中的 Lagrange 量 S_{GR} 中出现的度量是相同的. 所以我们可以联合起广义相对论和规范理论, 通过简单地把 Einstein 和 Yang-Mills 的 Lagrange 量加起来, 并研究具有 Lagrange 量

$$S = S_{GR} + S_{YM}$$

的联合理论. 所导出的 Euler-Lagrange 变分方程将是 Yang-Mills 场和引力场的耦合方程. 不幸的是, 它们不怎么有用, 并且不能描述我们所要的过程, 原因是 S 只包括玻色子场, Yang-Mills 场 A (光子), 还有引力场 g (度量). 我们还需要结合费米子场 (电子). 但电子遵从不同的统计规律, 即, 电子与光子不同, 服从排斥性原理, 也就是说两个电子如具有相同的极化则不能在空时的同一点. 费米子是通过引入 Clifford 代数而进入数学理论的, Clifford 代数是由 Dirac 的矩阵 γ^μ, 还有相关的 M 上的 Spin 丛来定义的 (假定丛的第二 Stiefel-Whitney 示性类为零). 对应于 G 的旋量表示 σ, 我们得到相配的 Spin 向量丛

费米子场 Ψ 现在是这个向量丛的截面, $\Psi \in C^\infty(S^\pm \times V_\sigma)$, 我们对每个联络 A 有一个与之相关的整体定义的 Dirac 算子

$$\partial_A : C^\infty(S^\pm \times V_\sigma) \to C^\infty(S^\mp \times V_\sigma)$$

它是先作协变微分 (把度量的 Levi-Civita 联络与这个 Yang-Mills 联络结合起来), 再作 Clifford 乘法. 这引导

我们得到 QCD 理论,这时作用量泛函是

$$S_{QCD}(A,\Psi) = \int_M |F_A|^2 + <\partial_A\Psi,\Psi>$$

对这个作用量的变分原理 $\delta S_{QCD} = 0$ 推导出 Dirac 场方程

$$\partial_A\Psi = 0$$

例如,由 Dirac 矩阵 γ^μ 给定的 Lorentz 群的旋量表示推出经典的 Dirac 方程

$$\sum_\mu \gamma^\mu(\partial_\mu + A_\mu)\psi = 0$$

在纯量子电动力学中,Dirac 算子的特征值对应于费米子的质量,并且因为在一个紧致流形上 Dirac 算子是一个椭圆算子,它只有有限个零特征值. 注意到可以反映一个椭圆算子(例如 ∂_A)的零状态的拓扑不变量便是它的指标. Witten 利用了 Feynman 量子化证明了 Atiyah-Singer 指标定理及在 $4k+2$ 维时 index $\partial_A = 0$. 对每个固定的 A 我们有 index $\partial_A = 0$,但我们不得不利用一个关于算子族的指标定理来证明我们可以协调一致地选取 ∂_A^{-1} 来解 Dirac 方程.

6.3.4 场论的量子化

在经典量子力学中,与位置和动量 (q,p) 相关的 Hilbert 空间是 $L^2(\mathbf{R}^3)$. 对应于经典坐标量 q_i 的是算子 $\hat{q}_i$,它由

$$(\hat{q}_i\Psi)(x) = q_i\Psi(x)$$

定义. 对应于经典动量 p_k 的是算子 $\hat{p}_k$,它由下式定义

$$\hat{p}_k\Psi = \frac{1}{i}\frac{\partial\Psi}{\partial x_k}$$

对应于经典能量函数(Hamilton 量)

纽结理论中的 Jones 多项式

$$H(q,p) = \frac{1}{2m}p^2 + V(q)$$

我们有 Hamiltion 算子（取单位 $h=1$）

$$\hat{H}\Psi(x) = -\frac{1}{2m}\Delta\Psi(x) + V(x)\Psi(x)$$

而一个状态 Ψ 的时间演化由 Schrödinger 方程

$$i\frac{d\Psi}{dt} = \hat{H}\Psi$$

确定，它由一个酉算子的单参数群 $U_t = e^{it\hat{H}}$ 表示. 从一个状态 Ψ 到 Ψ' 的转移幅度以 $<\Psi|e^{itH}|\Psi'^{-1}>$ 计算. 它们可以像 6.3.1 中所描述的那样，用 Feynman 路径积分来计算. Feynman 用了同一种形式来计算量子场论中那些算子的核（S 矩阵）. 他提出以对经历求和来建立量子理论. 在这个方法中一个粒子不是仅有一种经历，如它在经典理论中那样，而是假定它走了空时中所有可能的路径. 一个粒子通过一个特定的点的概率则由计算这些 Feynman 路径积分来给定. 所以量子化只需给定 Feynman 路径积分中的作用量就成了，然后期望值由配分（partition）函数给定，例如对 QCD 有

$$Z = \int_M e^{iS(A,\Psi)} DAD\Psi$$

这个积分就是取在模（moduli）空间 $M = (A/G) \times C^\infty(S^{\pm} \times V_\sigma)$ 上（所有经历组成的空间），其中 A 是所有联络的空间而 G 是所有规范变换组成的无限维群. 注意，因为 $S(A,\Psi)$ 是规范不变的，它在轨道空间 A/G 上仍有意义. 如前文所述. 关于这个泛函积分有着数学上的精微之处，它们来源于无限维空间上的"测度" DA 和 $D\Psi$, $D\Psi$ 的积分将被理解为对奇数个变量的 Berezin 积分，它需要引入超流形和反交换代数. 这些 Feynman

第6章 弦,纽结和量子群:1990年三位Fields奖章获得者工作一览

积分数学上没有定义,而物理学家们的办法是,因为在有限维 Riemann 度量 g 总是诱导一个测度 $d\mu = \sqrt{\det g}$,从而期望它在无限维仍旧有效,而且毕竟他们已经有40年计算 Feynman 积分的经验. 确实,这些 Feynman 路径积分已被物理学家们计算了出来,他们用了微扰理论以将积分对耦合常数作展开,还用了 6.3.1中提及的相应的 Feynman 图.

在 Witten 的理论中,我们对一个3维流形 M 考虑 Chern-Simons Lagrange 量

$$S_{CS}(A) = \frac{k}{4\pi}\int_M \text{trace}(A \wedge dA + \frac{2}{3}A \wedge A \wedge A)$$

其中的迹是由对应的表示中的 Killing 形式给定. 关键性的观察是, $S_{CS}(A)$ 不依赖于任何事先选取的度量. Chern-Simons 泛函 $CS = \text{trace}\left(AdA + \frac{2}{3}A^3\right)$ 是 M 上的唯一规范不变量(在单位元素所在分支 G_e 的作用下,我们得到一个因子 $2\pi k$). 注意到

$$d(CS(A)) = \text{Pontryagin}(A) = \text{trace}\, F \wedge F$$

Chern-Simons 作用量的经典解构成的空间(Euler-Lagrange 方程的极值点)恰恰是平坦联络全体,即,曲率为零的规范场 A

$$\frac{\delta S_{CS}}{\delta A} = 0 \Leftrightarrow F_A = 0$$

即 A 为平坦联络 Atiyah-Bott 和 Witten 证明在 $M = \Sigma \times I$ 的情况,其中 Σ 是一个 Riemann 面而 $I = [0,1]$,平坦联络空间模去规范交换

$$F(M,G) = \{A \in \mathcal{A} | F_A = 0\}/\mathcal{G}$$

是一个有限维的辛流形. 所以,对量子化问题我们有辛

纽结理论中的 Jones 多项式

对象 $F(M, G)$，并且有一个叫作几何量子化的数学理论，它可以用来为 Riemann 面 Σ 联系一个 Hilbert 空间 H_Σ.

Witten 对一个三维流形 M 定义他的拓扑不变量为

$$Z(M) = \int_A e^{ikS_{CS}(A)} DA$$

这是一个拓扑的定义，因为定义中没有用到 M 的度量和体积. Atiyah[1] 说："这是一个优美的定义,只要相信积分有意义的话."Witten 说："我们在计算这些形式的积分方面有 40 年的经验."

Witten 作出了如下的令人瞩目的观察,这一观察将他的拓扑不变量与纽结理论中的 Jones 多项式联系了起来. 令 M 是一个三维流形, K 是 M 中的纽结,即 K 是 M 中的闭合定向曲线(见图 8). 任一联络 A 定义了

图 8　纽结 K

沿 K 的一个平均移动,它给出了 A 绕 K 的乐群(holonomy),我们可以取这个群在给定 G 表示中的迹. 这定义了 Wilson 线 $W_K(A)$ 即

$$W_K(A) \equiv \text{trace} \exp \int_K A$$

同样,这个定义的关键性质是没有涉及度量,所以广义协变性得以保持. Witten 证明了对任意环链(link) $L = \bigcup_{i=1}^{n} K_i$ 和整数 k 有

$$Z_L(M,k) = \int_A e^{ik\int_M \text{trace}(AdA+(2/3)A^3)} \prod_1^n W_{K_i}(A)DA$$
$$= V_L(e^{2\pi i/k})$$

其中左边是环链 L 的 Jones 多项式在 $e^{2\pi i/k}$ 的取值. 对物理学家,这意味着计算期望值 $Z(M) = <1>$ 和 $Z_K(M) = <W_k(A)>$.

我们现在给纽结理论一个简短的引论,以便于我们理解 Witten 公式 $Z_L(M,k) = V_L(e^{2\pi i/k})$ 的意义.

6.4 纽结理论:V. Jones

6.4.1 Jones 多项式

一个纽结 K 是 $\mathbf{R}^3$ 中的闭的定向的非奇异曲线. 一条具有一个以上分支的曲线称为环链. 这种纽结与环链可以把它们投射到一个平面上,用图表示出来,如图 9 所示.

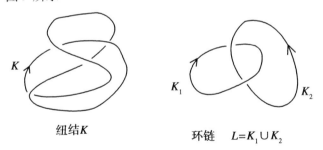

纽结 K 环链 $L = K_1 \cup K_2$

图 9

尽管纽结可以用平面图的形式表示,这一表示却绝不是唯一的. 因而在对纽结分类时,能辨别不等价纽结的不变量是很有用的. $\mathbf{R}^3$ 中的一个环链 L,可把它

纽结理论中的 Jones 多项式

当成嵌在 S^3 中的. 如果存在 S^3 上的一个保持定向的微分同胚 ϕ 使得 $L_1 = \phi^* L_2$, 这两个环链 L_1 和 L_2 就叫作等价的. 为确定两个环链是否等价, 已经定义了多种多样的环链不定量, 例如:

(1) 最容易的是分支数目 $c(L)$; 如果 $c(L_1) \neq c(L_2)$, 则 L_1 与 L_2 不能等价;

(2) 一个纽结 K 的亏格是以给定的纽结 K 作为其边界的定向曲面 $\Sigma (\partial \Sigma = K)$ 的最小亏格数.

这些不变量很容易定义, 但难以计算. 类似地作为某种极小数而定义的不变量有桥(bridge)数, 交叉(crossing)数, 隧道(tunnel)数, 及无结(unknotting)数. 代数拓扑应用到纽结理论时, 引入了更复杂的不变量. 一个环链的补集 $S^3 - L$ 是一个三维流形. 它们可以用三维流形拓扑的几何技巧分析研究, 包括不可压缩曲面理论, 双曲结构, Seifert 纤维化, 和叶状结构. 反过来, 任意一个定向三维流形都可以由在某个带标架的环链上作换球术(Surgery)而得到. 一个纽结 K 的纽结群定义为基本群 $\pi_1 : (S^3 - K)$, 它在同伦意义下确定了 $S^3 - K$. 一种区分纽结的实际办法是用计算机来数它们的基本群在某一特定置换群中表示的个数. 最有用的不变量之一, 是 1928 年发现的 Alexander 多项式. 这是通过观察 $S^3 - K$ 的循环覆盖的同调来定义的, 它给出的是 $\pi_1(S^3 - K)$ 的不变量, 因而也是 K 的不变量. Alexander 多项式可以如下定义. $\pi_1(S^3 - K)$ 的 Abel 化是 $H_1(S^3 - K)$, 它是具有生成元 t 的无限循环群(写成乘法形式). 其群环是 $\mathbf{Z}[t]$, 就是整系数的 Laurent 多项式环. 令 X_∞ 是 $S^3 - K$ 的循环 Abel 覆盖. 它的第一同调群 $H_1(X_\infty)$ 是 $\mathbf{Z}[t]$ 上的一个挠模, 它的阶理想是主

第 6 章　弦,纽结和量子群:1990 年三位 Fields 奖章获得者工作一览

理想,而 Alexander 多项式 $\Delta(K)$ 就定义为这个理想的生成元. 这个定义下 $\Delta(K)$ 成为 t 的 Laurent 多项式; $\Delta(K) \in \mathbf{Z}[t]$,在相差一个单位因子 $\pm t^{\pm n}$ 的意义下唯一. 这蕴含着两个互为镜像的纽结的 Alexander 多项式是相等的. 环链的 Alexander 多项式有一个递归公式. 令 L_+, L_- 和 L_0 是定向的基本环链,它们在一个交叉处的邻域之外的部分完全相同. 而在这个邻域中的差别则可见图 10. 那么 Alexander 公式为

$$\Delta(L_+) - \Delta(L_-) = \left(\frac{1}{\sqrt{t}} - \sqrt{t}\right)\Delta(L_0)$$

及

$$\Delta(\text{无纽结}) = 1$$

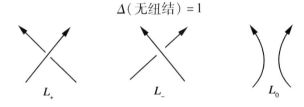

图 10　基本的环链

Alexander 多项式的定义表明,它们从根本上可扩充到:

(i) 其他 3 维流形(不仅是 S^3);

(ii) 其他维数(不仅是 3 维).

1984 年左右,Vaughan Jones 发现了另一种环链的多项式不变量. Jones 多项式可以区分纽结及其镜像,因而比 Alexander 多项式更为有力. Jones 证明了:

定理 1　存在一个函数 $V: \{S^3 \text{ 中的定向环链 } L\} \to \mathbf{Z}[t]$,它由下式唯一地确定

$$(\text{i}) \frac{1}{t} V(L_+) - t V(L_-) = \left(\sqrt{t} - \frac{1}{\sqrt{t}}\right) V(L_0)$$

纽结理论中的 Jones 多项式

(ii)V(无纽结) = 1

其中 L_+, L_-, L_0 的关系如上所述.

对 Jones 多项式的存在性, Kauffman 找到一个近乎平凡的证明, 他用了组合学、统计物理学以及对交叉数和 Reidemeister 移动 (move) 系列作归纳. 1943 年 Reidemeister 证明了, 两个环链等价当且仅当其中的一个环链的图示可以经过一系列的 Reidemeister 移动或其逆移动变到另一个环链的一种图示. 这些移动的第 Ⅰ, Ⅱ 和 Ⅲ 型如图 11 所示. 在每种情况, 除了所描述的小面积之外, 图在移动前后是一致的.

第Ⅰ型　　　　第Ⅱ型　　　　第Ⅲ型

图 11　Reidemeister 移动

Jones 多项式的发现在分子生物学中找到了应用. DNA, 组成生命机体的基因的复杂的螺旋分子, 形式上表现为复杂的纽结, 而 Jones 多项式使生物学家们可以把这些纽结区分成类型. 看来一些酶能够在 DNA 分子中实行 Reidemeister 移动从而改变环链如图 12 所示. 在图 13 和图 14 中给出了纽结及其 Jones 多项式的一些例子.

图 12　酶产生的 Reidemeister 移动

$V(t)=t+t^{-3}+t^{-4}$

图 13　三叶(trefoil)结

$V(t)=t^2-t+1-t^{-1}+t^{-2}$

图 14　8 字型结

一个有趣的问题是:Jones 多项式能否推广,像它本身是 Alexander 多项式在上述(i),(ii)条件下的推广那样. 为尝试理解 Jones 多项式,这以两种方式联系到二维物理学:

(1)二维共形场论;

(2)二维统计力学.

我们已经看到了与量子场论的联系. Jones 理论对一个环链制造出一个多项式,或者有限 Laurent 级数

$$f(t) = \sum a_n t^n$$

而在 Witten 理论中,它恰是数值

$$f(e^{2\pi i/k})$$

其中 k 为整数,Witten 的理论是一个内在的三维理论而不要求有一个纽结的投影为基础. 此外,它可推广到一般三维流形中的纽结,而不仅是 S^3. 另一方面,不同于 Alexander 多项式的是,它不能推广到高维.

纽结理论中的 Jones 多项式

在 Kauffman 的组合证明中给出了 Jones 多项式和统计力学的一种联系. 在其中一个"状态", 其含意即对一个交叉可以安排两个值之一, 类似于一个粒子的状态可以是几种自旋之一. Jones 推广了这些思想并证明了 Yang-Baxter 方程与辫子群的表示有关(Jones 多项式最先是在这种意义下设想出来的). 另一方面, 它们与 Drinfel'd 的量子群理论, Hamilton 系统可积性, r 矩阵, 以及作为量子场模型的协调性条件等有关. 我们将在 5.5 中讨论这些关系.

6.4.2 辫子群

一个辫子定义为一个映射 $\beta:[0,1] \to \{C$ 中 n 个点的构型空间$\}$ 且 $\beta(0) = \beta(1)$, 即 β 是 C 中 n 个点的构型空间中的闭路(loop). 辫子群 B_n 是 $\mathbf{R}^2$ 中 n 个点的子集的集合的基本群. 它可以用生成元 σ_i 和以下关系来表示

$$B_n = \{\sigma_1, \sigma_2, \cdots, \sigma_{n-1} | \sigma_i \sigma_j - \sigma_j \sigma_2$$

当 $|i-j| \geq 2, \sigma_i \sigma_{i+j} \sigma_i = \sigma_{i+1} \sigma_i \sigma_{i+1}\}$　（ $*$ $*$ ）

B_n 的一个元素几何上对应着 n 个自左向右移动的弦的构型, 并可以看成是 n 个粒子的发展过程(见图 15).

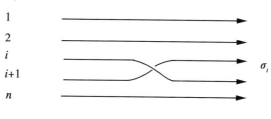

图 15　辫子 σ_1

对任一元素 $\alpha \in B_n$ 我们可以为之联系一个环链 $\hat{\alpha}$, 这

只要简单地连接(以标准方式)α 的几何构形中的各弦的右端点到其左端点. 例如, 我们可以封闭 $\sigma_1\sigma_2^{-1}\sigma_1\sigma_2^{-1} \in B_3$ 而得到有 4 个交叉的纽结(见图 16).

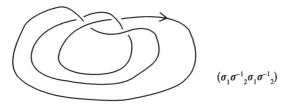

$(\sigma_1\sigma_2^{-1}\sigma_1\sigma_2^{-1})$

图 16 4 交叉的结

Alexander 证明了任一定向环链都可以用这种方式表示(组合代数). 很明显不同的辫子可给出同一纽结. 环链 $\hat{\alpha}$ 可以看成是辫子 α 的"迹". 给定辫子群 B_n 的表示 R, 我们从 $\text{trace}_R(\alpha)$ 得到辫子 $\alpha \in B_n$ 的一个不变量, 但不是纽结 $\hat{\alpha}$ 的不变量.

从几何纽结理论的观点, 主要问题是以经典的代数拓扑(同调论、同伦论)或微分几何(微分形式、联络)的语言来解释 Jones 多项式. 在 Witten 和 Drinfel'd 之前形形色色的尝试都毫无结果. 把环链表示成闭合辫子这一方法曾被 Jones 用来给出该多项式存在的证明. 它用到一些在量子统计力学中用到的同样的数学方法 Yang-Baxter 方程的解是从单 Lie 代数 A_{m-1} 作为 $\mathbf{Z}[t]$ 的元素, 即环链不变量的基本表示, 而推导出来的.

6.4.3 Yang-Baxter 方程

令 V 是交换环 F 上的自由模, 有基底 $e_1, e_2, \cdots, e_m$. 设 $R: V \otimes V \to V \otimes V$ 是一个自同构. 令 $R_i: V^{\otimes n} \to V^{\otimes n}$ (n 重张量积)是 $1 \otimes 1 \cdots 1 \otimes R \otimes 1 \otimes 1$, R 作用在第 $(i,$

$i+1$)对分量上,那么 R 称为 Yang-Baxter 算子,如果它满足 Yang-Baxter 方程

$$R_i R_{i+1} R_i = R_{i+1} R_i R_{i+1}$$
$$R_i R_j = R_j R_i, |i-j| \geq 2$$

请注意这与辫子群关系(∗∗)的相似性. 给定一个 Yang-Baxter 算子 R,我们可以得到辫子群的一个表示 ϕ 即

$$\phi: B_n \to \operatorname{Aut} V^{\otimes n}, \phi(\sigma_i) \equiv R_i$$

Yang-Baxter 方程意味着这一表示是有明确定义的. 对任一 $\alpha \in B_n$,定义 $T(\alpha) \equiv \operatorname{trace} \phi(\alpha)$. 如果一个定向的环链 L 是 $\alpha \in B_n$ 的闭合,$\hat{\alpha} = L$,则 $T(L) = T(\alpha)$ 是一个有明确定义的环链不变量.

下列 Yang-Baxter 方程的解是从单 Lie 代数 A_{m-1} 的基本表示派生出的. 令 $F = \mathbf{Z}[t]$,并令 $E_{i,j} \in \operatorname{End} V$ 由

$$E_{i,j}(e_i) = e_j, E_{i,j}(e_k) \neq 0, k \neq i, j$$

给定. 用繁复但简单的计算可以验证,下列是 Yang-Baxter 方程的一个解

$$R = -q \sum_i E_{i,i} \otimes E_{i,i} + \sum_{i \neq j} E_{i,j} \otimes E_{j,i} +$$
$$(q^{-1} - q) \sum_{i<j} E_{i,i} \otimes E_{j,j}$$

已经证明,单 Lie 代数的每个不可约表示由此方法都诱导出环链的不变量. 从统计量子力学知道很多其他 Yang-Baxter 方程的解,在统计量子力学中 Yang-Baxter 方程也被叫作三解方程(triangle equations).

为造出量子 Yang-Baxter 方程的解,Drinfel'd 和 Jimbo 设计出了量子群的理论. 这些解的对偶就是量子群的生成元.

纽结理论中的Jones多项式

 10_{47} 5,21,2
[7−7+6−3+1

 10_{52} 311,3,2
[15−13+7−2

 10_{48} 41,3,2
[11−9+6−3+1

 10_{53} 311,21,2
[25−18+6

 10_{49} 41,21,2
[13−12+8−3

 10_{54} 23,3,2
[11−10+6−2

 10_{50} 32,3,2
[13−11+7−2

 10_{55} 23,21,2
[21−15+5

 10_{51} 32,21,2
[19−15+7−2

 10_{56} 221,3,2
[17−14+8−2

分类

纽结的分类
The classification of the knot

如果两个结之间不存在三维空间中的等价变形，两个结便属于不同的类。

在已掌握的纽结中，零结有1个，一结有0个，二结有0个，三结有1个，四结有1个，五结有2个，六结有3个，七结有7个，八结有21个，……

纽结理论中的Jones多项式

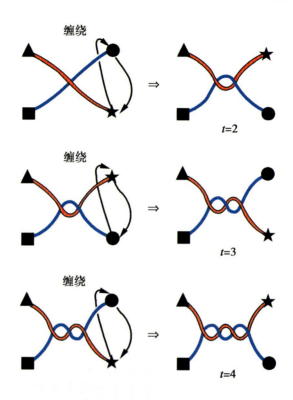

缠结

缠绕与纽结
Intertwined with the knot

缠绕是纽结形成的一种手段，无论多么复杂的纽结都可以通过一根绳子的自缠或多根绳子的互缠来完成。

第6章 弦,纽结和量子群:1990年三位Fields奖章获得者工作一览

6.5 量子群:V. Drinfel'd

量子群(或 Hopf 代数)理论起源于研究可积量子系统的量子逆散射方法(最主要地是由 Fadeev 发展起来的). 已经很明显,在经典系统的量子化中,一些结构发生了"量子形变". 计数可用量子逆散射方法解决的离散量子系数个数的问题,就化为计数满足以下关系的算子值函数 $T(u)$ 的个数的问题

$$R(u-v)T_1(u)T_2(v) = T_2(v)T_1(u)R(u-v)$$

其中 $R(u)$ 是以下量子 Yang-Baxter 方程的一个固定解

$$R_{12}(u-v)R_{13}(u)R_{23}(v) = R_{23}(v)R_{13}(u)R_{12}(u-v)$$

(其中 $T_1 = T \otimes 1, T_2 = 1 \otimes T$)

这两个简单的代数公式是量子逆散射问题的基础,它们是物理学家们熟知的 Bethe 方法(Bethe Ansatz),就是说 Bethe 方法是经典逆散射问题的量子化. 对特定模型实现这些公式带给 Drinfel'd 新的代数结构,它们被看成是 Lie 代数的形变. 他论述了 Hopf 代数语言在描述这些结构时很有用,并通过引入量子群的概念得到一种先前结果的深刻推广.

量子群理论是从代数观点来看量子化,它根据的是可观测量,而不是状态. 回想到经典力学中的状态是(辛)流形 M 中的点,在量子力学中对应于一个 Hilbert 空间 H 中的元素. 经典力学中的可观测量是 M 上的函数,在量子力学中对应于 H 上的算子. 依照 Drinfel'd,经典力学与量子力学的关系以可观测量为根据更容易理解. 在经典的量子力学中,可观测量都形成结合代数,在经典情形可交换而在量子情形不可交换(图17).

纽结理论中的 Jones 多项式

经典力学		量力力学
$f,g:M\to \mathbf{C}$	可观测量	$P,Q:H\to H$
Poisson 括号		交换子
$\{f,g\}=0$		$[P,Q]\neq 0$
例如 $\{q_i,p_j\}=0$		例如 $[\hat{q}_i,\hat{p}_j]=1$①

可交换的 ———量子化——→ 不可交换的

图 17

所以量子化类似于把交换代数换成非交换代数. 这是用 Hopf 代数来叙述的. 一个非交换 Hopf 代数的自然例子如下所述.

令 G 是一个 Poisson 群, 即, G 是一个群且在 G 上的函数的空间 $Fun(G)$ 上有一个 Poisson 括号 $\{\cdot,\cdot\}$, 它使得 $Fun(G)$ 成为一个 Poisson-Hopf 代数. 换句话说, 这个 Poisson 括号必须与群运算相容, 即, $\mu(g,h)=gh$ 必须是一个 Poisson 映射, 这也就是说诱导映射

$$\mu^*:Fun(G)\to Fun(G\times G)$$

必须是 Lie 代数同态. 代数 $A=Fun(G)$ 由 G 上函数所组成, 它们在 G 是 Lie 群时为光滑函数, 在 G 是代数群时为正则函数, 等.

我们把元素 $g\in G$ 当作状态, 而把函数 $\phi\in Fun(G)$ 当作可观测量. $A=(Fun(G),\{\cdot,\cdot\})$ 是一个交换的 Poisson-Hopf 代数, 而 $Fun(G\times G)=A\otimes A$. 群乘法 $\mu:G\times G\to G$ 诱导一个代数同态 $\Delta:A\to A\otimes A$, 称之为余数乘法 (comultiplication). 考虑对偶 Hopf 代数

---

① $[\hat{q}_i,\hat{p}_j]=-\delta_{ij}$——译注

A^*,乘法映射 $\mu^*: A^* \otimes A^* \to A^*$ 是由 A 的余乘法 Δ 诱导,而 A^* 的余乘法,$\omega: A^* \to A^* \otimes A^*$ 是由 A 的乘法 $v: A \times A \to A$ 所诱导. 明显地,$(Fun(G))^*$ 可交换当且仅当 G 可交换. 注意 $(Fun(G))^*$ 不过是 G 的群代数. 如果 G 不可交换,则 $A^* = (Fun(G))^*$ 是一个余可交换,不可交换的 Hopf 代数. 基本上,任何余可交换的 Hpof 代数都对某个群 G 有 $(Fun(G))^*$ 的形式. 其他 Hopf 代数的例子来自万有包络代数 U_g 以及 von Neumann 代数. 如果 g 是 Lie 群 G 的 Lie 代数,那么 U_g 可以当成 $(C^\infty(G))^*$ 的子代数,它由满足 $\sup \phi \subset \{e\}$ 的分布 $\phi(C_0(G))^*$ 组成.

空间 $A^* = (Fun(G))^*$ 被当成量子空间. 有一个一般性的原理说, 从"空间"范畴到可交换结合单位 (unital) 代数的函子 $X \to Fun(X)$ 是一个反等价,所以群范畴反等价于可交换 Hopf 代数范畴. 量子空间范畴则被定义于结合单位 (unital) 代数范畴的对偶范畴. 用 Spec A 表示对应于代数 A 的量子空间. A 的谱 (spectrum), Spec A 是 A 的所有素理想的集合, 或等价地说是 Zariski 拓扑中所有的闭集. 量子群定义为一个 Hopf 代数的谱.

Hopf 代数的量子化定义 Hopf 代数的形变并通过 Y-矩阵和量子 Yang-Baxter 方程联系到 Lie 双代数 (bialgebra). 令 A_0 是一个 Poisson-Hopf 代数. 在 k 上 A_0 的一个量子化是依赖于一个参数 h(Planck 常数)的 A_0 的一个形变,即,一个 $k[[h]]$ 上的一个 Poisson-Hopf 代数 A 使得 $A/hA = A$,而且 A 是一个拓扑自由的 $k[[h]]$ 模. 给定 A,我们可以在 A_0 上定义一个 Poisson 括号

纽结理论中的 Jones 多项式

$$\{a \bmod h, b \bmod h\} = \frac{[a,b]}{h} \bmod h \quad (\ast)$$

Hopf 代数 A 称为 A_0 的一个量子化,当 A_0 上由式($\ast$)定义的 Poisson 括号等于 A_0 上事先给定的括号.

Poisson-Lie 群很容易以 Lie 双代数(Lie bialgebras)来描述. 一个 Lie 双代数 $(g, [,], \in)$ 是一个 Lie 代数 $(g, [,])$ 再带上一个 g 上的 Jacobi 一维闭上链 $(1 - \text{cocycle}) \varepsilon$, 即:$\varepsilon : g \to g \otimes g$ 是线性的并使得 $\delta \in = 0$ (闭链条件), 其中 δ 是相对于伴随表示的边缘算子, 而且相应的映射 $\varepsilon^* : g^* \otimes g^* \to g^*$. 定义了一个 Lie 括号(Jacobi 条件). 如果 ε 是恰当的, 即 $\varepsilon = \delta R$ 对某个 $R \in g \otimes g$, 则 R 定义了一个 Jacobi 一维闭上链(即, g 是一个 Lie 双代数)当 R 满足经典的 Yang-Baxter 方程(CYBE)时

$$[RX, RY] - R([RX,Y] + [X,RY]) - [X,Y] = 0$$

如果 $R \in g \otimes g$ 并且 $r = \sum_i a_i \otimes b_i$ 而且

$$R^{12} = \sum_i a_i \otimes b_i \otimes 1 \in (U_g)^{\otimes 3}$$
$$R^{13} = \sum_i a_i \otimes 1 \otimes b_i \in (U_g)^{\otimes 2}$$
$$R^{23} = \sum_i 1 \otimes a_i \otimes b_i \in (U_g)^{\otimes 2}$$

那么 (g, R) 是一个 Lie 双代数当且仅当

$$[R^{12}, R^{13}] + [R^{12}, R^{23}] + [R^{13}, R^{23}] = 0$$

举个例说,其中

$$[R^{12}, R^{13}] = \sum_{i,j} [a_i, a_j] \otimes b_i \otimes b_j$$

这些等价于经典的 Yang-Baxter 方程, 也叫作三角方程. 如果我们把 $R(\lambda, \mu)$ 想象成结构常数, 则 Yang-Baxter 关系成为量子群 $A(R)$ 生成元 T 的 Jacobi 恒等式

$$RT \otimes T = T \otimes TR$$

120

第6章 弦,纽结和量子群:1990年三位Fields奖章获得者工作一览

一个Lie双代数g的量子化定义为U_g在形变意义上的一个量子化,其中U_g被当做一个余Poisson-Hopf代数.若A是g的一个量子化,则g称为A的经典极限.

一个具体的量子化实验的例子是仿射Lie代数g的量子化.这里$U_n g$有一个具体表示,它以顶点算子表示

$$X(a,z) = :\exp q_a(z):$$

其中::表示正常顺序(ordering),即,重新排列所有项$e^a, a(n), n \in Z$,使得"产生算子"(creation opertators)$e^a, a(n), n < 0$,出现在"湮灭算子"$a(n)$,(annihilation operators)$n \geqslant 0$的左边.

这也一方面引申出与共形量子场论的很深刻的联系,并另一方面引申到Hamilton系统,孤子方程和可积性的深刻联系.Drinfel'd的量子群理论可以纲要性地介绍如图18.

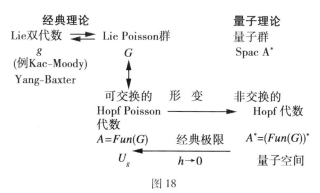

图18

在参考文献中我们仅给出Fields奖章获得者的少数原始工作,但给出相关的概述文章提供了大部分材料,那里也可以找到更广的文献目录.

6.6 Michel Kervaire, 1927～2007

Michel Kervaire(凯韦雷)1927 年 4 月 26 日出生在波兰,2007 年 11 月 19 日在日内瓦逝世. 他在法国读中学,在苏黎世联邦理工学院(ETH Zürich)读数学专业,1955 年他在 Heinz Hopf(霍普夫)的指导下完成了他的博士论文答辩.1965 年他在法国又发表了一篇毕业论文. 1959～1971 年和 1972～2007 年他分别在纽约和日内瓦作教授,期间曾在 Princeton(普林斯顿),巴黎,芝加哥,麻省理工学院(MIT),英国 Cambridge(剑桥)和 Bombay(孟买)等地做过一些长期的学术访问. 1980—2001 年,他是 Commentarii Mathematici Helvetici 杂志的一个活跃的编辑. 1978～2007 年他是 L'Enseignement Mathématique 杂志的主编. 1986 年,他获得 Neuchâtel(纽夏特)大学的荣誉博士学位.

数学家 Kervaire 是一位鼓舞人心的楷模. 他既是一个通才,又是一位专才,并且在这两方面都处在一个最高层次上. 作为通才,他懂得如何把握研究方向并会鼓励其他人在他们各自的工作中取得进展. 另外,他还在一个叫 Les Plans - sur - Bex 的小山村里组织过无数次学术会议. 通过这些会议,他将青年学生们和各个领域最出色的国际知名专家聚集在一起. 这些领域包括布劳尔(Brauer)群,叶状结构理论,算术,Von Neumann(冯·诺依曼)代数,纽结理论,李群表示理论,编码理论,遍历理论和有限群等. 作为专才,他在一些研究课题上崭露头角. 他最突出的贡献在于改变了 20 世纪

50 年代中期之前的微分拓扑和同伦理论;他创建了高维纽结理论;在抽象群论中他提出了一个著名的猜想(目前仍是公开的难题);另外,他在需要综合运用代数学,数论和组合数学等工具才能解决的问题上做出了巨大贡献.

6.6.1 Kervaire 流形和 Kervaire – Milnor (米尔诺) 结果

Kervaire 1960 年发表在 *Commentarii Mathematici Helvetici* 杂质上的文章构造了史上第一个闭的拓扑流形(其实是一个 PL 流形),该流形甚至与其同伦等价的流形都不存在任何微分结构.这个 10 维的流形就是目前著名的 Kervaire 流形.主要的手段构造包括一个定义在二元域上的二次型的不变量(Arf 不变量)和一些球面的稳定同伦群上的更深层次的结论.与此密切相关的 Kervaire 不变量仍然是当前该领域的重要研究课题.

20 世纪 50 年代中期, Milnor 发现:在 7 维的球面上存在一个与标准结构非微分同胚的可微结构.在 Kervaire 和 Milnor 1963 年合作的发表在 *Annals of Mathematics* 杂志上的文章里,他们证明了在 S^n ($n \neq 3$, 4) 上的可微结构的集合也是 n 维光滑同伦球面的 h-配边类的集合,是一个有限的交换群.特别是, S^7 恰好有 28 个可微结构.

因此,一个拓扑的或 PL 流形可以没有微分结构或者有多于一个的微分结构.这对我们理解拓扑学中的正则条件是一场革命. Kervaire 和 Milnor 的这项工作(起初二人各自研究,后来进行了合作)称得上是流形拓扑学蓬勃发展时期的一块宝石.同时,它也为下一个时期的一些重大发现奠定了基础,如:Browder-Novikov(布劳德 – 诺维科夫)、Wall(沃尔)、Sullivan(沙利文)、Kirby – Siebenmann 等人的研究成果.

6.6.2 从高维纽结到 Kervaire 猜想以及以后的工作

在 Kervaire 的法文论文中(Bull. Soc. Math. France,1965),他建立了高维纽结理论,即 n 维($n \geqslant 2$)同伦球面在 $n+2$ 维球面中光滑嵌入的理论. 他的第一个结果是利用 3 个纯粹的群理论条件来对那些可以说纽结补 $S^{n+2} \backslash S^n (n \geqslant 3)$ 的基本群的有限表现群进行刻画(而对于 $n=2$ 时的相应结果则需要很多篇幅来描述). 其证明思想完全是原创的,并且采用了全新的手术技巧,这篇文章也奠定了纽结模和纽结配边理论的基础.

上述理论的"副产品"是下面的猜想. 该猜想是在 1963 ~ 1964 学年度之间 Kervaire 和 G. Baumslag 的一次谈话中提出的,即:令 G 是一个由生成元和关系构成的群,如果增加一个生成元和一个关系将产生一个平凡群,那么 G 本身就是平凡的. 1993 年该问题无挠的情况已被 Klyachko 解决,但整个猜想目前仍是一个公开的难题.

Kervaire 知识渊博,他了解的领域不仅仅限于他所发表的论文. 他是许多领域的专家,如算术、代数学和组合数学、类域论、二次型、代数 K 理论等. 在过去的 20 年里,他发表了将近 30 篇文章,其中大多数文章处于代数学和组合数学的结合部,涵盖的研究内容包括交换代数(即所谓的关于稳定的单项式理想在多项式环的 Eliahou – Kervaire 分解)、Hadamard(阿达马)

第6章 弦,纽结和量子群:1990年三位 Fields 奖章获得者工作一览

猜想(在由 ±1 构成的正交方阵上),由 ±1 构成的 Golay(戈莱)互补序列的可能长度(原始的证明过程用到了分圆整数的性质),以及从堆垒数论对 Cauchy-Davenport(柯西-达文波特)定理进行的广义推广(已知两个整数 r,s,且 $r,s \geq 1$,一个 Abel(阿贝尔)群 G,计算所有 $a+b$ 集合的最小测度,其中 a,b 分别属于 r,s 的子集 A,B).

Michel Kervaire 特别善于享受生活中每一个精彩瞬间,无论是在黑板旁,在咖啡馆,在酒吧,在具有佳肴的餐桌上,还是在家中陪伴身为画家的爱妻 Aimée Moreau,他都能获得极大的享受.

数学基础的统一和持久性

Marc Hindry 谈京都国际数学家大会

第 7 章

今年在京都举行的第 21 届国际数学家大会,以其在研究上与物理学或多或少的联系所占的优势而给人以深刻的印象,一个趋势很好地说明了这一点,4 个 Fields 奖中的 3 个授予了美国的 E. Witten,新西兰的 V. F. R. Jones 和苏联的 В. Г. Дринфельд. 这个现象并不出人意料,但它却不能不引起对数学地位和作用的激励和反思. 物理学和数学间的密切关系和这两门科学一样古老,对此,人们只要想到 Archimède 或 Galilée,想起他们所说"自然是用数学的语言描绘的",或者想到 Newton(牛顿),或更晚一些的 Poincaré 就行了. 此外,对会议成果的认真分析,揭示了这些题材的持久性和最基本研究的连续性.

第四个奖归于本次会议的东道国,日本的森重文,涉及他建立的一种三维代数簇的分类研究. 它们从属于代数几何这一数学的中心领域,这是被以往的 Fields 奖所证实了的(见 7.1).

第7章 数学基础的统一和持久性

V. F. R. Jones 最早的工作同样与 Von Neumann 代数中的子因子的分类有关. 这种代数是矩阵代数在无穷维空间的推广, 它成为 1982 年获奖者, 法国的 A. Connes 工作的核心内容. A. Connes 对层理论(les feuilletages)的研究, 使 Thurston 于 4 年后同样获奖. 它显示了和"结点"(noeuds)理论的一些联系, 这是 Jones 理论的最引人入胜的应用领域之一(见 7.2). 至于 B. Г. Дринфельд, 他工作的一部分在"类域"(Galois 扩张的分类)的传统理论之内, 即在算术领域之内, 但建立于代数几何新对象的结构上: Дринфельд 称之为模(modules). 他工作的另一部分与量子群有关, 它是一些代数(Hopf 代数), 具有能连续变形的特征(见 7.3). 同 A. Connes 和 V. F. R. Jones 的全部工作一样, 其代数和泛函分析的倾向与物理学理论十分相像.

E. Witten 的选定引起了另一问题, 数学的关键地位在于论证和严密性, 这位美国人的工作事实上好像并不符合这一要求. 这个奖事实上是用来和坚固的传统决裂的, 过去 Fields 奖总是奖励那些用严密证明的定理作为支柱的十全十美的作品. 这种传统, 有利于依靠"制造理论"而生存的"解决问题者", 这种传统现在受到了挑战. 事实上没有人会对 Witten 天才的直觉和丰富的假设和猜想提出异议. 他对"超弦理论"作出了很大的贡献, 这一理论完全可能在相对性理论、量子力学和粒子相互作用之间作出统一的数学处理(这是 Einstein 大半生追求的梦想). 他所描绘的比他所能证明的更多, 并且满足于向人们显示这些隐藏着的奇迹(或者那些可能会是的……)相反, 牢固地建立了的 Дринфельд 的算术工作是美国人 Langlands 构思了约

纽结理论中的 Jones 多项式

20 年之久的庞大规划之中的一个片段.

对证明的完备性的争论并不是什么新鲜事. 人们至今还在仔细琢磨 Euler 的一些证明, 这是由于它们富于创造性, 当然, 也是因为即使在 Euler 的时代(至少按今天已知的数学规则) 它们也是不严格的. 同样我们提醒大家注意, 本世纪初 Poincaré 的有关代数拓扑的一些经典著作, 在许多地方缺乏确切性, 乃至缺乏精确的定义[1]. 那些"牢靠"的结构是晚些时间才出现的. 可以断言, 人们在进行纯粹的演绎推理时就知道对严格性的关心只不过是对研究者想象力的一种限制. 它构成了一个道矮墙, 它既是必不可少的又常常是多产的.

但在实验这一最经常使用的科学研究过程中, 正如 Poincaré 在《科学与假设》中阐明的那样, 数学对实验的检验是最不敏感的, 而它们的有效性有赖于其内部唯一的协调性. 然而有趣的是, E. Witten 理论的物理学部分本身就逃脱了所有的实验检验(引出险些他痛失角逐诺贝尔物理奖的机会的轶闻). 因为要做这样的实验, 所需加速器的能量之高, 我们还远无法达到. 实验的好处可以说是来自于它们之间的多种联系以及它们所提出的捷径.

不管怎样, 也不管是否相信可以通过建立元数学的方式来恢复数学的地位, 各数学分支之间的交错关系是显而易见的. 就是这样, V. F. R. Jones 的多项式出现在 E. Witten 的理论中(见附录 4); "编辫群"(它的元素能像编结成辫子的带子那样予以描绘而得名) 出现在 В. Г. Дринфельд, V. F. R. Jones 和 E. Witten 的著作里; 以及一些超弦问题译成曲线族上的代数几何问

题(见 7.1). 对这样一些联系,早就使人惊讶的是,已出现在 1986 年 Fields 奖获得者 Donaldson 的著作中,在那里来源于物理学的杨 – Mills 方程,已介入于 4 维流行的研究之中.

每 4 年举行一次的国际数学家大会,常是一次总结的机会,并分析新的趋势. 这些潮流、论战、交叉和发展,无论怎样都证明了数学是一门非常生动、充满了活力的科学.

7.1 森重文和三维代数几何

代数簇是由多项式方程所定义的空间. 它们的维数是标记一个点(的复数)的参数数目. 曲线(在复数集合上的维数为 1,因而在实数上的维数为 2)的一个分类由亏格"g"给出,即由"孔穴"的数目来决定(见图 1),这从 19 世纪以来已为人们所知. 对一簇已知亏格的曲线的详细研究,是 D. Mumford 的主要工作,这使他于 1974 年获 Fields 奖,同样的工作,使 P. Deligne 于 1978,G. Faltings 于 1986 年荣膺桂冠. 他们把 J. P. Serre (1954 Fields 获得主) 所开创并由 A. Grothendieck (1966 Fields 奖得主) 加以发展了的经典语言做了改造. 一个曲面(复数上为 2 维,或者实数上为 4 维,因此很难描绘)的分类在 20 世纪初为意大利学派(Severi, Castelnuovo, Enriques)所尝试,他们的一些论证,被认为不太严格(这再次与上文所论情况相同),后被 O. Zariski 及再后的小平邦彦(1954 年 Fields 奖得主)重做并完成其结果. 森重文的理论是非常广泛的,然而目前只限于 3 维范围. 古典的工具是微分形式的纤维和流形上的曲线. 森重文发现了另外一些变换,它们正好只存在于至少 3 维的情形,被称为"flip",更新了他的本国人广中平佑对奇点的研究,后者因该项研究早已获 Fields 奖.

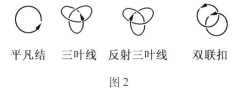

$y = x^2 + 1$ $y^2 = x^3 + 1$ $y^2 = x^5 + 1$

$g = 0$ $g = 1$ $g = 2$

图 1

(事实上,为了得到被描绘的图形,这里写下的方程的复数解,必须加上"无穷远点").

7.2 Jones 的结和多项式

我们在普通 3 维空间中用端点联结的弹性弦来显示结(也可能是数个纠缠在一起的弦所打成的结.)为描述一个结,我们将其投影到平面上,并注意到上下交叉(图 2).

平凡结　三叶线　反射三叶线　双联扣

图 2

一个中心问题是在图形中认出两个相似的结,即这样两个结,由一个连续的变形(不能切断!)使二者重合. 这样的一个变形称为合痕. 一个定理说能在一个合痕平面上把投影分解成一系列连接的叫作 Reidemeister 的变换元图 3:

第 7 章 数学基础的统一和持久性

图 3

尽管问题显得很简单,一般却很难证明两个结不是合痕的. Jones 发现了合痕的一个不变量,它是一个 $\sqrt{q}$ 和 $1/\sqrt{q}$ 的多项式(这里 q 是一个变量):两个同痕的结有相同的不变量. 人们能这样描述这个"多项式":平凡结的多项式是常数 1,若三个结 N^+、N^- 和 N^0 仅有一个交叉而不相同,如图 4:

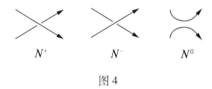

图 4

则 Jones 对这些结的三个多项式 P^+、P^- 和 P^0 有这样的关系:$qp^-(q) - 1/\sqrt{q}\, p^+(q) + \sqrt{q} - 1/\sqrt{q})p^0(q) = 0$. 由这些性质能算出三叶线的多项式为 $p(q) = q + q^3 - q^4$ 和反射三叶线的多项式为 $p^*(q) = 1/q + 1/q^3 - 1/q^4$. 人们由此得出结论,三叶线和反射三叶线是不同痕的(在 Jones 之前人们不知此事!). 对称关系式 $p^*(q) = p(1/q)$ 并不来自偶然性,对每一结的 Jones 多项式和它的反射,都是这样.

7.3 Дринфельд 和量子群

在经典力学中,在直线上移动的粒子的位置 X 和 V 是普遍的数,人们有关系 $(A_0) XV - VX = 0$. 在量子力学中,X 和 V 不再是普通的数(它们不再可交换)而改成关系 $(A_h) XV - VX = h$ (h 是参数——"Planck 常数"). 用这种关系得到的代数是原有的代数的一种变形,称为量子化(当 h 趋于零时它又回复到原有的代数). 这种数学过程是力学量子化的一种推广,可把方程看成是更为简单的方程变形来解它们. Дринфельд 的工作是把这些对象分类,特别可用于量子力学中的杨 - Baxter 方程. 这种量子群的名称事实上来源于它的结构形式和 Lie 群结构形式之间的相似.

7.4 Witten 和 Jones 多项式

在量子力学中,粒子的状态定义了一个向量空间. (特别是两个状态的和也是一个状态,这是叠加原理.)从这一概念出发,在和相对性原理一致的理论中,物理学的"量"都是一些(与曲线相关联的)拓扑不变量. Witten 证明了,(在陈 - Simons 理论的所有情况下)状态空间是 2 维的. 我们考虑三种状态,用下面的图形形象地表示成:

则由此可推导出一个线性关系:$aN^+ + bN^- + cN^0 = 0$. 它和 Jones 的相似关系不是偶然的(见 7.2). Witten 因此而重新发现了 Jones 多项式,把它作为如定在 3 维空间中的不变量(他没有像 Jones 那样把结投

第 7 章 数学基础的统一和持久性

影到平面上).

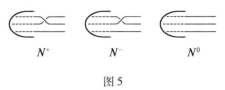

图 5

Alexander 多项式:绳结理论[1]

第 8 章

8.1 绳结的历史,数学

根据传说,世界上最早的绳结理论家之一是一个叫作 Gordius 的普通希腊农民,他大约在公元前 1200 年乘坐一辆牛车来到了 Phrygia 的一个公共广场时被拥戴作了这个小亚细亚古国的国王,因为有神谕告示说,未来的君主会是一个坐着车子来的人. 在建立这个小亚细亚的 Gordium 城时,这个农民为了感谢诸神,把它的牛车献给了 Zeus(宙斯),并给它打了一个不平常的结. 后来,就像现在一样,神谕比比皆是,又来了另一个先知说,谁能解开这个结,就能统治整个亚洲(那时就是指波斯). 历史记载在公元前 333 年,Alexander 大帝抵达 Gordium,见到了 Gordius 的牛车,举剑一削,一下子就把这个纷乱的结砍开了,这就

---

[1] 原题:The Alexander Polynomial:Knot Theory. 译自:Five More Golden Rules,John Wiley & Sons,Inc. ,2000. p. 1-34,255-256.

第 8 章　Alexander 多项式:绳结理论

是成语"用大刀利斧解难题(快刀斩乱麻)"(solving a problem by bold action)的由来. 这个古老的故事也把一个主要的问题摆到了绳结理论家的面前:解一个结有多难?

正如在许多现代数学中一样, 对绳结的第一个重要研究也要归功于 Gauss, 他在 19 世纪的下半叶研究电磁学发展了一套计算绳结的性质的方法, 因为他把电场与磁场间的耦合看成是这种绳结. 稍后, Kelvin 勋爵提示用不同种类的绳结对原子进行分类的想法, 这就引起了像 Tait 和 Kirkman 这样一些数学家来编制绳结类型表. 这些研究强调了这样一个问题的重要性. 何时一个结和另一个结是相同的. 在下面我们主要也是集中来讨论这个问题, 因为它仍然是绳结理论中最重要的问题, 而且只是部分得到了解决.

Gordius 的结只在历史上有意义, 和今天理论家们的兴趣是大相径庭的, 今天理论家们感兴趣的是发展出一套能将不同结互相区分开来的方法. 推动绳结理论家们的问题远比由谁来统治波斯的问题重要得多——至少在智力上更富有挑战性. 例如, 位于你身体的细胞中的 DNA 链包装在基因中是紧紧盘缠在一起的. 但在细胞分裂过程中它要复制自己, 又要把自己打开来. 这个解结的过程是由酶来完成的, 这个酶就好像是一把微观的 Alexander 的剑, 他斩断 DNA 的链, 把结打开, 然后又把切开的两端粘起来. 所以能够讲清打开一个结有多难就能帮助我们确定这些酶发挥它们的功能是有多快——同时还能帮助我们开发出完全新品种的酶, 它们能更好地、或者更快地、或者又好又快地起作用. 在聚合物化学中也有这种类似的问题可以谈. 即使是在基本粒子这块珍稀的高地上, 已有越来越多的证据表明,物质是有极微小的弦构成的,这种弦是由能量卷成的特殊形状,在本章的后面我们将会从这些,还有其他一些例子中看到绳结理论在实际中是如何起作用的. 但是眼下我们要对在数学家们谈到"有缠结的"问题时是什么意义予以认真的考察.

8.2 打结,解结

直观上来讲,一个绳结 K 就是位于普通的三维空间中的一条封闭曲线. 遗憾的是,这不是一个非常能令人接受的定义,因为它许可有许多不规则的曲线,这种曲线可以包含有无限多个小小的结头以及许多其他我们不想有的病态的曲线. 因此从技术上来讲,最好把绳结定义成为一条简单的闭曲线,它由有限的——当然数量可以是非常大的——直线段组成. 可以证明,为了研究绳结所需要的连续曲线的全部性质都可以通过这些直线段的数目趋近无限大而得到. 因此,当你看到本章中把绳结画成连续的曲线时,要记住,这个图形背后的定义是直线.

(a)

(b)

(c)

图 1　非结(a)和三叶结构的两种形式(b),(c)

一只普通的蟑螂沿着任一绳结爬行时看着这条绳结只不过是一条一维的闭曲线,它意识不到这条绳结所位于的三维空间(用技术术语来讲,它所嵌入的空间). 所以能够把不同绳结区别开来的是它们在其嵌

第 8 章 Alexander 多项式:绳结理论

入空间中的嵌入的方式. 为什么他们一定要嵌入到一个三维空间中呢? 答案是,要想包容一条绳结,平面的维数不够,因为曲线在交叉形成结时会穿出这个平面. 而四维空间又太大了,因为有了更大的自由度,任意的绳结都能解得开. 这就好像有关金发小姑娘 Goldilock 的粥①一样,三维空间不太大也不太小,把绳结嵌入其中就有许多有趣的东西可以讲. 最简单的结可能就是如图 1 中的(a)所示,它实际上根本就不是一个结,而是结的对立面——非结(unkont). 其中图(b)所示的才是真正最简单的结,叫作三叶结,或者叫作反手结. 图(c)表示的是同一个三叶结的一个非标准的图形,我们把它画出来就是为了说明事情可以变得多么复杂. 它很好地告诉我们将两条绳结区别开为什么会有问题,因为这两个图形代表的是同一个三叶结,这不是一眼就能看出来的.

当我们讲某个结等价于另一个结,或者说,它和这另一个结是"一样的",它的准确意义是什么? 拓扑学家说,两个几何对象,如果通过拉伸、挤压、扭曲、转动——但不能切断或者把疙瘩抹平——这样一些连续形变过程能够把一个的形状变得和另外一个的形状一样,我们就说这两个几何对象是"一样的". 因此,要证明一个绳结是一个真正的结,就等于要证明它与非结不等价. 用稍微技术性一点的话来说,确定两个结的等价性是更为一般的"定位问题"的一个特例. 画在平面上的一个三角形的转动就是一个例子. 假如我们把三角形的初始位置叫作 T_1,然后将这个三角形转过 90 度的新位置叫作

---

① 来自美国著名童话故事《金发小姑娘与三只熊》——编注

T_2. 然后我们问:是否有一个变换 f 能将位置 T_1 平滑的移动到位置 T_2 呢？这个情况下的答案很简单. 所要求的变换只不过就是把对象在平面内转过 90 度这个操作. 在这种情况下我们会说三角形 T_1 与 T_2 是等价的, 就是因为他们只差在一个变换 f 上.

绳结理论就是讨论一条闭曲线在普通三维空间中的定位这个特殊问题的. 于是如果我们问两条这样的曲线是否等价, 那就意味着我们想要知道是否存在一个光滑变换能够把其中一个结变成另一个结. 如果存在这样的变换, 我们就说这两个结是等价的, 否则它们就是本质上不同的.

所有的结都是闭曲线, 因而也就是三维空间中的一维客体. 于是我们常常能够通过观察结的平面上的投影来研究它们的性质. 换言之, 我们可以将结投射到平面上, 然后仔细区分哪些是从上面跨过的, 哪些是从下面跨过的. 图 1(b)中的三叶结就是这样的一个投影. 然而要注意的是, 一个结可能有不同的投影(见图 2). 因此要想有效地采用结图形来研究一个结是否等价于另一个结的问题, 就要把图形中那些在将结作不同投影时都会保持不变的性质甄别出来. 为此我们来用给结着色的办法把这一点搞得更清楚一些.

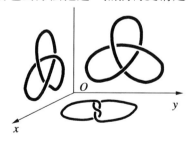

图 2　三叶结构的两个投影

第 8 章 Alexander 多项式:绳结理论

8.3 你的结是什么颜色的

四色猜想(Four Color Conjecture,缩写 FCC)是数学中最著名的猜想之一,它断言,任一画面在平面上的非平凡的地图都可以用不多于四种颜色来着色. 在 1976 年,Wolfgang Haken 和 Kenneth Appel 编写了一个计算机程序,检验了几千个特定地图,都验证了 FCC 是对的. 因为数学家不可能在实际上检查这个证明,Haken-Appel 的结论至今仍受到大家的怀疑,不肯把这作为一个真正的数学结果来接受. 因此,FCC 的计算机解的重要性,不在于它是否验证了这个猜想,而在于它给数学的哲学提出了新课题.

Haken-Appel 的结论提出的主要的哲学课题是有关数学证明的本质的. 说我们"证明"了一个特定的数学命题是什么意思? 在这个计算机证明提出之前,数学家们都心照不宣地认为,"证明"意味着的事情中有一件就是,在证明中逻辑推理中的每一步都是可以检查和验证的. 但是对计算机证明来说,这种验证步骤实际上就是不可能的,因为证明的步骤可能有几十亿甚至几万亿步,即使让一大群数学家一个挨一个地来检查全部步骤,也要用上比整个宇宙的年龄还要长的时间. 实际上,比这点还要更糟糕的是,我们都知道,每台计算机都会以一定的比率出现硬件错误. 譬如说,在 Haken-Appel 所用的计算机中,在每 100 万次运算中至少会有一位数据出错. 这会影响最后的结果吗? 这要看在计算机程序运行的过程中出错的这位数据是什么地方出现的. 如果它是在计算机处理一条注释语句时

纽结理论中的 Jones 多项式

出现的,那么就根本没有关系.但是,如果是在计算机判定某个量是正还是负以便确定程序向哪个分支转向这个关键时刻,一个数据位的失误就会把整个程序送到一个完全错误的流程中去.所以当一个证明无法检验,而且我们还不知道它里面是否还有错,它还能真正算是个证明吗? 这就是四色猜想的计算机"证明"所提出的哲学课题的实质.

但是当谈到数学中的着色问题时,FCC还只不过是冰山的一角.围绕着绳结着色的问题就没有这种争论.我们说过,绳结理论家的主要目标是要找出判定两个结是否"一样"的方法.于是一个用来构造这种判定程序的"充满色彩精美"的办法就应运而生了.

假设你想要解开那个三叶结.你扭转它的绳带,把它的一段绳子弯过另一段,一般来说,你想尽了一切办法,只差把它切断了.结果还是解不开.这是否就算证明了这个三叶结是打不开的呢? 任何一个有自尊心的数学家都会说,不,根本不能这样说——这只不过是表明你不够聪明,没有找到一个解开这个结的办法.让我来瞧一瞧,证明三叶结无法解开的办法是怎样的.

我们的目标是,赋予每一个结图一个数,使得同一个结的不同的图形所得的这个数是一样的.这时这个数就叫作结不变量(knot invariant),因为这个数的值只与这个结有关,而与表征它的具体图形无关.如果两个单独的结,它们各自的这个不变量所具有的值不同,那么这两个结图形所表示的结就是不同的(不等价的).不过要注意,反过来讲就不一定成立:两个不同的结可能有相同的变量,但如果两个结所具有的不变量不相同,那么这两个结就肯定是不同的.在后面我们

第 8 章 Alexander 多项式:绳结理论

会看到这种例子. 现在我们来用结的可着色性的概念来构造这样的一个不变量.

设想用三种颜色来给一绳结图着色的所有各种可能的方式, 着色的方式要求做到每一段连通的弧是用这三种颜色中的一种来着色的. 于是在线段交叉点处就可能有一种, 两种或 3 种颜色的弧来相会. 一种着色, 如果没有两种颜色来相会交叉点, 就把它叫作恰当的(proper)着色. 换言之, 在每一交叉点处, 各段弧的颜色要么各不相同. 要么就都一样. 图 3 就画了数字 8 这个结中的这样的点.

图 3 数字 8 的结的着色

于是我们有下述结果:

色彩不变量定理 一个结图的恰当着色的种数是一个不变量.

这个结论的证明可以在书后所引用的文献材料中找到.

现在我们可以来证明三叶结是解不开的了. 还记得解开一个结就是说这个结等价于一个非结. 于是要我们证明的就是, 我们不能通过任何的三维定向的光滑变换把这个三叶结变成非结.

考察图 4 中所示的三叶结的恰当着色. 这种着色方式的总数是 9 个, 用了所示 3 种颜色的恰当着色种数有 6 个(第 1 段弧可以选 3 种颜色中的任何一种来着色, 第 2 段弧就只剩下 2 种颜色可挑选了, 而最后一

纽结理论中的 Jones 多项式

段弧就只能选剩下的最后 1 种颜色了),再加上用单一颜色来着色(所有弧都用同一种颜色来着色)的方式 3 种. 但是非结只有 3 种恰当的着色,全都是单色的. 可见三叶结的着色种数与非结的不同,因此这两个结一定是不相同的. 特别地,这也证明了三叶结都是解不开的,因为将结解开意味着把它变换成非结,而我们刚刚已经证明了这是不可能的.

图4 三叶结的一个恰当着色

可惜的是,着色数不是一个非常有力的不变量,因为我们无法用它来证明 8 字结(图 3)不能解开. 这是因为它有 3 个恰当的着色,每一个都是单色的. 所以我们要继续寻找更强的结不变量.

像三叶结在图 1(b)和(c)中的结图,它们的最显著的性质表现在该结的绳索相互交叉的地方. 这种交叉在技术上称为二重点(doublepoint). 考察三叶结的这两个图形,立即可以看出这种交叉点的数目与该结的具体投影有关. 然而,可以证明,给定结的最小交叉点数与投影无关. 我们把这数就称为该结交叉数(crossing number). 譬如三叶结的交叉数为 3, 但是图 1(a)中的非结没有交叉点,它的交叉数为 0.

可见交叉数是结的一个不变量,这个意思就是说

第 8 章 Alexander 多项式:绳结理论

它只与这个闭曲线的内在"纠结性"有关,而与它偶尔在平面上的投影无关. 这样一来我们就可以将它作为一个粗略的过滤器,把一些结与另一些结区分开来,例如,交叉数为 3 的三叶结就不太可能形变成图 5 中的数字 8 字结①,因为这个结的交叉数为 4. 遗憾的是,交叉数是一个相当粗略的不变量,因为有许多互不等价的结具有相同的交叉数. 例如,已经证明了,最多只有 13 个交叉数的不同结的准确个数为 9 988. 因为如果我们希望能将这一万来个结区分成不同的类,就需要有更精细得多的不变量.

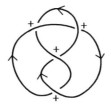

图 5　数字 8 字结

为了举例来说明交叉数的概念,图 6 中列举了交叉数等于或小于 8 的所有不等价的结. 德国文艺复兴时期的著名画家 Albrecht Dürer 在 Leonardo da Vinci 所设计的绳结的启发下创造了 6 个装饰结,有相当的审美情趣. 在图 7 中展示了这 6 个 Dürer 结. 不过,我们还是需要有比交叉点更好的方法来区分这几个结.

结是一个简单的封闭曲线,所以可以考虑从结上的某一点出发,沿着它走,最后又回到出发点. 在这一穿行中的运动方向就叫作结的定向(orientation). 这是

---

① 图 5 中上部的两个"+"号应为"-"号——译注

143

纽结理论中的 Jones 多项式

结的一个基本方向,它在寻求不变量上有重大意义.我们也可给结的每一个二重点加上一个正负号.具体作法就是采用法国的交通规则,在交叉口上从右边开过来的车具有先行权.这意味着,在二重点上,如果下行的绳索具有先行权,就规定这个二重点具有"正号",反之,如果上行的绳索具有先行权,就规定它有"负号".

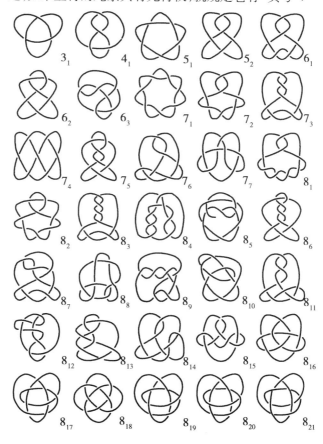

图 6　所有交叉点等于或小于 8 的结

第 8 章 Alexander 多项式:绳结理论

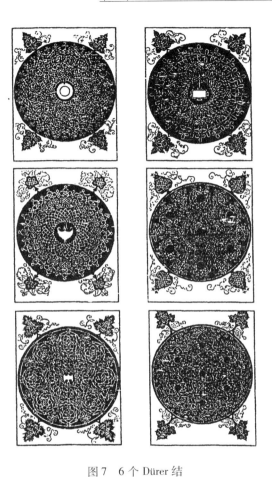

图 7　6 个 Dürer 结

显然,一给定结有两种不同的定向,每一定向都会为结的交叉数前加上一个正负号. 图 5 表明,这个 8 字结定向的结果是使得每一个二重点都具有正号,从而它的带号的交叉数是 +4. 将交叉的上下互换就得到了这个结图的镜像,这个结的交叉数就变号了. 眼下我们还是转过来谈解开一个结的问题.

纽结理论中的 Jones 多项式

假如我们有同一结的两个结图,例如,三叶结的两个结图(图 1(b)和(c)),我们应该能够重排(rearrange)其中一个结图,使之成为另一个. 把结设想成由柔软的细弦组成的,这种重排就相当于将弦在空中以某种方式加以变形. 不过要注意,不允许做像将结的一部分缩成一点,从而使结消失(即变成非结)这样一类的事,这就好像越来越用力抽紧弦而想使结消失是不可能的一样. 1926 年德国数学家 Kurt Reidemeister 证明了,两个结等价的充要条件是,其中一个的结图通过一系列叫作 Reidemeister 移动后可以变换成第 2 个结的结图. 他确定出了这样的移动有 3 种,如图 8 所示.

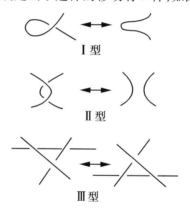

图 8 Reidemeister 移动的 3 种类型

Ⅰ型移动让我们可以将一个扭转从结中除掉或加到结中去. Ⅱ型移动允许在结中加入或移去两个交叉. 而Ⅲ型移动则使我们能将结中的一条绳索从交叉的一边移到这个交叉的另一边去. 可以认为这些移动是可以用来改变结图的合法移动,它们不含有任何一种像 Alexander 当年举剑一削就把结解开的那种"骗人"把

第 8 章 Alexander 多项式:绳结理论

戏.

图 9 所示是对 Reidemeister 移动的一个有趣的应用,它用了一连串的移动证明了其第一行左上角那个 8 字结实际上等价于它的镜像结(位于下一行的右下角).像这种能与自身的镜像等价的结被化学家们叫作非手性的(achiral),他们在分析某些化合物时非常重要.

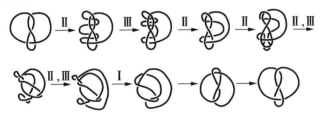

图 9 证明 8 字结的非手性的 Reidemeister 移动

在继续讨论如何区分两个结之前,我们暂停一下来看一看即使像交叉数和 Reidemeister 移动这样简单的概念都能在活细胞内部进行的过程上投下一线光辉.顺便我们还要研究一下有关结的另一个不变量,一个与解结的难度有关的不变量.

8.4 解开 DNA

研究一个来自活有机体的细胞.在大多数高等动物中,所有这种细胞都是真核生物的(eukaryotic),就是说他们都有一个细胞核.在这个核中有许多蜂窝式的机构,用来按照编在细胞的 DNA 中的密码复制细胞,而这 DNA 自身又是以著名的双螺旋几何结构形式卷起来位于细胞核中的.我们可以把大多数的 DNA 看

纽结理论中的 Jones 多项式

成是一根有 4 个碱基组成的双链,这 4 个碱基就是:A = 腺嘌呤(adenine),T = 胸腺嘧啶(thymine),C = 胞核嘧啶(cytosine),和 G = 鸟嘌呤(guanine).将 A 与 T 链接,G 与 C 链接,这中间基对之间的链接就形成了一个梯子. 一段双链 DNA 的碱基对序列可以沿两边的骨架读得. 这种序列就是生物语言中的一个字,用字母 {A,G,C,T} 写成的字. 在下面图 10 中所表示的 Watson-Crick DNA 双螺旋模型中这个梯子拧成了右螺旋的形式,沿螺旋每转一圈,平均大约有 10.5 个碱基对(叫作这个螺旋的螺距(pitch)).

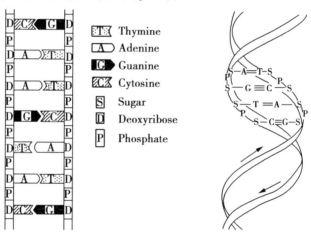

图 10　Watson-Crick DNA 双螺旋模型

在细胞核中,DNA 分子互相盘绕几百万圈,而且系成结,卷了又卷成多级盘绕,这样才能塞进核内. 现在设想我们把细胞的核放大成一个篮球那么大. 在这样的尺度下,细胞核的 DNA 就会成一条厚度犹如一根细钓鱼绳,长度超过 120 英里的线紧紧地缠绕在一起.

纽结理论中的Jones多项式

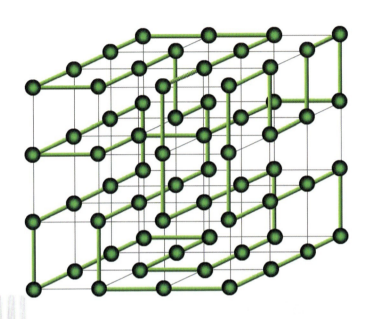

构建

构建纽结
Build a knot

我们可以利用三维网格来构建一个纽结,从理论上说这种方法可以构建任意复杂的纽结,但这需要你的耐心和空间想象力,你不妨试试。

纽结理论中的Jones多项式

投影　　纽结在二维平面上的投影
Knot in the two-dimensional plane

纽结是三维空间中的一维客体。数学家常常通过观察纽结在二维平面上的投影来研究它们的性质。

于是将三维空间中的结的问题转化成了二维平面上的交叉点的问题。

第8章 Alexander多项式:绳结理论

当细胞要为自己建一个复本时,这一束核苷酸的碱基必须把结解开. 怎样来做到这一点是一个极其重要的实际问题,因为要想实现复制(replication),复合(recombination)和细胞转录(cellular transduction),解结必须相当快地进行. 实际上,细胞要解一个拓扑学的问题.

起打开细胞 DNA 的缠结作用的是一种叫作拓扑异构体酶(topoisomerases)的化学物质,而另外一些叫作复合酶(recombinases)的,则将 DNA 断开,交换切开端后,再把它们重新接起来. 这些化学物质所遵循的规则与 Reidemeister 为解开结图所制定的规则非常相似. 我们来看一下这是怎么回事.

在图 11 中有 3 张电子显微镜照片,上面那张是由 DNA 双链形成的三叶结,下面 2 张是由 DNA 形成的有 6 个交叉的结. 我们把这些电子显微镜拍得的由真实的 DNA 双链形成的结重新绘成结图摆在该图的左边. 用结理论的术语来说,解开这样一个 DNA 链中的结就要用一系列 Reidemeister 移动把其结图转换成非结. 大自然也面临着同样的问题,它用所谓 II 型拓扑异构体酶改变 DNA 双链在二重交叉点上的符号(I 型). 拓扑异构体酶可以对 DNA 单链作相同的事情,即将交叉点上的 + 变成 -,- 变成 +. 在物理上相当于将 DNA 切开,再将切开的两对点交叉重新联结上,从而使得 DNA 链原来在交叉点上面的变成从它下面通过了. 把结变成非结需要进行这种切断和黏结的次数的最小值就叫作这个结的解结数(unknotting number). 这个数粗略地反映了这个结的复杂程度.

纽结理论中的 Jones 多项式

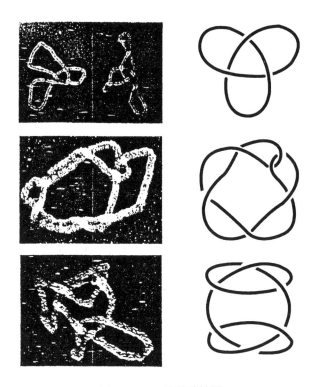

图 11 DNA 结及其结图

很容易看出，在图 11 上部那个三叶结中只要改变 3 个交叉点中一个的符号，就能把这个三叶结变成非结. 例如，只要把顶上那个交叉反过来，使得右边的那一段从交叉点的下部穿过去，整个结就解开成为非结了. 所以三叶结的解结数是 1. 图中剩下的两个有 6 个交叉点的结，在它们的双重交叉点上要改变几个符号才能把它们解开还不太清楚. 遗憾的是，计算解结数一般来说是很难的. 例如，你可能以为，只有任取一个结图，求出最小的一组交叉点，改变这组交叉点的符号就

第 8 章 Alexander 多项式:绳结理论

能把这个结打开,这样就算出了它的解结数. 但实际上根本不是这么一回事,这可从图 12 中的结图上看出来. 它左边的那个结图如果改变符号的交叉点少于 3 个就解不开. 但它右面的那个是同一结的另一个结图,就可以只要改变 2 个交叉点(这 2 个交叉点在图中用圆圈表示出来了)就可以解开了. 在这里我们得到的教益是,为了求出要改变交叉点的最小个数,你可能要把一个看上去比较简单的结图重新画成一个看上去比较复杂的结图.

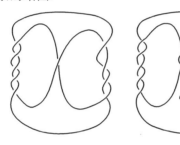

图 12 同一个结的两个图式,
需要不同数目的交叉点解结

然而有一类结,对他们的解结数我们已经完全搞清楚了. 这就是所谓的环面结(torus knots),即画在环面上的曲线. 要想打一个所谓的 (p,q) - 环面结,你只要把一条线穿过环状体中间的洞 p 次,然后把这条线拉长使它绕环体本身 q 次,最后再把它的两端点连在一起. (注意:要想使结在环面上系起来而又不自身相交,整数 p 和 q 不能有大于 1 的公因子;换言之,它们必须是互素的)在图 13 上画出了 $(4,3)$ 环面结这个例子.

纽结理论中的 Jones 多项式

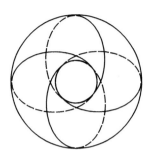

图 13 (4,3)环面结

以前,普林斯顿大学的 John Milnor 曾经猜想 (p,q) - 环面结的解结数是$(p-1)(q-1)/2$. 我们该记得这个数就是要想把结变成非结所需改变符号的双重点的个数. 考虑到一般来计算解结数的难度,这个公式——如果它真能成立——不无惊人之处. 最近牛津大学的 Peter Kronheime 和加州理工学院的 Tomasz Mrowka 作为他们研究四维流形的副产品,意外地证明了 Milnor 猜测. 甚至更近一些,克拉克大学的 Lee Rudolph 证明了,Kronheimer 和 Mrowka 的研究工作还能证明一个比 Milnor 猜测更有普遍意义的猜测,它能告诉我们所有结的有普遍意义的解结数的下限. 这个结果叫作 Bennequin 猜测.

再回头来谈 DNA,解结数也就是想把一个打了结的 DNA 变成一个无结形式的 DNA 对,一个拓扑异构体酶必须作用次数的最小下限. 这样一来它就能告诉我们有关决定拓扑异构体酶反应速率的有用的信息. 正如佛罗里达州立大学一个结理论家 DeWitt Summers 所讲的那样:"如果你的产品很复杂,它的解结数很大,那就需要酶花更多的时间去生产它们."在本章的后面我们还会更详细地讲到结的理论是如何深入到

第 8 章 Alexander 多项式:绳结理论

DNA 的行为研究中去的,但即使这个粗略的描绘也说明了解结的细胞完成它们日常事务的方式中起的核心作用. 好了,现在我们再转到寻求更精细的结不变量,因为我们至今所讨论过的不变量都太粗糙了,不适宜有效地来区分许多结.

8.5 Alexander 的重大不变量[①]

当人们谈到普林斯顿高等研究院(IAS)开办时聘任的研究人员时,通常总是会想到 Albert Einstein, John Von Neumann Weyl, Oswald Veblen, 随便提这么几个. 但是总有一个名字被忽略了,这就是 James W. Alexander, 他和 Einstein, Veblen 和 Von Neumann 一道,都是 IAS 数学部的最初成员. 但是如果你没有搞出过什么名堂的话, 你是不可能在像 IAS 这样的地方得到一个职位的, 而即使你只是随意地检查一下 Alexander 的研究成果就会看出, 他肯定是属于这个杰出的一群的.

Alexander 是个性格开朗的谦谦君子, 爱好爬山, 他的父亲, John Alexander 是个艺术家, 美国国会图书馆的壁画, 就是他父亲画的. 他还是 1920 年代的 Princeton 大学数学系中涌现的拓扑学派中的最早的成员之一, 在他于 1933 年到 IAS 来以前, 他就提出了一个思想, 将一个多项式(像 t^3+5t^2-3 这样的一种数学小玩意, 它含有像 t 这样的一个未定变量的各种幂次, 每一幂次乘以一个系数)与一个结联系起来, 使得这个

---

① 原题: The Alexander Polynomial: Knot Theory. 译自: Five More Golden Rules, John Wiley & Sons, Inc. 2000, p. 1-34, 255-256.

纽结理论中的 Jones 多项式

多项式能成为一个强有力的结不变量.要想以最普遍的方式来展开论述 Alexander 多项式就要用到一些令人眼花缭乱的数学,这是我们在一本像这种类型的书中所不愿看到的,所以还是来看一看,怎么求我们那位老朋友(三叶结)的 Alexander 多项式,这使我们对一般如何来确定这个不变量有一个概念.

首先,对三叶结的结图中的交叉点和各个区域分别用 c_i 和 r_j 来标记,这里 $i=1,2,3$,$j=0,1,2,3,4$. 然后再选一个图上绕行的方向. 当你沿着这个方向从交叉点的下面经过时,在你左边的区域上打个点. 图 14 就是做了这种标记后的一个三叶结图.

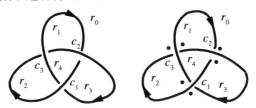

图 14 用以计算 Alexander 多项式的三叶结构的标记

研究交叉点 c_1,我们将下述不定变量 x 的线性关系与之相联系

$$c_1 = xr_2 - xr_0 + r_3 - r_4$$

这里各个系数 r_j 的指标 j 是这样确定的:指标 2 是你通过交叉点 c_1 进入的带点的区域的指标,0 是你开始要通过该交叉点时你所在的带点区域的指标,3 是你刚要经过交叉点时,位于你右边的不带点的区域的指标,而 4 则是你经过交叉点之后位于你右边的区域的指标.

一般来说,对交叉点 c_i,适合与它相联系的线性关系为

$$c_i = xr_j - xr_k + r_l - r_m$$

第 8 章　Alexander 多项式：绳结理论

这里 j 是当你通过该交叉点所进入的带点区域的指标，k 是你刚要通过该交叉点时你所在的区域这一侧的指标，l 为你穿过交叉点后在你右侧未打点的区域的指标. 按照这个约定，对图 14 中的 3 个交叉点相应地有下述关系

$$c_1 = xr_2 - xr_0 + r_3 - r_4$$
$$c_2 = xr_3 - xr_0 + r_1 - r_4$$
$$c_3 = xr_1 - xr_0 + r_2 - r_4$$

利用这些关系，我们可以排出下面的表，它的列是用由 r_0 到 r_4 来标记的

$$\begin{array}{c} \quad\; r_0 \quad r_1 \quad r_2 \quad r_3 \quad r_4 \\ M = \begin{pmatrix} -x & 0 & x & 1 & -1 \\ -x & 1 & 0 & x & -1 \\ -x & x & 1 & 0 & -1 \end{pmatrix} \end{array}$$

在这个数组中出现在第 i 行，第 j 列上的元素对应于关系 c_i 中 r_j 项的系数. 例如，它的第 1 行就是由线性关系

$$c_1 = -x \cdot r_0 + 0 \cdot r_1 + x \cdot r_2 + 1 \cdot r_3 - 1 \cdot r_4$$

中的系数构成的.

现在任取其中一个交叉点，并从数组 M 中将该交叉点处带点的两个区域对应的列划掉. 例如，如果我们选交叉点 c_1，我们就要划掉 r_0 及 r_2 这两列，剩下简约后的数组为

$$\begin{array}{c} \quad\; r_1 \quad r_3 \quad r_4 \\ M' = \begin{pmatrix} 0 & 1 & -1 \\ 1 & x & -1 \\ x & 0 & -1 \end{pmatrix} \end{array}$$

好，现在我们来一锤定音，计算数组 M' 的行列式（记为 $\triangle(M')$），得

$$\triangle(M') = x^2 - x + 1$$

这就是三叶结的 Alexander 多项式. 不过我们要指出, Alexander 多项式并不是结不变量, 因为它依赖于结图中的交叉点以及区域是如何标记的, 而我们又没有任何内在的根据, 比如说, 不能把我们已经标为 r_1 的区域改成标记为 r_2. 但是在 1928 年 Alexander 证明了下面那个非凡的结果, 表明这种标号的选择基本上是没有关系的.

Alexander 多项式不变量定理

1. 如果某个结的 Alexander 多项式是从该结的两个不同的结图和不同的标记算出的, 则这两个多项式只相差一个 $\pm x^k$ 的因子, 这里 k 为某一个整数.

2. Alexander 多项式相对于 Reidemeister 移动来说是不变的. 因此如果两个结只差一个 Reidemeister 移动, 则一定是等价的.

3. 一个结的镜像与这个结本身具有相同的 Alexander 多项式. 因此一个结和它的镜像是等价的.

4. Alexander 多项式与这个结的定向选择无关.

举例来说, 在图 14 的标记选择下, 三叶结的 Alexander 多项式为 $x^2 - x + 1$, 但在另一种不同的选择下可能得到的 Alexander 多项式为 $-x^4 + x^3 - x^2$, 它与前一个相差一个因子 $-x^2$. 于是, 根据定理中的第一条, 这两个多项式代表同一个结. 读者有兴趣的话, 就当玩一个游戏, 不妨来算一下图 14 的 8 字节的 Alexander 多项式 (答案: $x^2 - 3x + 1$).

Alexander 多项式作为一个不变量到底好到什么程度呢? 它能让我们区分一大类结吗? 或者, 它和我们已经研究过的交叉数和着色数一样, 只是一个弱不变量? 答案是二者兼而有之. 一方面, Alexander 多项

第 8 章 Alexander 多项式:绳结理论

式远比其他那几个不变量强得多,但它并不完备. 已经证明了,所有那些交叉数少于 9 个的结,其多项式就是一个完全的不变量. 就是说,对那些交叉数等于或小于 8 的结,用这个多项式可以把它们完全区分开来. 遗憾的是,在那些交叉数大于 8 的结中已经找到那种具有相同的 Alexander 多项式,可是却是不同的结. 例如,图 15 所示的有 15 个交叉点的麻花卷结,它的 Alexander 多项式是 1——与非结的完全一样. 因此 Alexander 多项式无法将这两个很不相同的结区分开来. Alexander 多项式的另一个不足之处是,它不能将同一结的左手形式和其右手形式区分开来,例如在图 16 中所表示的三叶结的两个形式.

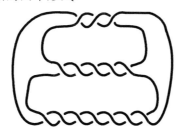

图 15　有 15 个交叉数的麻花卷结

图 16　左手和右手三叶结

纽结理论中的 Jones 多项式

尽管 Alexander 多项式还不是一个完全的不变量，但在差不多近 60 年的时间里，它一直是最有力的结不变量，直到 1984 年，加州大学的 Vaughn Jones 发现了一个更有力的多项式不变量. Jones 这个非凡的结果最令人感到惊讶的是，当他发现这个不变量时他甚至并不是在绳结理论这个领域内工作！相反，他当时正在研究在量子理论中出现的某种类型的 von Neumann 代数与辫子的数学理论之间的相互关系. 此外，差不多在同时，有另一群独立于 Jones 的数学家发现了更多的多项式不变量，它们包含了 Jones 多项式和 Alexander 多项式. Jones 这个新的多项式包含了两个变量，x 和 y，它们的幂次既可以为正，也可以为负. 对比而言，Alexander 多项式只含有一个变量 x 的正幂次，右手三叶结的 Jones 多项式是
$$-x^{-4}+x^{-2}y+x^{-2}y^{-1}$$
而左手三叶结的 Jones 多项式是
$$-x^{4}+x^{2}y+x^{2}y^{-1}$$
由于这两个多项式不一样，我们可以做这样的结论，图 16 中的左手和右手三叶结的确是不同的结. 遗憾的是，尽管用来计算这些新多项式的数学方法直截了当得足以编制成程序上计算机，但是要在本章中来讲它还是嫌太长，太专业化了. 不过，我们要指出，计算这个多项式所需要的时间随结中的交叉数成指数性的增长. 所以这就使得一个，譬如说，具有 30 或 40 个交叉数的结，不可能用计算机来验算. 是否有更快的算法存在着还是一个没有解决的问题. 有兴趣的读者可以参阅本书的参考文献以获得有关这一计算更多的信息.

遗憾的是，即使这些极为有力的多项式不变量仍

第8章 Alexander 多项式：绳结理论

然未能构成不变量的完全组. 可以证明有这样的绳结, 只看它们的交叉数就不等价, 但仍有相同的 Jones 多项式. 例如, 在图 17 中所示的两个结, 其中第一个结的交叉数是 8, 而另一个为 10, 但有相同的多项式

$(-x^{-4}-x^{-2}+2+x^2)+(x^{-4}+2x^{-2}-2-x^2)y^2+(-x^{-2}+1)y^4$

 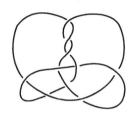

图 17　一个有 8 个交叉数的结, 和一个有 10 个交叉数的结, 它们有相同的 Jones 多项式

仅就三叶结来说, 这个多项式到底意味着什么？或者, 更一般地来讲, 对这个多项式, 我们能用该结的交叉、扭转、翻转这样一些概念再作出什么样的直观解释呢？回答是, 无人知晓. Joan Birmao, 哥伦比亚大学的一位一流的结理论家, 这样来描述这种局面："有计算这个多项式的一套程序, 而且这么多各不相同的证据都表明它的确与结的类型有关, 但是没人懂得它的几何含义……说来也真够惊人的, 任何一个这样的多项式居然能检测这么多不同的东西."

作为结和结不变量的纯理论与它们在世纪中的应用这二者之间的一个折中, 近年来人们一直在考虑如何来定义一个结的"能量", 想用它来同时表征一个数学结和这个结可能代表的打结的分子. 这个问题有点复杂和技术性较强, 不能在此深入讨论, 但它比较有趣, 也很重要, 我们将在 8.8 中详细地介绍.

8.6 与物质世界的联系

自然界的一切物质,除了吸血鬼以外,都有一个镜像. 特别是,组成生命机体的蛋白质的氨基酸以及构成细胞的 DNA 的核酸都是以左手和右手两种形式出现的,这两种形式尽管它们在化学上是完全一样的,就是说它们由完全相同的原子组成,但是由于它们在空间中"扭转"方向完全相反,它们的化学作用完全不同. 有意思的是,无论是对宇宙空间中的星云的观察,还是在地球上的化学实验里,这两种形式都自然地以差不多相等的比例出现. 但是地球上所有的生命形式无一例外的只用左手性的氨基酸来构成其蛋白质,而用右手性的核酸构成其基因物质. 这个令人困惑的事实会引起这样的后果,如果你生活在这样一个世界,那里的一切事物都是由右手性的蛋白质组成的话,那么你就会饿死,因为你体内的化学过程无法打破这种蛋白质而将它的能量提取出来,无论是大自然中的,还是人们所设计出来由分子所显示出的这种手性是如何由分子的扭转和翻转所构成的呢? 让我们来看看结论是如何讲解的.

化学家们在合成新药或者其他生化化合物时,对一个空间图(graph,即由空间中的直线所连接成的结)是否与它的镜像一致(即有手性的)这个问题特别关心. 我们可以设想这种图中的顶点(vertex)是某一分子中的一个原子,而将这个图的棱边(edge)设想为连接着两个原子的共价键. 就这样,一个空间图就是一个分子结构的模型. 不过要注意,即使一个分子能拓扑地形变为它的镜像,但也有可能无法通过在空间中的扭转和弯曲把实际的分子变为它的镜像,这是因为连接原子的键的刚性不允许这样做.因此,一个分子可能是拓扑上的手性的,但不是"化学上的手性的".然而,一个化学上是手性的分子一定在拓扑上是手性的.

在上个世纪的初期就曾有人试图创造出一个真正的分子,它具有一给定空间的结构.因为分析图的性质很容易,如果化学家能够构造一个真正的分子,它的结构和某个图的一样,那么它的性质也应该与之类似——至少在理论上说是如此的.在1970年,化学家D. M. Walba 成功地合成了一个分子,它的几何结构和Möbius 带的结构一样.这个分子由于有3个分子键,记为 M_3,如图 18(a)所示.这种分子的更一般的形式有 n 个.这种键,不只是3个,记为 M_n,如图 18(b)所示.在图中元素 a_i 代表分子中的原子,直线为连接各个原子的键.从几何上可以看到这里的键在空间扭转而形成了著名的单边的 Möbius 结构.

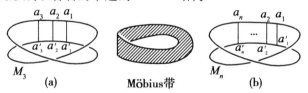

图 18　合成分子(a),(b)形如 Möbius 带

从化学的观点来看,M_n 和它的镜像 M_n^* 是一样的,所以我们可能猜想 M_n 是一个手性分子.结理论能够帮助我们解决这个猜测.我们有下述非常重要的结果:

Möbius 带定理　Möbius 带分子 M_n 在 $n \geq 4$ 时是

纽结理论中的 Jones 多项式

手性的. 但如果 $n=3$, 则不存在一个三维空间的、连续的、一对一的变换能够把 M_n 变成 M_n^*, 同时将每一条边 $a_ia'_i$ 映射到它的镜像边 $b_ib'_i$, 这里 $i=1,2,3$.

M_3 这个情况中问题出在, 为了保持棱边顺序不变, 我们要把构成 Möbius 带的"梯子"中的横档(线段 a_1—a'_1, a_2—a'_2, a_3—a'_3)与棱边(线段 a_1—a_2, a_2—a_3)区别开来. 一个从视觉上做到这一点的办法是, 将所有的横档涂成红色, 将所有的棱边涂成蓝色. 如果要求红色的横档变成红的横档, 蓝色的棱边也变成蓝色的棱边, 那么 M_3 也会是手性的.

上述 Walba 的结果表明, 可以合成打结的分子. 那么有各种不同图的分子又如何处理呢? 当然, 每个分子都可以用某个图来表示. 但是通常的图都是能画在平面上而无交叉的比较简单的那种(平面图). 能够找到非平面分子的地方是在金属族中. 金属的强度和刚性的根源是由于它们构成了一巨大的三维格子, 其中的每一个原子都与它所有的最近邻原子连接在一起.

在 1981 年, 化学家 Howard Simmons Ⅲ 和 Leo Paquette 各自独立地构造了用一叫作 K_5 的非平面图来表示的分子. 它们如图 19 所示, 其中白的圆圈代表氧原子, 而黑的圆点代表碳原子(Simmons-Paguette 分子也还有许多氢键, 在图中没有画出). 如果 K_5 分子中的所有棱边都一样, 则它就是拓扑上手性的. 然而, Simmons-Paguette K_5 分子有 3 种不同类型的棱边: CH_2—CH_2 链、CH_2O 链和 C—C 单键. 如果我们把这 3 种不同的棱边用不同的颜色来区别开, 就如我们在 Möbius 带分子中所做的那样, 则可以证明, 这个分子也是拓扑上手性的.

第 8 章　Alexander 多项式:绳结理论

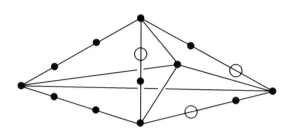

图 19　Simmons-Paguette 非共面分子

最后,作为我们对结讨论的结束,我们再回过头来更详细地考察一下它们与我们在生物中所遇到的纠缠的分子结构有什么关系.

8.7　一切都纠缠到一起了

在 1962 年,剑桥大学的 James Watson 和 Francis Crick 因为他们发现了著名的 DNA 分子的双螺旋结构(见图 10)而获得了 Nobel 医学奖.这一发现促成了在过去的几十年对分子生物学的狂热研究——这一研究把结理论家们推到了能够实打实地写下创造人类的"程序"的大门口.

如图 10 所示,一个 DNA 分子可以看成是两股线相互绞成双螺旋的几何形状.分子还可以取环形,从而使它有可能纠缠起来,甚至打成结.更为有趣的是,有时 DNA 分子会断开,而在断开的状态下它会发生化学变化,然后再结合成一个新的结构.设想分子是个结,这个断开又复合的过程强烈地让我们想起为解开一个结所经历的那些 Reidemeister 步骤(只不过在结理论中我们不允许用切断的办法来把一个结变成一个更简单的结).所以让我对这一研究 DNA 的拓扑方法来一次走马观花吧!

DNA 一个数学模型通常是设想为一条细长的狭带或条带 B,如在图 20 中所描绘的两种结构. 条带 B 的两条边缘曲线 C_1 和 C_2 代表两股分子. 如果我们在构成这一股的轴线的中心曲线上选一个方向(一个定向),那么构成 B 的边缘的曲线上也就诱导有类似的方向,故封闭曲线 C_1 和 C_2 中的每一条都是一个结,我们可以把这一对曲线合在一起看成是结理论家们所说的环链(link). 直观上来看,这不过是两个结缠在了一起. 因此,如果我们不是拿一根,而是拿好几根线,把它们的端相互粘起来,我们就得到了环链.

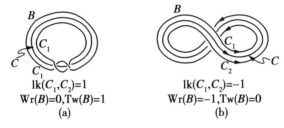

图 20 DNA 分子的两个几何模型

一旦我们在结 K 上规定了一个定向,我们就可以定义环绕数(linking number). 我们还记得定向会给结图中的每一交叉点一个"$+1$"或者"-1"的符号(sign). 如果 sign c_i 表示第 i 个交叉点的符号,则将 K 的环绕数定义为

$$\mathrm{Lk}(K) = [\,\mathrm{sign}\, c_1 + \mathrm{sign}\, c_2 + \cdots + \mathrm{sign}\, c_n\,]/2$$

所以 $\mathrm{Lk}(K)$(粗略地)度量了结 K "缠绕" 的程度有多大. 环绕数是一个结不变量.

环绕数在认识 DNA 的结构上非常重要. 例如,如

第 8 章 Alexander 多项式:绳结理论

果我们减小双螺旋结构的环绕数,其效果就是相当于取消某些将分子结合在一起的化学键,从而使分子扭转和卷起来.在自然界中,通过拓扑异构酶对分子的作用就可以做到这一点.

在图 20 中还可以看到其他的不变量.例如,DNA 带 B 沿其轴线所具有的扭转次数称为扭转数(twisting number),记为 $\text{Tw}(B)$.而如果我们将一个在各个方向上投影的交叉点上的符号取平均,就得到所谓的拧转数(Writhing number)$\text{Wr}(B)$,它是一个结弯出平面程度的度量,应该指出,尽管在将带 B 看成是空间中的二维曲面时这些都是不变量,但却不是表示 DNA 分子的一维曲线的不变量.这 3 个不变量——环绕数、扭转数和拧转数——由下述的规则相互联系

$$\text{Lk}(B) = \text{Tw}(B) + \text{Wr}(B)$$

DNA 分子以下述方式改变它的环绕数.首先,有 DNA 中的一股在某个地方被切断.然后 DNA 的某一段通过这个切点.最后,DNA 自己再重新连接起来.有趣的是,在 1970 年代发现了一种单一酶,拓扑异构体酶,它能同时起切断和重新连接 DNA 的作用.这种拓扑异构体酶作用的效果就是,或者将 DNA 分子的一片转移到自身的另一个地方,或者将一外来 DNA 的片断加入到该 DNA 中去.这两种情况都会有基因的改变.

这种定位复合相当容易说明.首先,同一或不同的 DNA 分子中的两点拉到一块.然后拓扑异构体酶开始工作,导致 DNA 分子在它们相互靠近的地方被切断.切开的两端头又重新复合起来,但复合后的样式和原来已经不一样了.如图 21 所示为这种复合过程的一个简单例子.图中从(a)到(b)之前的过程就是把这两部

分拉到一块的过程. 这就是所谓的扭转过程. 然后在图(b)中拓扑异构体酶发挥作用,形成了一复合体. 我们可以把酶在分子中所作用的部分规定一定向. (这部分在图(b)中的一个圆内)最后酶又再把它们粘回去,形成一个复合结,如图(c)所示. 由此可见,在研究结的性质所发展起来的一套工具就可以用来对分子的结构作详细分析,同时也使我们对 DNA 复合过程有更深入地认识. 由于再谈下去很快就会变得技术性相当强,我们建议读者去参考本书所引用的文献以便了解更多的细节.

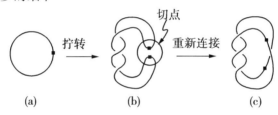

图 21　DNA 分子的定位复合

8.8　结与能

考察一条被花园中浇水用的软管套起来的绳结. 打开水龙头让水流经过这条软管,测量这水流的能量. 这个基本思想就得出了 H. K. Moffatt 所谓的结的"能谱". 结果发现这是结的又一个不变量,是一个与许多不同的物理对象(如 DNA 分子,聚合物和等离子体等)的最终位形(configuration)有密切联系的不变量. 既然有这么广泛的可能的应用,那值得花点力气来讨论一下这个不变量是怎么计算的,以及它的意义何在.

第 8 章　Alexander 多项式：绳结理论

确定一个结 K 的能谱大致有这么 3 步. 首先我们构造一个结场，它表明了水流的方向. 这个场是局限于套着结的软管之内的. 这个场有一完全确定的能量，于是就有了第 2 步. 这一步包括令结以及与之相联系的场放松，以达到最小能量位形. 我们是通过让软管的直径不断地逐渐放大来达到这一点的. 然而，这个膨胀过程必须做得非常小心，以保证不致使最终位形具有的能量变为零. 这种情况很容易发生，譬如，只要把场标定到零就成. 当软管的直径膨胀到它的不同部分碰到一起时就要立即停止.

Maffatt 过程的第 3 步，也是最后一步就认识到极小能量位形不止一个. 这是因为我们在构造结场时是从一个具体的结图出发的，而如果结相当复杂，那就可能（甚至很有可能）在从同一结的另一个结图出发会得出不同的极小能量位形. 如令 m_i 表示第 i 个极小能量位形的能量，那么 Maffatt 证明了，这第 i 个结图的极小能量为

$$E_i = m_i \Phi^2 V^{-1/3}$$

公式中 Φ 为流动流体的流量，V 为软管的横截的体积元.

量 m_i 是一个无量纲的数，仅取决于结的拓扑，根据其构造过程它是一个拓扑不变量，那么结 K 的能谱就是数列 $0 \leq m_0 \leq m_1 \leq m_2 \cdots$. 真正最小的能量 m_0 就是这个结的基本能量. 不过，要注意 m_0 本身还不足以完全表征结，要完全表征结需要整个数列.

为了说明这个能谱概念，我们在图 22 中画出了三叶结的两个不同的表示：图中左边画的是那个结套在软管中的图，图中右边画的是包围着结的软管的膨胀，而结本身画成软管中的虚线. 在该图中我们还指出

了软管的长度 L 以及断面面积 A 分别与体积元的 $1/3$ 次幂和 $2/3$ 次幂成正比. 图 22 中上部画的是三叶结的标准表示,它的 $m = m_0$,下面画的是一个几何上更复杂的三叶结的表示,有人猜测它有 $m = m_1 > m_0$,但至今无人真正证明的确是这样.

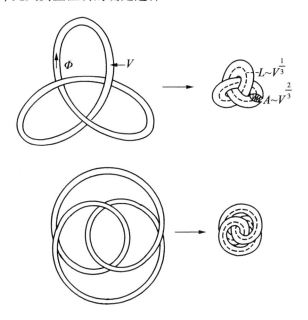

图 22 套在软管中的三叶结的两种不同的表示

利用结能量的另一种定义,Bryson、Freedman、He 和 Wang 证明了有关交叉数和解结数方面的几个极其有趣而又重要的结果. 他们对一条曲线 σ 的能量定义如下

$$E(\sigma) = \iint \left\{ \frac{1}{|\sigma(t) - \sigma(s)|} - \frac{1}{D(\sigma(t), \sigma(s))^2} \right\} \cdot |\dot{\sigma}(t)| |\dot{\sigma}(s)| \mathrm{d}t \mathrm{d}s$$

第 8 章　Alexander 多项式:绳结理论

式中 $D(\sigma(t),\sigma(s))$ 是曲线上两点 $\sigma(t)$ 与 $\sigma(s)$ 之间的最短距离. 把结设想为 $\mathbf{R}^3$ 中的一条闭曲线,这个定义将使极小能量的结为一圆周,即为非结. 此外,我们在本章中研究的一类多边形结,其交叉数有上限:$(E(K)-4)/2\pi$.

辫子和环链理论的最新进展[①]

第 9 章

本章是关于辫子理论和三维球面中环链的几何,以及它们之间的新联系. 我们特别感兴趣的,是在 1984 年,Vaughan Jones 发现的一族环链型的多项式不变量及其最近的推广. 在 1984 年,三维空间中可定向环链的、新的强有力且易于计算的不变量的发现,是令人非常惊奇的. 过硬的工作已经通过似乎完全不相关的 Von Neumann 代数完成. 首先由 Jones,以后由其他人所给出的新不变量的拓扑不变性的证明,本质上并没有给出这新工具的几何意义. 当我们认识到, Jones 的环链多项式以令人迷惑的方式与物理学领域相关联,而以前却没有任何迹象表明环链或纽结与它相关,这种惊奇更加深了. 从事(量子)Yang-Baxer 方程研究的物理学家,虽然他们不知道 Yang-Baxer 方程以何种方式与环链理论

[①] 原题:Recent Developments in Braid and Link Theory. 译自 The Mathematical Intelligencer,13:10(1991),52-60.

第9章 辫子和环链理论的最新进展

相联系,但似乎却为大量计算环链多项式准备好工具,好像人们需要新的不变量去区分这些多项式不变量似的. 新的多项式不变量全都是拓扑学家所不了解的. 最近,进行了把 S_3 中的环链新不变量推广为闭三维流形以及环链在三维流形中的补集的新不变量的可喜尝试.

Emil Artin 在 1925 年引进辫子群. Artin 研究它们的动机是:编辫和打结之间存在着有趣的联系. 尽管辫子群有明显的本身趣味. 但在 1984 年以前,它们对纽结理论并没有提供什么新东西. 直到 1984 年才变得很清楚,某些种类的辫子的存在,正好把纽结理论,算子代数以及众多的有关物理领域串在一起. 这就是本章所要探索的主题. 整个事情的认识只是刚刚开始,它肯定蕴涵着深刻和深远的意义.

9.1 环链和闭辫子

一个环链 K 是有限多个两两不变的可定向的圆周在定向的三维欧氏空间 $\mathbf{R}^3$ 或 3 维球面 S^3 中的嵌入. 如果 K 仅包含一个嵌入的圆周就称为纽结. 我们只考虑逐段线性,或(等价地)光滑嵌入的情形,以避免那些具有病态的局部性质的环链. 环链 K 和 K' 决定同一个环链型,假如定向的环链 K 能被 S^3 中的同痕形变成 K' 上. 与 K 具有相同的环链型的所有环链的等价类记为 $\mathcal{K}$.

在图 1 所示的 9 个例中,它们决定的环链型少于 9 个. 我们怎样区分? 这个问题就是打结问题. 这是一个麻烦问题,每位企图理顺乱麻的人都知道,判断"没

纽结理论中的 Jones 多项式

有结"这个特殊情形都很难. 似乎没有系统的方法来解决这一问题.

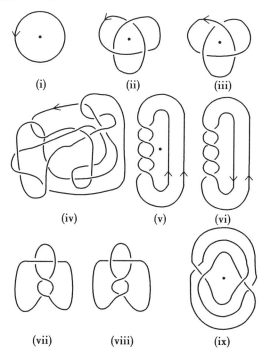

图 1　粗结和环链的例子

在快要进入 20 世纪之时, 有一些物理学家极热衷于这一问题. 著名的 Kelvin 勋爵和 Peter Guthrie Tait 认为, 在周期表上排不同的元素可能会与在空间打结有关联, 他们的想法导致了收集大量的、估计会有不同的环链型的实验数据表, 这个表是按照在一个平面上的投影的重点个数来排列的. 很明显, 这些早期的工作需要极大的耐心和大量使用橡皮擦. 其目的是通过收集这些数据, 使可计算的环链型不变量能展示出来, 然

第9章 辫子和环链理论的最新进展

而让他们失望的是,这种展示并没有发生.但是,这些图表具有另外两个同样重要的作用.首先,它们给出了令人信服的证据,表明环链问题的麻烦性.第二,它们为后来的更复杂的研究提供了丰富的例子.这些表现在还在使用,而且对这个领域的所有工作产生了强烈影响.我们能看到它们的各种优美之处,而且令人惊奇的是,他们只作很少的修正后,便出现在现行的关于这主题的研究生水平的教程中,图2给出了有10个交叉点的纽结图表的样本.

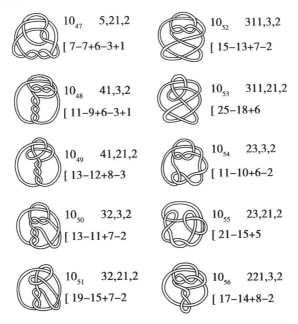

图2 从纽结表上取出的一个样本

面对有太多不同的方式表示一个环链型这一问题,人们试图增加额外构造来减少代表的个数. James

纽结理论中的Jones多项式

Alexander 在 1923 年就是这样做的. 他的贡献对纽结理论来说是非常重要的,所以我们停下来描述它. 令 K 为一纽结或环链 - 型,令 K 是它的一个以 $\mathbf{R}^3$ 中的柱坐标 (r,θ,z), $r \neq 0$, 为参数的代表,设 t 表示 K 上的弧长,代表 K 称为闭 n - 辫子. 如果在 K 上的所有点 $d\theta/dt > 0$, 整数 n 为 K 与通过 z - 轴的一个半平面的交点个数(该数必须不依赖于半平面的选取). 那么 z - 轴 A 就是链轴. 图 1(i) ~ (iii), (v) 和 (ix) 是一些例子, 辫轴与这张纸所在平面正交,且它们的交点用一黑点表示.

定理 1 每个环链型均可由一闭辫子代表.

证明 如果 K 还不是一个闭辫子,我们证明怎样变化而得到闭辫子. 假设 K 为多边形(可能要作小的形变)是方便的,它的边为 $e_1, \cdots, e_m$, 且在每条边的内点上 $d\theta/dt \neq 0$. 如果在边 e_i 上 $d\theta/dt < 0$, 我们就把边 e_i 称为不好的. 如果需要的话,我们把不好的边进行重分, 使得每个不好的边是一个平面三角形 τ_i 的一边, 且 $K \cap \tau_i = e_i$, $A \cap \tau_i$ 恰好只有一点,我们可以用 $\partial \tau_i - e_i$ 来代替 e_i 以便除去不好的边. 在经过有限次这种替换之后,我们将得到 K 的一个闭辫子代表.

闭辫子对读者可能产生的下述问题提供了直接的答案. 例如,我们怎样用电话来向另一个城市的同事描述一个令人喜欢的环链. 为了描述闭辫子的一个代表 K, 我们令 $\pi: \mathbf{R}^3 \rightarrow \mathbf{R}^2$ 为到平面 $z = 0$ 的正交投影. 我们可以假设(如果必要的话,作一个小的同痕) $\pi | K$ 的奇点最多只有有限个横截的重点,比如说在

$$\theta = \theta_1 < \theta_2 \cdots < \theta_k$$

K 与由 $\theta = \theta_j - \varepsilon$ (ε 很小且不为 0) 所定义的半平面

第9章 辫子和环链理论的最新进展

$H(\theta)$ 相交于 n 点,这 n 个点有不同的 r - 坐标
$$r_1(\theta) < r_2(\theta) < \cdots < r_n(\theta)$$
因此,在第 j 个重点 θ_j 上,有唯一一对 $r_j(\theta)$ 和 $r_{i+1}(\theta)$ 的 r - 顺序互换,我们根据 $r_i(\theta_j)$ 的 z - 坐标大于(或小于) $r_{i+1}(\theta_j)$ 的 z - 坐标,给第 j 个重点指定一符号 σ_i (相应地, σ_{i-1}),用这种方式我们得到长度为 k ,符号为 $\sigma_1,\cdots,\sigma_{n-1}$ 及其逆的循环词,我们就用来描述作为可定向的闭辫子 K. 这个词,通过电话传达,将会给我们的朋友准确的指示,去重新构造作为闭辫子 K 的图像. 同时,这也说明了所有环链型之集是可数的.

9.2 辫子群

闭辫子以如下的方式自然导致开辫子:把 $\mathbf{R}^3 \setminus A$ 沿着任意一个半平面 $H(\theta)$ 切开,就得到一个开的实心圆柱 $D \times I$ 中的 n 个无交弧的并. 它们与每个圆盘 $D \times \{t\}$ 交于 n 个点. 这些弧的并是一(开)辫子. 由环链的等价关系诱导出开辫子上的等价关系,图 3 显示了与图 1(ix) 中的闭辫子相应的开辫子. 现在可以进一步标准化:我们在 D 中选取 n 个不同的点 $z^0 = (z_1,\cdots,z_n)$,且不失一般性,可以假设辫子弧的起点(相应地,终点)在 $z^0 \times \{0\}$ (相应地, $z^0 \times \{1\}$). 辫子的这种描述使我们可以对两个 n - 辫子,以某种方式作"乘积",即把相联的两个 $D \times I$ 连接起来,把第一个的 $D \times \{1\}$ 与第二个的 $D \times \{0\}$ 叠合,然后重新定坐标. 可以看出这乘积为结合的. 而且 $z^0 \times I$ 代表单位元,每个辫子通过 $D \times \{1\}$ 作反射得到它的逆. 简言之, n - 辫子形成一个群,即 n - 串辫子群 B_n ,它是由 Artin 在

纽结理论中的 Jones 多项式

1925 年发现的.

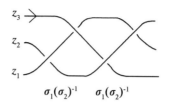

图 3 一个开辫子

我们现在证明有个漂亮的且简单的方法来定义群 B_n. 这个定义一举多得，它既能使我们已经描述过的更准确，又能显示出 B_n 的构造，并易于推广及应用. 为此，我们定义流形 M 的共形空间 $\sum_n(M) = \{(z_1,\cdots, z_n)|z_i \in M$ 且 $z_i \neq z_j,$ 若 $i \neq j\}$. 注意，尽管 $\sum_n(M)$ 的维数为 n 与 M 的维数的乘积，我们可以把 $\sum_n(M)$ 当做在同一个 M 上的 n 个不同点所构成的集合. 现在，置换群 S_n 自由作用于 $\sum_n(M)$，该作用为坐标转换，从而我们可以定义另一个且与 $\sum_n(M)$ 紧密联系的轨道空间 $\Omega_n(M) = \sum_n(M)/S_n$. Fadell 和 Neuwirth 处理辫子群 B_n 的新方法是，把 B_n 当做基本群 $\pi_1(\Omega_n(D), z^0)$，还有一个着色的辫子群 $P_n = \pi_1(\sum_n(D), z^0)$，这样叫是由于可以对 n 串线中的每条赋予一颜色，这个颜色在群的乘积作用下是保持的.

我们能以如下方式重新得到 B_n 的前述直观定义：一元素 $B \in \pi_1(\Omega_n(D), z^0)$ 是由空间 $\Omega_n(D)$ 中以 z^0 为基点的一条回路代表，等价地，也就是 n 个坐标函数 $B_0,\cdots,B_n$，它们的图是 $D \times I$ 中的 n 条连接 $z^0 \times \{0\}$ 到 $z^0 \times \{1\}$ 的 n 条弧. 这些弧与每个中间平面 $D \times \{t\}$ 恰交于 n 个不同的点. 我们用 Ω_n 而不是 $\sum_n$ 这个事实，是

允许第 i 串线可以从 z_i 开始而终止于其他的 z_j. B_n 中元素的各种各样的几何代表的等价关系,就是在共形空间中的同伦关系. 这意味着辫子串可以用任意的保水平线的形变来变形,只是两串不能相互穿过. 当然,这就是纽结和环链现象的本质.

9.3　B_n 的代数结构

我们说过要揭示 B_n 的构造,现在就来做. 首先注意到 Σ_n 是 Ω_n 的(正则)覆叠空间,S_n 为它的覆叠变换群. 这马上显示出 P_n 为 B_n 的正规子群,商群为 S_n;等价地,我们有短正合序列

$$\{1\} \to P_n \to B_n \to S_n \to \{1\} \qquad (1)$$

我们说其间有更多的东西. 去掉最后一个坐标,有一自然映射 $f_n: \Sigma_n \to \Sigma_{n-1}$,直接构造(试把它作为练习)可以证明 Σ_n 是底空间 Σ_{n-1} 上的纤维空间,投影为 f_n,纤维为 $D \setminus (z_1, \cdots, z_{n-1})$,即平面 D 上刺穿 $n-1$ 个孔的空间. 后者的群为秩是 $n-1$ 的自由群 F_{n-1}. 对该纤维化的长同伦正合列的进一步研究会得到:在我们已经确定的群,即 F_{n-1},P_n 和 P_{n-1} 的前面和后面的所有群为平凡的. 因此,我们得到一短正合列

$$\{1\} \to F_{n-1} \to P_n \to P_{n-1} \to \{1\} \qquad (2)$$

进一步,很清楚,P_{n-1} 可以作为 P_n 的一个子群,它就是前 $n-1$ 串所成的纯粹辫子. 事实上,式(2)这个短正合列为分裂的,也就是说,P_n 为 F_{n-1} 和 P_{n-1} 的半直积.

我们能对 P_{n-1} 作刚刚描述过的分解过程,且可以一直进行到 P_2,P_2 与无限循环群 F_1 同构. 用这种方法,我们知道,P_n 由自由群 F_{n-1},F_{n-2},$\cdots$,F_1 通过一系

列的半直积构造得出. 一个纯粹 4 – 辫子,它为 F_3,F_2 和 F_1 的积,在图 4 中给出. 这里要点是每一个纯粹辫子允许唯一一个这种形式的因子分解.

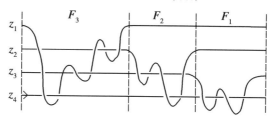

图 4　一个纯粹 4 – 辫子的分解

对我们刚刚描述的方法再加点工,就得到 B_n 的一个表现,其生成元是早先描述过的基本辫子 $\sigma_1,\cdots,\sigma_{n-1}$,可以证明定义关系为

$$\sigma_i\sigma_j = \sigma_j\sigma_i \qquad 若|i-j|>1 \qquad (3)$$
$$\sigma_i\sigma_j\sigma_i = \sigma_j\sigma_i\sigma_j \qquad 若|i-j|=1 \qquad (4)$$

这些关系在图 5 中表示出来.

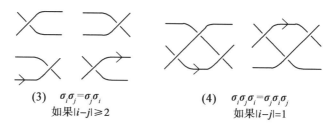

图 5　辫子群的定义关系

我们作最后一个评注,在纽结和环链理论中,有两种特别令人感兴趣的对称性,而且从辫子的观点看它们有简单的意义. 第一个为变换 K 的定向,第二个为变换所在空间 S^3 的定向. 假如 K 为 n – 辫子 B 的闭

包，B 可表为生成元 $\sigma_1, \sigma_2, \cdots, \sigma_{n-1}$ 的一字，变换 K 的定向对应于倒读这个辫子字，而变换 S^3 的定向对应于把 σ_i 换为 a_i^{-1}，因此，把辫子字用它的逆来替换，对应于同时变换 K 和 S^3 的定向.

9.4　Markov 定理

Markov 定理考虑这样的关系：在各种各样的（开）辫子中，它们的闭包决定同一个可定向的环链型. 在我们进行这个重要定理讨论之前，先回到上述概念不太严格的环链图. 令 D 和 D' 为定向环链图，称 D 和 D' 为 Reidemeister 等价，如果它们决定相同的环链型.（参看图 6）注意，关系（4）为 R–Ⅲ 的特殊情形，B_n 中的"自由度减少"本质上就是 R–Ⅱ.

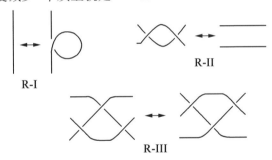

图 6　Reidemeister 运动

定理 2　Reidemeister 等价由图 6 中所示的三个运动 R–Ⅰ,R–Ⅱ,R–Ⅲ 所生成.

稍作试验（或者基于用多边形代表的证明）应使读者相信定理 2 的合理性. 该证明非常类似于我们在定理 1 的证明所给的概要，即从一个环链的两个多边形代表入手,且假设它们在一有限运动后等价. 每个运动是用一个平面三角形的一边代替两边,或两边代替一边.

现在,我们将看到 Markov 定理与 Reidemeister 定理很相似,其差别是所讨论的图为闭辫子,其等价关系用一系列闭辫子图来完成. 由于这些要求,证明更困难了,为了陈述该定理,令 B_∞ 表示辫群 $B_1, B_2, \cdots$ 的无交并. 我们称 $\beta \in B_n$ 和 $\beta' \in B_m$ 为 Markov 等价,如果它们决定的闭辫子有相同的定向环链型.

定理 3 Markov 等价由以下的步骤生成:

(i) 共轭;

(ii) 映射 $\mu^\pm : B_k \to B_{k+1}$,其定义为 $\beta \mapsto \beta \sigma_k^{\pm 1}$.

定理 3 是 Markov 在 1935 年宣布的,并且给出了证明梗概.

Markov 定理有一直接结果. 函数 $f: B_\infty \to K$,这里 K 为环,称为 Markov 迹,如果它在每个 B_k 上为类不变的且满足 $f(\beta) = f(\mu^+(\beta)) = f(\mu^-(\beta))$,对所有 $\beta \in B_k$. 下面的 Markov 定理的推论是直接的.

推论 任何 Markov 迹为环链不变量.

事实上,大多数环链型不变量均可解释为 B_∞ 上的 Markov 迹.

9.5 对称群和辫子群

直接处理 B_∞ 中的 Markov 等价是极端困难的,但我们有可能企望通过 B_n 的商群作些东西. 由于上面的短正合序列(1),合乎逻辑的一步是,我们可以从对称群 $S_1, S_2, S_3, \cdots$ 开始. 令 $\pi: B_n \to S_n$ 为正合列(1)中所

纽结理论中的Jones多项式

生活

生活中的纽结
The knot in life

　　生活中有很多纽结，水手打的结、马夫打的结、中国古典服饰上的纽扣等等，甚至立交桥在我们看来也是插在地上的一个纽结。

纽结理论中的Jones多项式

艺术　艺术作品中的纽结
Knot in the works if art

伟大的荷兰艺术家埃舍尔（M.C.Escher）一生创作了许多具有深刻科学思想的版画，其中不乏对拓扑几何结构的思考。上图为埃舍尔的作品《莫比乌斯带》，其实是一个三叶结。

第 9 章　辫子和环链理论的最新进展

定义的同态,存在着一个明显的可以通过 n 来分解的 Markov 迹,即令 $f(\beta)$ 等于 $\pi(\beta)$ 中循环的个数.它所决定的环链型不变量为分支的个数.

由于受成功的鼓舞,我们透过表示论来寻求更微妙的不变量.一个引人注目的现象出现了.为了在非平凡情形来描述它,我们首先注意,群 S_n 由对换 $s_i = (i, i+1)(i=1,\cdots,n-1)$ 生成,且这些生成元有以下定义关系

$$s_i s_j = s_j s_i \quad \text{若} |i-j| > 1 \tag{5}$$

$$s_i s_j s_i = s_j s_i s_j \quad \text{若} |i-j| = 1 \tag{6}$$

$$s_i^2 = 1 \quad i = 1,\cdots,n-1 \tag{7}$$

由于关系(3)~(7)的相似性,我们当然会问 B_n 的表示怎样与 s_n 的表示联系起来.我们考察一例子,S_n 有一个整数上的 $(n+1) \times (n+1)$ 维矩阵表示,即把 s_i 映到矩阵 s_i,s_i 在第 i 行第 $i-1,i,i+1$ 个数由 $(0,1,0)$ 换为 $(1,-1,1)$,而其他元素与单位矩阵一样.令 t 为接近于 1 的实数.我们通过将这三个元素变为 $(t,-t,1)$ 或 $(1,-t^{-1},t^{-1})$,就能"形变"刚得到的表示.这两种选择给出形变矩阵 $S_i(t)$ 或它的逆.稍作计算知道 $S_i(t)$ 满足关系(5)和(6),但不满足(7);事实上,如果 $t \neq 1$,$S_i(t)$ 有无穷阶.由于 B_n 的定义关系由(3),(4)给出,形变矩阵给出了 B_n 的一个单参数 $n+1$ 维表示,换一种说法就是,我们可以把他们看做 B_n 的、元素取自环 $\mathbf{Z}[t,t^{-1}]$ 的矩阵表示.

把矩阵的行和列标上 $0,1,\cdots,n$.我们的表示显然是可约的,因为每个 $S_i(t)$ 的第 0 行和第 n 行为单位向量.去掉第 0 个和第 n 个行和列所得的矩阵乘积独立于所剩下的元素,因此,产生一 $(n-1)$ 维表示 $\rho_n:B_n \to$

纽结理论中的 Jones 多项式

$M_{n-1}(\mathbf{Z}[t,t^{-1}])$. 它是不可约的, 因为令 $t=1$ 所得到的 S_n 的表示为不可约的.

表示 ρ_n 由 Werner Burau 在 1938 年发现, 从此成为深入细致的研究对象. 它们产生了由以下公式定义的 Markov 迹 $\Delta: B_n \to \mathbf{Z}[t,t^{-1}]$ 则

$$\Delta_\beta(t) = \frac{t^{n-1-\omega(\beta)}\det(1-\rho_n(\beta))}{1+t+t^2+\cdots+t^{n-1}} \quad (8)$$

这里 $\Delta_\beta(t)$ 是由 $\beta \in B_n$ 的象 $\rho_n(\beta)$ 所决定的 t 的 Laurent 多项式, 且 $\omega(\beta)$ 为把 β 写成 σ_i 的乘积后的指数和. 不变量 $\Delta_\beta(t)$ 为由闭辫子所决定的环链的 Alexander 多项式. (然而, Alexander 最初的方法与辫子毫无关系) 为了明白它确实为 Markov 迹, 我们必须证明, 它在定理 3 中所描述的两种改变下为不变的. 关系(3)的不变性是直接的, 因为特征多项式 $\rho_n(\beta)$ 为类不变的. 同样 $\omega(\beta)$ 在辫子关系(3),(4) 和共轭下为不变的.

我们把一个特别的 S_n 的矩阵表示, 形变为一参数族的 B_n 表示, 这个事实并不是一孤立现象. 实际上, 有许多类似现象存在. S_n 的不可约表示是熟知的. 它们可用 Young 图来分类, 而且能够由所有元素为 0 和 1 的矩阵来给出. 每一个 S_n 的不可约表示形变到 B_n 的一参数族的不可约表示. 事实上, 整个 S_n 的群代数形变到 H_n (对称群的 Hecke 代数), 而 H_n 正好是 B_n 的群代数的商. 代数 H_n 提供一个 Markov 迹所决定的环链不变量就是"Homfly"或 2 - 变量的 Jones 多项式.

事情并没有至此为止. Kauffman 还发现了另外的空向环链型的 2 - 变量多项式不变量, 它与我们刚刚描述过的多项式无关. 不同于 1 - 变量的 Jones 多项式, Kauffman 多项式纯粹由组合技巧得到, 而且初看上

去与辫子完全无关.且提供一 2-参数族 Markov 迹,与它相应的环链不变量为 Kauffman 多项式.每个 W_n 包含 H_n 为其一直和项,且定义 Homfly 多项式的 Markov 迹,就是由定义 Kauffman 多项式的 Markov 迹在 H_n 上的限制.此外,正如 H_n 为 CS_n 的形变,W_n 为复群代数 CS_n 的推广的形变.

如果 S_n 的不可约表示限制在最多只有两行的 Young 图所对应的表示,则所得到的形变代数为 Jones 代数 A_n.我们来总结一下,令 R_n 表示由 Burau 矩阵所生成的代数(在复数上),由于 R_n 作为 A_n 的一个不可约直和项,我们有一列代数同态

$$CB_n \to W_n \to H_n \to A_n \to R_n \to S_n \quad (9)$$

每个代数提供一个 Markov 迹,因此决定一个环链型不变量.用这种方法,新旧环链不变量的统一描述出现了,在这描述中,B_n 的表示论扮演了一个重要的角色.

9.6 组合与环链论

在弄清了从 Markov 迹所产生的新环链不变量的关系以后,1-变量 Jones 多项式作为一最简单的例子,在新多项式中间扮演了很特别的角色.我们转向 Kauffman 的工作,那里给出一异常简单的 Jones 多项式为定向的 S^3 中的定向环链型不变量的证明.同时,它也告诉我们怎样从环链图去计算 Jones 多项式.

Kauffman 的工作从 Reidemeister 定理开始,即我们叙述的定理 2.我们在图 6 所表示的环链图的变化是型为 Ⅰ,Ⅱ 和 Ⅲ 的 Reidemeister 运动.Kauffman 的方法是用 Reidemeister 运动推断出 Jones 多项式的存在

纽结理论中的 Jones 多项式

性和不变性. 我们从一个记为 K 的图的定向环链开始. 一般地, 我们的图并不是辫子图. 这个图决定一个代数交叉数 $\omega(K)$, 符号法则在图 7(a) 中给出. Kauffman 方式的 Jones 多项式取这种形式

$$F_K(a) = (-a)^{-3\omega(K)} <K> \qquad (10)$$

这里 $<K>$ 是变量为 a 的多项式, 它将从不考虑定向的环链图中算出. 它就是"括号多项式".

我们描述 Kauffman 计算 $<K>$ 的方法. 它依赖于 Jones 多项式已知的性质. 令 O 表示平面上的简单闭曲线. 令 $K \cup O$ 为非空图 K 与图 O 的无交并. 考虑 4 个环链全由没有定向的环链图定义, 这 4 个图除了在一个交叉点的附近外, 这些图表均一样, 在这点附近, 它们的形状表示在图 7(b) 中. 我们称这 4 个图为 K_1, K_2, K_3, K_4. 一般地, 它们决定 4 个不同的环链型. 用来刻画 $F_k(a)$ 的性质是

$$<O> = 1 \qquad (P_1)$$
$$<K \cup O> = (-a^2 - a^{-2}) <K> \qquad (P_2)$$
$$<K_1> = a^{-1} <K_3> + a <K_4> \qquad (P_3)$$
$$<K_2> = a <K_3> + a^{-1} <K_4> \qquad (P_3')$$

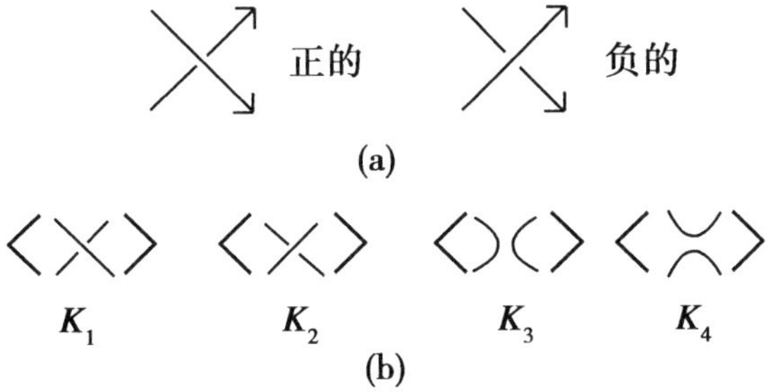

图 7(a) 带符号的叉点, (b) 四个相关的环链图

第9章 辫子和环链理论的最新进展

注意(P_3)隐含(P_3'),因为假如我们把这些图像按顺时针方向旋转$90°$,则我们互换K_1和K_2,K_3和K_4,如果这些图是定向的,则这是不对的.

因为重复应用(P_3)和(P_3')产生无交叉点的图,因此,它只能是一些不相交的圆周的并集,$<K>$对所有的环链图都是确定的,它是不定元a的一个整系数的 Laurent 多项式. 而且,若K有r个交叉点,则$<K>$为2^r项的和. 我们用两个例子来说明这一点.

例 1 令K是一个有r-分支的"平凡环链",即能表示为r个平面上的圆周的无交并的环链. 用$r-1$次(P_2),我们得到$F_k(a) = (-a^2 - a^{-2})^{r-1} <O>$. 因此,从($P_1$)我们得到$r$-分支的平凡环链的多项式为$(-a^2 - a^{-2})^{r-1}$.

例 2 (更复杂)我们计算早先在图 1(ii)中所示的三叶瓣纽结的多项式. 对计算步骤,参见图 8,它是重复地使用式(P_3)和(P_3'). 假如能够证明$F_K(a)$只依赖于K,那么我们将证明这个三叶瓣纽结不等价于平凡纽结. 很幸运,根据定理 2,有一个很容易的方法.

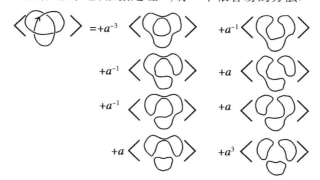

$F_K(a) = -a^9(-a^{-5} - a^3 + a^7) = a^4 + a^{12} - a^{16}$

图 8 三叶瓣的 Kauffman 型的 Jones 多项式

用图表可以证明 $F_K(a)$ 在 R - Ⅱ 作用下为不变的,参看图 9. 我们把在 R - Ⅰ 和 R - Ⅲ 作用下的,不变性证明作为一个简单练习留给不倦的读者.

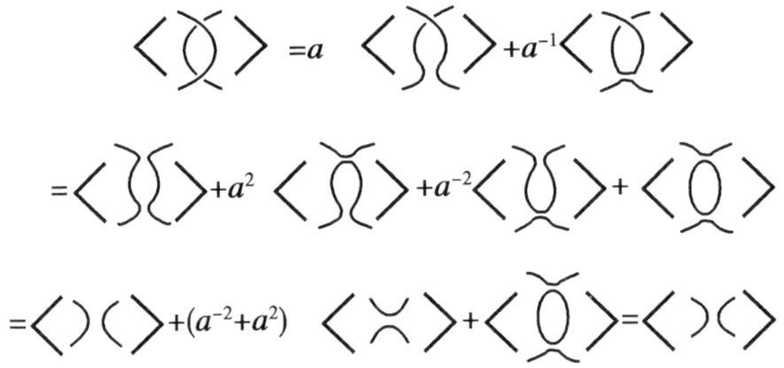

$$\langle \text{〇} \rangle = a \langle \text{)(} \rangle + a^{-1} \langle \text{○} \rangle$$

$$= \langle \text{)(} \rangle + a^2 \langle \text{○} \rangle + a^{-2} \langle \text{○} \rangle + \langle \text{○} \rangle$$

$$= \langle \text{)(} \rangle + (a^{-2}+a^2) \langle \text{⌣} \rangle + \langle \text{○} \rangle = \langle \text{)(} \rangle$$

图 9　$F_K(a)$ 在 Reidemeister R - Ⅱ 型运动下的不变性

多项式 $F_K(a)$,经变量变换后,为 Jones 多项式. 这个论断的证明及有关的讨论,对区分纽结和环链是很有效的,(尽管有不同的环链,其 Jones 多项式相同)而且可能使 Tait 及其合作者干了几年的工作减少为几天的计算.

9.7　Yang-Baxer 方程

直接处理寻找出 Markov 等价的不变量这一问题是极端困难的. 但是从物理学家那里可得到些帮助. 在两个物理问题上,即统计力学中的恰当可解模型理论和完全可积系统理论,Yang-Baxter 方程及其解起着重要的作用. 在统计力学中,人们研究相互作用的粒子系统,并且试图预测系统中的、依赖于该系统的所有可能的形态或状态的平均值的性质. 作为例子,我们研究原子在二维格点上的排列,而格的"状态"就由赋予每个

第9章 辫子和环链理论的最新进展

顶点上的旋(spin)体现(旋可取 $q \geqslant 2$ 个可能值). 全能量 $E(\sigma)$ 依赖于状态 σ; 区分函数, 我们最感兴趣的东西, 就是所有可能的 σ 的函数 $\exp(-kE(\sigma))$ 的和, 这里 k 为一适当常数.

计算区分函数在代数上的困难是可怕的; 然而, 在一定条件下, 这个问题事实上为可解的. 这条件就是描述该系统状态的那些矩阵要满足所谓的 Yang-Baxter 方程. 这时有一意外的几何意义: 矩阵满足 Yang-Baxter 方程当且仅当它们决定辫子群 B_n 的一个表示. 为使这点更准确, 我们令 V 为交换环 K 上自由模, 它的基为 $v_1, \cdots, v_m$. 令 $V^{\otimes n}$ 为 V 的 n 重张量积, 我们定义 $\mathrm{Aut}(V^{\otimes n})$ 的元素 $\{R_i, i = 1, 2, \cdots, n-1\}$, 其中 R_i 是这样的: R_i 在限制于第 i 和 $i+1$ 个因子上为一固定的 K 线性同构

$$R: V \otimes V \to V \otimes V \tag{11}$$

而在其他因子上为恒同映射. 注意, 这时立即有 $R_1, R_2, \cdots, R_{n-1}$ 满足条件

$$R_i R_j = R_j R_i \quad \text{如果} |i-j| > 1 \tag{12}$$

此外, 如果还有 $R_1 R_2 R_1 = R_2 R_1 R_2$, 则自同构 R 满足 Yang-Baxter 方程. 由于我们定义 R_i 的方式, 这就蕴含着

$$R_i R_j R_i = R_j R_i R_j \quad \text{如果} |i-j| = 1 \tag{13}$$

把方程(3)和(4)与方程(12)和(13)作比较, 我们看到, 对每个 n, Yang-Baxter 方程的每一个解决定了辫子群 B_n 在 $\mathrm{Aut}(V^{\otimes n})$ 的一个表示, 它由 $\sigma_i \to R_i$ 决定. 接着, 这个表示又决定 B_n 的一个有限维矩阵表示. 在 1984 年之前, 人们根本不了解 Yang-Baxter 方程与辫子有任何联系, 而且在写本文时, 我们仍不清楚编辫是

纽结理论中的 Jones 多项式

如何在物理问题中出现的.

实际上,每一个 Yang-Baxter 方程的解总可使其满足 Turaev 的附加条件.因此,有一个现成的工具来获得更多的环链不变量,所有这一切压根就没想到.如果我们把环链用它上面的一个适当的"(p,q) 缆(cable)"代替的话,Reshetiken 证明了,它们实际上全都能从那些我们早先用式(9)中的代数同态描述过的更基本的多项式得到.因此,有序从混沌中产生,然而这个序似乎是一个更大序的一部分.它涉及共形场论物理学,且现在已在任意 3 - 流形上诱发出更多的不变量.

对 Jones 多项式和与它有关的诸事项中,存在的最大的疑惑之一就是:我们对它们的拓扑意义还没有任何实质性的理解.尽管我们知道它们是定向 3 - 空间中的定向环链型不变量,但我们的证明并没有说明它们和环链补、环链群、覆叠空间以及以该环链为边的曲面有何关系.事实上,也没提供它们和我们所熟悉的几何和代数拓扑有何联系.在写本章时,对于那些与本章有关的发生于各种数学和物理学领域的"辫子",也还没有多少了解.这些表示还有大量的工作需要做.

最后,我们要求读者:用我们上面描述的方法来区分图 1 中环链,即通过关系(8)或(P_1)~(P'_3)的帮助,计算出它们的 Jones 或 Alexander 多项式.我们选了这样的例子:当我们改变 S^3 的定向时,有的环链型也随着变了,另一些的环链型却不改变,同时我们也给出一个环链,在把它的一个分支反向后,它的环链型变了.注意,根据我们在之前给出的推导,在环链的每一个分支都反向时,Jones 多项式必然是不变的.

假如两个图,它们决定的环链有不同的不变量,那

么它们的环链型是不同的. 然而,假如它们有相同的不变量,那么它们也可能不相同. 我们的例子也显示了这种情况. 假如我们怀疑它们不是不同的,则我们尽力去形变一个图到另一个图,以完成证明.

9.8 Vassiliev 不变量的公理与初始条件①

1990 年,Vassiliev 的预印本开始传布时,拓扑学家有着过于丰富的纽结及环链不变量.

除了 Jones 多项式及其推广以外,还可提到的有纽结群不变量,能量不变量,代数几何不变量,它们似乎都是从彼此互不相关的方向中产生出来的. 此外,Jones 不变量还可推广到纽结图上去,最后,出现了数值纽结不变量.

Vassiliev 不变量与 Jones 不变量可能有联系的最初的一个迹象在于它们两者都可推广为奇异纽结的不变量. 另一个迹象是:第一个非平凡的 Vassiliev 不变量 v_2,它等于 Conway-Alexander 多项式中的第二个系数. 而这个系数却可以有另外的解释,即 Jones 多项式的二阶导数在 1 处的取值. 贝尔曼想到了它与 Jones 不变量可能有联系,从而最后导致了用一些"公理初始条件"来重述 Vassiliev 中的结果. 本节将对此进行描述.

设 $v: M - \Sigma \to Q$ 为从所有纽结的空间 $M - \Sigma$ 到有理数的函数,如果它满足下面的公理,它就决定了一个

---

① 原题:New points of the view in kont theory.
译自:Bull AMS,Vol. 28,No. 2,1993.

纽结理论中的 Jones 多项式

Vassiliev 不变量.

在叙述第一条件公理时,首先注意奇异纽结附有某个称为刚性顶点同痕的等价关系:奇异纽结的第二个重点的邻域都张成一个开圆盘 $\mathbf{R}^2 \subset \mathbf{R}^3$,而这个圆盘在上面说的同痕之下要保持不变. 例如,如果从三叶结及其镜像的标准图形出发(这两者都在图 4 上画出来了),任取一个交叉点,将之换成二重点,那么,得到的两个奇异纽结是同痕的,但却不是刚性顶点同痕的. 如果将奇异纽结看做从 $M - \Sigma$ 中的一个纽结变到另一个分支中的纽结,这个过程中保持交叉点变换轨迹(track of crossing change)的一个步骤的话,则这一限制是自然的. 知道了存在这样一个圆盘或者平面之后,对一个奇异纽结 K^j 的奇点 p,就可以定义它在这一点的两种消解(resolution):这两种消解分别记为 $K_{p_+}^{j-1}$ 与 $K_{p_-}^{j-1}$. 第一条公理是一个交叉点变换型的公式

$$v(K_p^j) = v(K_{p_+}^{j-1}) - v(K_{p_-}^{j-1}) \qquad (14)$$

这个公理本身对于作为纽结不变量的 v 并没有提任何限制. 但是,在知道了它对纽结的值时,就可以用它来对奇异纽结定义 v.

第二条公理使 v 可以计算

$$\exists i \in \mathbf{Z}^* \text{ 使 } v(K^j) = 0 \quad \text{若 } j > i \qquad (15)$$

满足这一条件的最小的 i 就是 v 的阶. 为了强调这一点,今后将这个不变量记为 v_i.

初始条件除了式(14)与(15)之外,还需要初始条件. 第一个初始条件就是规范化

$$v_i(0) = 0 \qquad (16)$$

要叙述第二个初始条件,首先作一个定义. 纽结图上的一个奇异点称为无效点(nugatory)如果它的正负消解

定义的纽结性相同.图 10 中表明这种情形.很显然,要得到一个纽结不变量,那么当 p 是无效交叉点时,它的值 $v_i(K_{p_+}^{j-1})$ 与 $v_i(K_{p_-}^{j-1})$ 就应当相同,从而有式(14)推知初始条件必须满足

$$v_i(K_p^j)=0 \quad 若 p 为无效交叉点 \qquad (17)$$

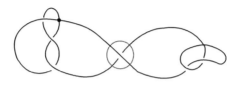

图 10　无效交叉点

最后一个初始条件是一个表的形式,然而在讨论之前,却必须对前面的讨论略作补充:空间 $M_j - \sum_j$ 实际上可以自然地分解为连通分支,使得属于不同分支的两个奇异纽结定义的奇异纽结型不相同.说得准确一点,令 K^j 为 j 阶的奇异纽结,即 S^1 在某个 j-嵌入 $\phi \in M_j - \sum_j$ 下的象.那么 $\phi^{-1}(K^j)$ 是一个圆周,上面有 $2j$ 个特出点,它们成对出现,每一对被映为 K^j 中的同一个二重点. K^j 所表示的 [j] - 构形就是这些点对的循环有序组.我们要用一个图来定义它,即一个圆周,上面用一些弧来联结成对的点.例如在图 11 的上面一行,显示了两种可能的 [2] - 构成,再标出了一个可以表示它们的奇异纽结.初始条件必须注意到下面的结果.

引理 1　两个奇异纽结 K_1^j, K_2^j 在经过一系列交叉点变换之后等价的充要条件为,它们表示了同一个 [j] - 构成.

纽结理论中的 Jones 多项式

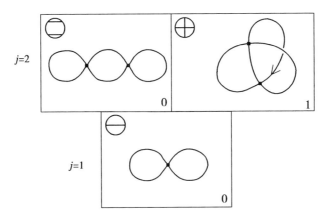

图 11 $i=2$ 的实现表

现在我们要构造的表是最后一个初始条件,它们为实现表(actuality table)图 11 给出了 $i=2$ 时的例子.这个表给出阶 $j\leqslant i$ 的代表奇异纽结 $v_i(K^j)$ 的值.这个表中,对每一个$[j]$ - 构形都给出了一个表示它的奇异纽结 K^j,$j=1,2,\cdots,i$. 这个代表纽结的选取是任意的(但若选取不当,则工作量将大增)在表中的每个 K^j 之傍是它所表示的构形,在它之下是 $v_i(K^j)$ 的值.这些值当然绝不是任意的,中心部分就是发现了能够决定它们的有限多条规则.这些规则可表为一些线性方程组的形式.未知变量是这些函数在实现表中有限个别奇异纽结上的取值.而在这些未知变元之间的线性方程就是图 11 中的局部方程(它们可以看做交叉点变换公式)的推论.这些方程并不难理解:用式(14)将每个二重点消解为两个交叉点之和,然后,图中的每个局部图就可用四个图的线性组合来代替.图 12 中的方程于是就可以化简为一系列的 Reidemeister 第三移动.这

组方程在 $j=i$ 时的解,可以从单 Lie 代数不可约表示的信息中构造出来. 目前尚不知道,能否得出 $j=i$ 时的全部解. 要把解从 $j=i$ 推广到 $2 \leqslant j \leqslant i-1$ 的情形目前必须用不那么平凡的方法方能处理.

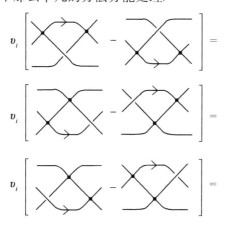

图 12 相关奇异纽结谍:Vassiliev
不变量的交叉点变换公式

举一个例子就足以说明. 从(11)~(14)以及实现表可以对所有纽结计算出 $v_i(K)$. 我们的例子是对三叶结 K 计算 $v_2(K)$. 图 13 中的第一图是三叶结的代表,中间有一个交叉点特别标出来了,将它们变换一下就得到无纽结 O.

我们选的交叉点是正的,从而由(14)推出
$$v_2(K) = v_2(O) + v_2(N')$$
这里 N' 是所示的奇异纽桔. 它与表中所列的奇异纽结 K 的奇异纽结型不相同,因此(使用引理)就得引进另一个交叉点变换将它变为表中所列的表示[1] - 构形的唯一的奇异纽结. 为了这个目的,又得到一个有两个

奇点的奇异纽结 N^2，它与表中所列的表示具有相同的 [2] - 构形的代表奇异纽结的奇异纽结拓扑型也不相同. 然而，从 (15b) 知道，这并不重要. 利用 (15b) 就能使计算在有限步内结束.

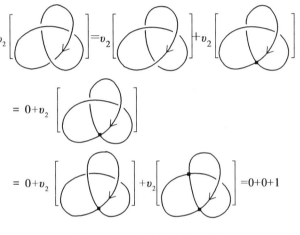

图 13 对三叶结构计算 $v_2(K)$

9.9 奇异辫子

我们证明了任何广义 Jones 不变量都可以从辫群的某个有限维矩阵表示族通过 Mavkov 迹得到. 迄今为止，在讨论 Vassiliev 不变量时，辫群根本没有出现，但这很容易纠正. 为了这个目的，必须将通常的辫子与闭奇异辫子的概念推广为奇异辫子与闭奇异辫子.

设 K^j 是某个奇异纽结或奇异环链 K^j 的代表，如果存在 $\mathbf{R}^3$ 中的一个轴 A（将它看做子轴）使得当 K^j 用相对于 A 的柱面坐标 (z, θ) 来参数化时，极角函数限制 K^j 上是单调递增的，这时 K^j 就称为闭奇异辫子. 这

第 9 章 辫子和环链理论的最新进展

说明,存在某个 n 使 K^j 与每个半平面 $\theta = \theta_o$ 相交于恰好 n 个点. Alexander 证明下述著名的事实:每个纽结或环链 K 都可以如此表示. 我们就以将这个定理推广到奇异纽结与环链上来作为自己工作的起始.

引理 2 设 K^j 是奇异纽结或环链 K^j 的任一代表元. 在 $\mathbf{R}^3 - K^j$ 中选取任意一根直线 A. 那么,K^j 可以形变为某个以 A 为轴奇异 n-辫子.

证明 将 A 看作 $\mathbf{R}^3$ 的子轴. 将 K^j 在 $\mathbf{R}^3 - A$ 中做一同痕变换之后, 可以假定 K_j 是由 (r, θ) 平面的一个图来定义的. 在进一步的同痕变换之后, 可以使得每个奇点 p_k 都有一个邻域 $N(p_k) \in K^j$, 使得极角函数限制 $\cup_{k=1}^{j} N(p_k)$ 上时是单调递增的. 即:将

$$K^j - \cup_{k=1}^{j} N(p_k)$$

修改一下成为一个逐段线性弧的族 A, 如果必要的话, 再细分这个族, 从而使得每个 $\alpha \in A$ 顶多包含纽结图的一个下行点或一个上行点. 在作一个很小的同痕之后, 可以假定极角函数在每个 $\alpha \in A$ 上都有非常数. 依照极角函数在一个弧 $\alpha \in A$ 上是递增或者递减, 称这个弧 α 为坏的或好的. 若根本没有坏弧, 则已经得到一个闭辫子, 因此, 可以假定至少有一个坏弧, 称之为 β. 像图 14 那样修改 K^j, 将 β 换成两根好边 $\beta_1 \cup \beta_2$. 这么做唯一可能的障碍在于, 用 $\beta \cup \beta_1 \cup \beta_2$ 围成的三角形的内部被 K^j 的其余部分穿过, 然而这也是可以避免的, 只要重新选取 $\beta_1 \cap \beta_2$ 的顶点, 当弧包含的是这个图的下行点(上行点)时, 使这个顶点在 K^j 的其余部分上方(下方)很远的地方就行了.

纽结理论中的 Jones 多项式

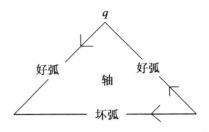

图 14　将一个坏弧换成两个好弧

根据引理 2，实现每个奇异纽结都有可以成为一个闭奇异辫子. 下一步，要将这些闭奇异辫子沿着某个平面 $\theta = \theta_o$ 打开，就成了我们下面要定义的"开"闭奇异辫子. 几何辫子被描述成 $\mathbf{R}^2 \times I \subset \mathbf{R}^3$ 中的 n 根交错的旋，联结 $\mathbf{R}^2\{0\}$ 中标号为 $1,2,\cdots,n$ 的点与 $\mathbf{R}^2 \times \{1\}$ 中的相应的点. 使它与每个中间平面 $E \times \{t\}$ 相交正好为 n 个点. 要推广为奇异辫子，只需要放松后一个条件，允许有有限个 t 值使得辫子与平面 $\mathbf{R}^2 \times \{t\}$ 的交不是 n 个点而是 $n-1$ 个点. 两个奇异辫子等价，当且仅当它们通过奇异辫子序列而同痕的，这个同痕固定每根奇异辫子弦的起点与端点. 奇异辫子的复合与普通的辫子相同，将两个辫子重合，抽去中间平面，然后再压缩.

选取 SB_n 的元素的任一代表元，则在一个适当的同痕之后，可以假定不同的二重点位于不同的 t 水平面上. 由此可知 SB_n 由基本辫子 $\sigma_1,\cdots,\sigma_{n-1}$ 与基本奇异辫子 $\tau_1,\cdots,\tau_{n-1}$ 生成. 我们分别将 σ_i 与 τ_i 称为交叉点和二重点，以在奇异辫图中有所区别. 投影下来之后，它们决定的都是二重点.

SB_n 的定义关系为

第 9 章 辫子和环链理论的最新进展

$$[\sigma_i, \sigma_j] = [\sigma_i, \tau_j]$$
$$= [\tau_i, \tau_j] = 0 \quad 若 \|i-j\| \geq 2 \quad (18)$$
$$[\sigma_i, \tau_i] = 0 \quad (19)$$
$$\sigma_i \sigma_j \sigma_i = \sigma_j \sigma_i \sigma_j \quad 若 [j-i] = 1 \quad (20)$$
$$\sigma_i \sigma_j \tau_i = \tau_j \sigma_i \sigma_j \quad 若 [i-j] = 1 \quad (21)$$

其中总是假定 $1 \leq i,j \leq n-1$ 是作为广义 Reidemeister 移动出现的. 这些关系的正确性从图上看是显然的. 例如, 图 15 给出了 (18) ~ (21) 某些特例. 然而, 就我们所知, 在文献中还没有一个充分的证明, 连证明摘要也没有, 所以我们现在简述一个证明, 因为知道不需要更多的关系对我们是很重要的.

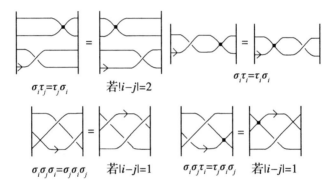

图 15 B_n 中的关系

引理 3   monoid SB_n 是 $\{\sigma_i, \tau_i \mid i \leq i \leq n-1\}$ 生成的. 定义关系就是 (18) ~ (21).

证明   已经证明了 σ_i 与 τ_i 生成 SB_n, 因而唯一的问题是, 要证明每一个关系都是关于 (18) ~ (21) 的概述.

将辫子看做用投影片图定义的. 设 $\bar{z}, \bar{z}'$ 为表示 SB_n

中同一元素的奇异辫子,令$\{\bar{z}_s: S \in I\}$为连接它们的辫子族. 注意这些位于中间的辫图 $\bar{z}_s$ 都没有三重点,因而每根弦上的奇点就有一个在同痕变换下得以保持的顺序,而这使得在 $\bar{z}$ 与 $\bar{z}'$ 的二重点之间有一个一一对应,现在再来考察在同痕变换中的其他变化. 把 s 的 $[0,1]$ 区间再细分成小区间,使得在每个小小区间内仅有一个下述的辫图变化:

(i)辫子投影图中的两个二重点交换它们的 t 平面. 参看关系(18),(19)与图 15.

(ii)在投影图中形成了一个三重点,这时有一根"自由弦"穿过一个二重点或者投影中的交叉点. 参看关系(21)与图 14.

(iii)在纽结图中产生了新的交叉点或者去掉了一个交叉点. 参看图 2 中的 Reidemeister 移动.

所有在(i)中可能出现的情形都可用关系(18)与(19)来描述. 注意 σ_i 是可逆的,而且 $\sigma_i, \sigma_i^{-1}, \tau_i$ 的镜像分别是 $\sigma_i^{-1}, \sigma_i, \tau_i$,容易看出关系(20)~(21)包含了(ii)的所有的情形. 至于(iii)的情形,则当我们限制在一个二重点产生或者消去时这附近某个小区间内时,这些产生或者消去的点就会成对出现,因此可以用平凡的关系 $\sigma_i \sigma_i^{-1} = \sigma_i^{-1} \sigma_i = 1$ 来描述. 在这些特殊的 s 区间之外,可以用同痕来修改奇异辫图,这不会产生新的关系. 因此关系(18)~(19)确实是 SB_n 的定义关系.

现在就可以见到一些真正有趣的东西了. 设 $\tilde{\sigma}_i$ 为从辫群 B_n 到它的群代数 CB_n 的自然映射下的象.

定理 4　定义一个映射

$\eta: SB_n \to CB_n$ 为 $\eta(\sigma_i) = \tilde{\sigma}_i, \eta(\tau_i) = \tilde{\sigma} - \tilde{\sigma}_i^{-1}$
则 η 是一个 monoid 之间的同态.

证明 验证在 B_n 中关系(18)~(21)都是辫群关系的推论.

推论 设 $\rho_n: B_n \to GL_n(\varepsilon)$ 为有限维矩阵表示,定义 $\tilde{\rho}_n(\tau_i) = \rho_n(\sigma_i) - \rho_n(\sigma_i^{-1})$,则可将 ρ_n 扩张为 SB_n 的表示 $\tilde{\rho}_n$.

证明 显然.

因此,作为特例,B_n 的所有 R 矩阵表示都可扩张为奇异辫 monoid SB_n 的表示.

注 回忆一下,在图 12 中我们用图给出了一些例子,说明在纽结空间上的泛函数必须满足哪些关系,方能使实现表中的指标决定一个纽结型不变量. 与图中描绘的关系不同,图 12 中的那些关系里有些神秘. 然而,如果从定理 2 过渡到辫群的群代数 CB_n,并将 τ_i 换成 $\sigma_i - \sigma_i^{-1}$ 的话,就可以看出,这些关系不仅在 VBL 泛函空间上成立,而且在这个群代数中成立. 这个事实再次说明定理 2 中的映射 ρ 是自然的,Vassiliev 的构造是自然的. 我们猜测 ρ 的核是平凡,即 monoid SB_n 中的任何非平凡的奇异辫子它在群代数 CB_n 中的象都不是零.

9.10 定理 1 的证明

对定理 1 的证明首先是对于 HOMFLY 多项式与 Kauffman 多项式的特例的证明;然后是对一般的量子群不变量给出了证明. 现在要给一个新证明. 它是用于

特例的证明的修改. 我们很喜欢这个证明. 因为它简单而且能够说明, 辫群不仅对研究 Jones 不变量非赏重要, 对于 Vassiliev 不变量也同样有用. 我们证明的工具是 R 矩阵表示, 9.8 节的公理与初始条件, 以及奇异辫 monoid.

定理 1 的另一种证明:

设 ε 为在整数上 q 的 Laurent 多项式环. (在某些情况下也可以是 q 的某次方根的 Laurent 多项式环) 假定给了一个量子群不变量 $g_q: M - \Sigma \to \varepsilon$. 利用引理 2, 可以找到 K 的一个闭辫子代表元 $K_\beta, \beta \in B_n$. 然后, 过渡到与 g_q 相联系的 R 矩阵表示 $\rho_{n,R}: B_n \to GL_m(\varepsilon)$. 由推论, 这个表示可扩张为 SB_n 的表示 $\tilde{\rho}_{n,R}$. 由 Laurent 多项式 $g_q(K)$ 是 $\rho_{n,R}(\beta) \cdot \mu$ 的迹, 其中 μ 是 $\rho_{n,R}$ 的扩大.

表示 $\rho_{n,R}$ 是由选取一个作用在向量空间 $V^{\otimes 2}$ 上的矩阵 R 而决定的. 注意到若令 $q = 1$, 则矩阵 $R = (R_{i_1 i_2}^{j_1 j_2})$ 变为 $id_V \otimes id_V$ 由此推知, 作用在 $V^{\otimes n}$ 上的 $\rho_{n,R}(\sigma_i)$ 在 $q = 1$ 时的阶为 2. 因此, 若令 $q = 1$, 则 σ_i 变为对换 $(i, i+1)$, 而 $\rho_{n,R}$ 成为对称群的表示. 特别, 这意味着 $q = 1$ 时, σ_i 与 σ_i^{-1} 在 $\rho_{n,R}$ 下的象相等, 这就又推出, σ_i 与 σ_i 在 $\rho_{n,R}$ 下的象当 $q = 1$ 时是一样的.

知道了这一点之后, 作变量替换, 如定理 1 的陈述中那样, 将 q 换成 e^x. 将 e^x 的幂都展开成 Taylor 级数. 那么, 任意一个元素 β 在 $\rho_{n,R}$ 下的象将为一个矩阵幂级数

$$\rho_{n,R}(\beta) = M_0(\beta) + M_1(\beta) + M_2(\beta) + \cdots \quad (22)$$

其中 $M_i(\beta) \in GLm_n(Q)$.

引理 5 在扩张表示中, $M_0(\tau_i) = 0$.

第9章 辫子和环链理论的最新进展

证明 因为 $M_0(\sigma_i) = M_0(\sigma_i^{-1})$，从而推出结论.

现在来考察 g_q 的幂级数展开，即考察 $g_x(K) = \sum_{i=0}^{\infty} u_i(K) x^i$. 当 K 取遍所有纽结型时，系数 $u_i(K)$ 就决定了一个泛函 $u_i : M - \Sigma \to Q$. 我们要证明 u_i 是一个 i 阶的 Vassiliev 不变量.

若用关系(18)将 u_i 的定义推广到奇异纽结的话，则仅需证明(14)~(17)是成立的而且有一个协调的实现表. 首先要注意因为 g_q 是纽结型不变量，从而泛函也是纽结型不变量. 由此，可以推知这可以扩张到奇异纽结上去，因此利用 u_i 在纽结上的值就可以写出实现表.

要注意的第二件事是关系(16)的满足，因为每个 Jones 不变量都满足 $g_q(0) \equiv 1$，由此推出 $p_x(0) \equiv 1$. 至于关系(17)也是满足的，因为如若不然则 u_i 就不可能是纽结型不变量. 因而，仅有的问题是要证明 u_i 满足关系(15). 但是，注意到由引理5有

$$\tilde{\rho}_{n,R}(\tau_i) = M_1(\tau_i) x + M_2(\tau_i) x^2 + M_3(\tau_i) x^3 + \cdots$$

而且由此推出，若 K^j 是有 j 个奇异纽结，而任何一个表示 K^j 的奇异闭辫子 $K^j_\gamma, \gamma \in SBr$，也有 j 个奇点. 奇点辫子的字 γ 就包含 j 个基本奇异辫子. 由此推出

$$\tilde{\rho}_{n,R}(\gamma) = M_j(\gamma) x^j + M_{j+1}(\gamma) x^{j+1} + \cdots$$

在此幂级数中 x^i 的系数为 $u_i(K^j)$. 那么当 $i < j$ 时，$u_i(K^j) = 0$，即关系(15)也成立，从而完成了定理1的证明.

9.11 未解决的问题

本章的内容快讲完了，所以可以做一个总结，并问

纽结理论中的 Jones 多项式

一下用 Vassiliev 不变量来解释量子群不变量使我们得到了什么？我们的目的是要将拓扑引入到整个的讨论中来，而这个目的确实达到了，因为我们已经证明了，当用 x 的幂级数展开时，一个纽结 K 的 Jones 不变量 x^i 的系数给出了在 K 的某个邻域内，判别曲面 $z\Sigma$ 的稳定同调群的信息。这是在"深度"为 i 处的信息，这当然还是一个开端。判别曲面 Σ 是无穷维空间 M 的一个相当复杂的子集，似乎没有办法可以直观地考虑 Σ。确实，有关的工作还刚刚开始。

Vassiliev 不变量的研究刚开始不久，现在概述一下在过去几年中所得到的有关结果。自然的起点为当 i 很小时的特殊情形，即对于所有纽结 K，$v_1(K)$ 都等于零。第一个非平凡的 Vassiliev 不变量的阶为 2，而且这样的不变量组成了一维向量空间。不过在 Jones 不变量与 Vassiliev 不变量出现之前，拓扑学家就已经知道 $v_2(K)$ 了，即：

（i）它是 Conway 给出的 Alexander 多项式的第二个系数[C]。

（ii）它的 mod 2 约化是纽结的 Arf 不变量，这与协边理论有联系，现在它还有其他解释。

（iii）它是纽结的"全扭量"（total twist），它们用下述递推公式计算

$$v_2(K_{p+}) - v_2(K_{p-}) = L_k(K_{p_0}),$$

其中 L_k 表示有两个分支的环链 K_{p_0} 的环绕数。

（iv）它是 Jones 多项式 $J_q(K)$ 的二阶导数在 $q=1$ 时的值。

不幸的是，这一切都不足以使我们了解 v_2 对于 Σ 的拓扑的意义。至于 $v_3(K)$，它居于一个由不变量做成

第9章 辫子和环链理论的最新进展

的一维向量空间,然而却没有人知道它和经典不变量的联系,确实,就我们所知,对于它目前一无所知.

至于高阶不变量,回想一下 i 阶 Vassiliev 不变量属于一个线性向量空间 V_i. 这个空间是 i 阶不变量模 $i-1$ 阶不变量所组成的空间. 可以提的第一个问题是当 $i>2$ 时,对任意的 i 它的维数 m_i. 这似乎是一个艰深困难的组合问题,目前所能做的是进行一些具体计算即构造 i 阶不变量的实现表. 这个问题自然分为两部分,首先是要决定顶端一行的奇异纽结 K^i 的 Vassiliev 不变量. 根据(15),它们仅仅依赖于它们所表示的 $[i]$ - 构形,因此,决定它们比决定其他各行要容易. 解空间的维数就是所要找的整数 m_i. 以前, Bar Natan 编了一个计算机程序能对 $i \leqslant 7$ 列出不同的 $[i]$ - 构形并计算维数(当然只对顶端那一行). 随后, Stanford 通过另一个计算机程序, 对 $i \leqslant 7$ 验证了 Bar Natan 全部的"顶行"解都可以推广到实现表中其余各行去,就是推广到更为复杂的方程组的解上去,因而 Bar Natan 算出来的数字恰好就是要找的 m_i. 这两个计算结果是:

i	1	2	3	4	5	6	7
m_i	0	1	1	3	4	9	14

我们得到的数据产生出一个重要的问题. 在定理1中我们证明了

{量子群不变量} $\subseteq$ {Vassiliev 不变量}

问题是:这是真包含吗? 上面的数据之所以会有关系是因为对某个固定的 i,如果能证明量子群不变量生成维数 $d_i < m_i$ 的向量空间,那就足以解决这个问题. 但是,在 $i=6$ 时,结果表明有足够的线性无关的量子群不变量张成向量空间 V_i. 在 $i=7$ 时, Bar Natan 计算机

纽结理论中的 Jones 多项式

结果说明, d_7 至少为 12, 而 $m_7 = 14$; 然而关于量子群不变量的数据却是不精确的, 因为当 i 增加时, 就要用到由非例外 Lie 代数得来的不变量了. 而目前唯一被研究了的还只有 G_2.

在 $i = 8$ 的情形, 计算本身就很难. Bar Natan 所作的计算已接近目前计算能力的极限了, 因为要决定 m_8, 必须解决 41 874 个(没有分离弧的不同的 [8] - 构形的数目)未知变量的 334 908 个方程组成的线性方程组. 他的粗略计算表明解空间的维数为 27. 不过, 即使他的答案正确, 依然需要计算实现表中的其余部分, 方能确信 $m_8 = 27$ 而不仅是 $m \leq 27$.

实际上, Vassiliev 不变量组成一个代数, 而不仅是一个向量空间序列, 因为一个 p 阶 Vassiliev 不变量与一个 q 阶不变量的乘积为一个 $p + q$ 阶的不变量. 这是林晓松用简单的方法证明的(未发表). 因此, 新不变量的维数 $\hat{m}_i$ 一般说来小于 m_i, 因为我们表中的数据还包括了那些作为低阶不变量乘积的不变量. 要修正已有数据而求出 $\hat{m}_i$ 并不难. 例如, 一个四阶不变量可能为两个二阶不变量的乘积, 所以注意到二阶不变量是唯一空间这一事实, 就有 $\hat{m}_4 = 3 - 1 = 2$. 对 $i = 1, 2, 3, 4, 5, 6, 7$, 就有 $\hat{m}_i = 0, 1, 1, 2, 3, 5, 8$, 即 Fibonacci 序列的开始部分. 这使人大为激动, 然而后来 Bar Natanrn 对 m_8 的计算却说明 m_8 顶多为 12, 不可能是 13. 当 $i \to \infty$ 时, m_i 的渐近行为的确是一个有趣的问题.

是不是真包含这个问题, 还可以从另一个角度来处理. 纽结理论的早期问题之一与纽结型定义中所体现的基本对称性有关. 我们将纽结型定义为对 (S^3, K)

第9章 辫子和环链理论的最新进展

的拓扑等价类,且要求所使用的同胚同时保持 S^3 与 K 的定向.纽结型称为双向的,如果它等价于逆转 S^3 的定向(但不逆转 K 的定向)而得到的纽结型;它称为可逆的,如果它等价于逆转 K 的定向(但不逆转 S^3 的定向)而得到的纽结型.前面已经提到过,Max Dehn 在1913 年就证明了存在非双向的纽结,然而令人惊奇的是,过了四十年才知道存在不可逆的纽结.这件事与我们的关系在于:虽然量子群不变量能判定纽结是否为双向的,但它不能判定纽结是否为可逆的.因此,如果能够证明某个 Vassiliev 不变量能区分某个不可逆纽结与它的逆,则是否为真包含的问题也许就是对的.我们知道,对 $i\leqslant 7$ 是不能用这种方式来解决这个问题的,而对于 $i=8$ 又有巨大的计算困难.另一方面,作为理论问题它似乎又是意想不到的微妙.因此,Vassiliev 不变量能否判定可逆性的问题目前仍待解决.

除了经验证据与未解决的问题之外,还可以提一些容易的问题来使 Jones 不变量与 Vassiliev 不变量能否区分纽结型这个问题得以进一步强化.之前我们注意到,有三个非常直观的不变量目前还很难理解:交叉点数 $C(K)$(unknotting number)解开纽结的次数 $u(K)$(crossing number)以及辫指标 $s(K)$(braid index).它们显然是空间 $M-\Sigma$ 上的泛函,从而是群 $\widetilde{H}^o(M-\Sigma)$ 中的元素.Vassiliev 不变量就是 $\widetilde{H}^o(M-\Sigma)$ 的逼近序列.因而,一个合理的问题是:$C(K),u(K)$ 与 $S(K)$ 是 Vassiliev 不变量吗? 已有的结论说明 $u(K)$ 不是,修改那里的证明即可说明 $C(K)$ 与 $S(K)$ 也都不是.因此,至少我们知道,在所有纽结的 Vassiliev 空间上存在有不是 Vassiliev 不变量的整数值泛函. 这就产生了下面的问题: 是否存在收剑到它们的 Vassiliev 不变量?

另一个问题是, 如果仅限于考察有界阶的不变量的话, Vassiliev 不变量有多大的效力呢? 答案并不很好, 它基于由林晓松与 Stanford 同时而独立发现的例子之上. 现在来描述一下构造. 在我们看来它特别有趣, 因为它是基于用闭辫子来处理纽结与环链的方法之上的. 在下面的注(ii)中描述了林晓松的构造, 可以参看.

为了叙述他的定理, 再回来考察辫群. 设 P_n 是纯辫子组成的群, 即从 B_n 到对称群 S_n 的自然同态的核. 归纳地定义 P_n 的下中心序列 $\{P_n^k : k=1,2,\cdots\}$ 为 $P_n^1 = P_n, P_n^k = [P_n, P_n^{k-1}]$. 注意, 若 $\beta \in B_n$, 使闭辫子 $\hat{\beta}$ 为纽结, 则对任意 $\alpha \in P_n$, $\widehat{\alpha\beta}$, 也是纽结.

定理 5 设 K 为任意纽结型, 设 $K_\beta, \beta \in B_n$, 为 K 的任意闭辫子代表, 选取任意 $\alpha \in P_n^k$. 那么纽结 K_β 与 $K_{\alpha\beta}$ 的所有小于等于 k 阶的 Vassiliev 不变量都是相同的.

注 (i) Stanford 构造了一个 3 束辫子序列 $\alpha_1, \alpha_2, \cdots$ 使得由定理 3 得来的纽结型互不相同且都是素的. 直观上, 不同的 α_j 应当给出不同的纽结型, 然而这迄今为止还没有证明.

(ii) 在定理 3 中, 可以选取 K_β 为无纽结, 从而得到无穷多个不同的纽结, 对任意 k, 它们的小于等于 k 阶的 Vassiliev 不变量都是零. 林晓松的构造对此给出了其他一些例子. 特别, 他证明了若 K 是任意纽结, $K(m)$ 是它的第 m 次, iterated (untwisted) Whitebead

第9章 辫子和环链理论的最新进展

double,那么 $K(m)$ 的所有小于等于 $(m+1)$ 阶的 Vassiliev 不变量都是零. 这使得他能够造无穷多个结合纽结,具有与 Stanford 纽结一样的性质. 还不清楚他的构造是否仅为 Stanford 构造的一个特例而已.

(iii) 无纽结的特例及单变元 Jones 多项式特别有意思. 定理 3 说,如果将那一族中纽结的 Jones 多项式展开成幂级数,并去掉 x 的次数大于 k 的项,结果将是零,这绝不是说多项式本身是平凡的. 实际上,是否存在一个非平凡的纽结,它的单变量的 Jones 多项式与无纽结相同,还是一个未解的困难问题. 注意将我们对这个问题缺乏了解与目前对 Alexander 多项式的掌握作一个对比:我们了解它的拓扑意义且知道如何构造 Alexander 多项式等于 1 的纽结.

(iv) 在一段时期内(在它的证明中发现一个错误以前),似乎人们已肯定地解决了下述问题:给定两个不同的纽结 K 与 K^*,是否存在一个 Vessiliev 不变量序列 $\{w_i \mid i = 1, 2 \cdots\}$ 以及一个整数 N,使 $\forall i \geq N$,都有 $w_i(k) \neq w_i(K^*)$. 注意即使答案是肯定的,也并没有解决纽结问题,因为对于明确给定的 K 与 K^*,即使知道了这一个不变量序列,也无法知道 N 有多大. 所以,当计算机算了一个周末还没有得出结论时,我们就无法知道,这两个纽结真的是一样呢,还是我们停止得太早了. 但是,对于代数不变量而言,所能指望的最好结果大概就是这样了.

(v) 与这一切形成对比的是, Haken 的工作与 Hemion 的工作说明存在区分纽结的算法. 近年来,有许多工作都旨在使这一算法切实可行(最近结果的讨论),但是,要使它对即使最简单的例子"可操作",还有许多事要做.

(vi)目前,对于用至多三根弦的闭辫子定义的不同的纽结和环链,用手算很快可以算出结果,对于一般情况也有部分结果.

(vii)在那些存在有有效分类方案的特殊情形中,我们提一下两个分支的环链与(代数几何中的)代数环链(当然还有刚才提到的用闭三束辫定义的环链).

Aexei Sossinsky 论结与物理[①]

第 10 章

这最后一章根本不同于前面各章,前面那几章的目的是陈述结理论的若干基本的(通常是简单的)概念发展历史,概述攻克这个理论的核心问题——即结的分类问题的各种方法,最常用的是利用各种不变量的方法,那几章中所做的工作将已经成型的研究成果加以通俗化,这最后一章就不同了,它要谈的是一些还在进行的研究工作,甚至是轮廓尚未分明的研究工作.

自然,我们不可能对未来的科学发现做准确的预测,但是在一个特定领域内工作的研究者对将发生的事件有时会有种预感,用日常的话来讲,这种情况(常常是在事后)我们常常说是"已经隐约可见"了. 最典型的例子——也可说是最显著的例子——就是 Janos Bolyai 与 Nicolai Lobachevski 各自独立发现了非欧

---

① 原题:Knots and Physics. 译自 Knots – Mathematics With a Twist, Aexei Sossinsky, Harvard University Press,2002,pp. 105-119.

纽结理论中的 Jones 多项式

几何这件事,这其实已有许多别人预料过,特别是 Carl Gauss 早已深知其详,就是不敢发表,Gauss 的这个失误真是叫人难以理解.

今天在结理论方面是不是也有某种"隐隐约约"的东西呢? 我看是有,我不想冒险去点明这件事会在数学物理的哪个领域中发生,也不想说未来的 Lobachevski 是谁,也不想预测(至少不想郑重地这样做)这个发现的日期.

我们在本章的末尾回过头来简单谈一下这个预测,但是首先我想来解释一下在结与物理之间已经存在着的惊人的共生现象的苗头.

10.1 巧 合

将结、辫子、统计模型和量子物理连接起来的桥梁是以来自完全不同知识领域的五种关系之间的奇妙的巧合为基础的,这五种关系就是:

辫子群中的 Artin 关系;

Hecke 算子代数中的一个基本关系;

Reidemeister 的第三种移动;

典型 Yang-Baxter 方程(支配物理学家所谓的统计模型发展过程的主要规律之一);

量子 Yang-Baxter 方程(支配着基本粒子在某些情况下的行为).

这些巧合的部分画在图 1 中(用不着对下述关系深入分析,一眼就能看出来). 在图的左边是 Yang-Baxter 方程式 $R_i R_{i+1} R_i = R_{i+1} R_i R_{i+1}$;中间是 Artin 辫子群,其代数形式为 $b_i b_{i+1} b_i = b_{i+1} b_i b_{i+1}$;右边是表示第

第 10 章　Aexei Sossinsky 论结与物理

三种 Reidemeister 移动. 两个方程实际是一样的（只要将 b 换成 R, 或相反）, 两幅图也是一样的（请仔细观察）.

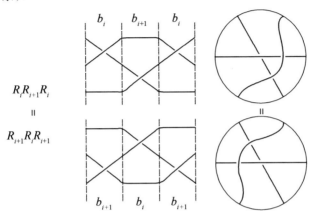

图 1　一种关系三种面孔

正是对这些巧合的研究使得新西兰人 Vaughan Jones; 俄罗斯人 Vladinir Turaev, Nickolai Reshetikhin, Oleg Viro 和 Vladinir Drinfeld; 美国人 W. B. Raymond Lickorish; 美国人 Edward Witten; 法国人 Pierre Vogel; 以及其他等人发现了结论与物理学的几个分支之间某些（深远的？不期而遇的？）联系.

由 Louis Kauffman 设计出的一种奇特的统计模型使得他得以描述实际上是先前已由 Jones 发现了的一种结不变量即著名的 Jones 多项式. Jones 原来的定义（我们不在这里详细讲了）是以辫子与 Hecke 代数为基础的（因而也是以 Hecke 关系与 Artin 关系之间的巧合为基础的）. 在 Kauffman 的研究方法中（我们在第 6 章中讲过它的一种版本），第三种 Reidemeister 移动起了关键的作用. Jones 讲述过 Pott 模型的一种形式（这是与 Kauffman 模型完全不同的一种统计模型），他是以 Yang-Baxter 方程的某些解，Turaev 发现了整整一系列的结的多项式不变量.

是否有可能提供比所有这些不同学科间环节的"巧合"更逻辑、更特定的解释呢？遗憾的是我不知道是否有这种解释. 然而确有一种更普遍的解释存在于现实与数学间的联系当中.

10.2 题外话：巧合和数学结构

一切科学，不论是自然科学还是社会科学，都有一个目的：它们都有意去描绘现实，或现实生活中的某一部分，数学的目的是什么？

回答是：它要描绘一切，它又什么也不描绘，这个回答似乎自相矛盾. 我们说它什么也不描绘，是因为在数学中我们只研究一些抽象的东西，例如数、微分方程、多项式、几何图形. 数学家不研究物质世界中的具体对象. 我们又说它能描绘一切事物，是因为我们能把它们应用到任何事物上去，只要所研究的客体经抽象后与某种数学对象有相同的结构. 所谓"有相同的结构"这句话我不想多作解释，希望读者通过一些例子就可以理解它的意义，例如请读者看图 1，其中 Yang-Baxter 方程一样的方程就与第三种 Reidemeister 移动有"相同的结构".

这种情况有一种（也许是意想不到的）后果，这就是巧合的重要性：如果两个客体的结果偶尔"意外地""巧合了"（即使这两个客体根源完全不同），它们就可

第 10 章　Aexei Sossinsky 论结与物理

由"同一种数学"来描述,由同一种理论来描述. 譬如,属于某个 Hecke 代数的算子的迹与某一结不变量具有相同的性质,那么为什么不可以用这个迹来造一个结不变量呢(这正是 Jones 所做的)? 如果量子粒子和结一样,都满足与 Yang-Baxter 方程一样的方程,那么为什么不发明一种用结不变量的量子粒子的理论呢(这正是 Michael Atiyah 所做的,关于他我后面还有讲到)?

于是我们就回到了与结理论相关的具体物理的问题上来了,题外话就此打住.

10.3　统计模型与结多项式

我们曾经谈到过统计模型,特别是 Ising 模型与 Pott 模型. 我们还记得,这些模型都是涉及由原子(譬如说有自旋的)组成的有规则的结构,这些原子间有局域的相互作用(在图中将两个原子间的相互作用用一线段表示). 这种系统 X 必有一配分函数 $Z(X)$(这个函数是由某种与局域相互作用能有关的表达式对 X 的全部可能态求和的结果);通过这个函数我们可以计算这个系统的宏观参量(温度、总能),研究相变(例如从液态变成固态).

我们看到过,如何用一种配分函数来计算结的 Jones 多项式. 实际上那个函数并不与任何实际的统计模型相对应——它不过是 Louis Kauffman 丰富的想象的结果. 但是真正令人惊讶的是,正如 Jones 本人所指出的,的确有这么一真实的统计模型,它具有一个真正的配分函数可以用来构造他的多项式. 我们现在的目

纽结理论中的 Jones 多项式

的是来讲述这个构造,但不过分深入细节.

设有一结(或链环)的平面图,从画它的对偶图(或结的对偶统计模型)开始(如图 2 所示)办法是将平面图上由结的投影到区域交替涂上黑白两色(注意把投影区的外部涂成白的),然后将涂成黑色的区域作为对偶图中的顶点(或作为统计模型中的原子),如果区域有公共的交叉点,则将两个顶点用一条线或边(相当于原子间相互作用)连起来. 此外,再按某种约定规定边(相互作用)的正负,这种约定读者仔细观察图就可知道.

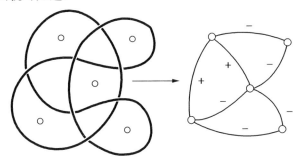

图 2 结的对偶图

接下来定义系统的态为一任意函数,它由每个原子上的自旋的取值确定,自旋只能取两个值中的一个,物理学家们称为自旋向上或向下. 当模型处于一完全确定的态 $s \in S$(S 表所有可能态的集合)时,由边 $[v_1, v_2]$ 所联结的两个原子一顶点的(局域)相互作用能 $E[s(v_1), s(v_2)]$ 设定如下:如这两个原子自旋相同,设为 ± 1,如自旋相反就设为 $a^{\pm 1}$,其中的正负号由边(相互作用)的正负而定;此处 a 为多项式上自变量的名称(即 a 或 a^{-1} 的多项式),这多项式是你想要求得的.

(正是这个对原子间相互作用能的特定的选择对 Pott 模型是唯一的,而 Pott 模型是用于水与冰之间相变的模型)

做完了这些事,我们就可将模型配分函数定义为

$$Z(K) = \left(\frac{1}{\sqrt{2}}\right) \sum_{s \in [v_i, v_j] \in A} E[s(v_i), s(v_j)]$$

式中 A 为全体边的集合.

从这个配分函数来推导 Jones 多项式需要应用 "Kauffman 技巧"的一个变种.

就这样我们看到用于水结冰的 Pott 模型就相当容易地导出了最为著名的结不变量. 在将这种构造用于他们的研究和科普文章中时,数学家们有非常热衷于"给结理论在统计物理中的应用"的倾向. 奇怪的分析! 结理论在这里对物理并没有作出什么贡献——相反,是统计物理得出了一种构造可以用于数学. 为了不伤害数学家们的自尊心,我们可回顾一下 Jones 原本的构造是纯粹数学的,而它是先于我们刚刚讲到的那个"物理"的构造的.

当然,真正重要的不是物理学家与数学家们之间的竞争,而是这两个原先相距甚远的知识领域的这个意外的巧合. 接下来,我们来谈另一个巧合,这是真的将结理论应用于物理的巧合.

10.4 Kauffman **括号和量子场**

我们曾讲过 Kauffman 括号,并用它来定义了那个最著名的结不变量,即 Jones 多项式. 我们就将看到,它还可以用于另外的完全不同的东西.

纽结理论中的 Jones 多项式

我们还记得,这个括号将一个含 a 与 a^{-1} 的多项式 $<K>$ 每一平面结图 K 相联系,而这个多项式是由一个从统计模型的配分函数导出的准确公式来定义的. 我们已经指出过,这个方程(我们这里用不着它)没有物理诠释,至少在一个实际的统计模型的构架内是如此. 它能起作用的是在另一个物理分支——拓扑量子场论.

这个理论,通常缩写为 TQFT,试图为经典场论(万有引力,电磁场等)找到最普遍形式的,即拓扑的,量子化的理论. 在这种拓扑式的理论中,人们研究的物理量——可观摩量——应完全与所采用的坐标系无关;在任一坐标的拓扑变换下,它们的数值应该不变,因此,它们和结不变量一样,是拓扑不变量.

Witten 提到采用 Jones 多项式的一个推广(常被称为 Jones-Witten 不变量);即他享有发现这个不变量的荣誉(他也因此获得了很有威望的 Fields 奖),也是他把它应用于构造 TQFT. 这个 TQFT 只不过是一个 $2+1$ 维的模型,其中 2 是"空间"的维数,1 是"时间"的维数,根据相对论的要求,这三个坐标会混起来. 于是这个模型是一个三维的模型,可以包含结,物理学家们称之为 Wilson 线.

稍后,Michael Atiyah(也是 Fields 奖获得者,不过是奖给他先前的工作),从数学的观点重新思考了 Witten 的模型,将它推广从而创造了一个公理性的 TQFT 理论. Vogel 及其合作者将这个理论具体化,构造了一整个系列 TQFT 的实例,其中 Kauffman 括号起最关键性的作用. 这我用不着对这个理论及这些实例作详细解说——所需的数学太高深了. 我只想限于有

第10章　Aexei Sossinsky 论结与物理

关括号的一些内容.

在这些普遍的形式中,所考虑的不再是平面,而是一片有边界的曲面,结(或链环)就是画在这个曲面上,结的线条可以终止在曲面的边界;图3 上画的是一个典型的例子. 这个图的每一个都有一含 a 及 a^{-1} 的多项式与之相联,这个多项式遵守两条非常简单的法则

$$<X> = a<\asymp> + a^{-1} <)(>$$
$$<K\cup\bigcirc> = (-a^2 - a^{-2}<K>)$$

读者会认识到 Kanffman 括号的两个基本性质. 注意到,这个构造的一种特殊情形(当曲面为一圆盘时)会给出所谓 Temperley-Lieb 代数,一种算子代数,也遵守 Artin 代数,Yang-Baxter 代数和 Reidemeister,Hecke 代数等这些代数所遵守的法则,这又是一种巧合.

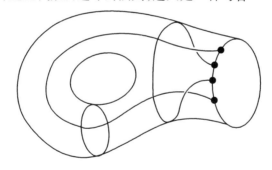

图3　一有界曲面上的链环的图

我不想从物理实在的观点来评判这些 TQFT 模型的意义,物理学家们对它们是相当看重的,但也许还没有像对量子群的(数学的)概念那么看重,它们与结理论的联系是我们接下来要谈的内容.

10.5 量子群是制造不变量的机器

量子群早就出现了,今天已是数学家们和物理学家们的共同集中研究的对象. 可是它的形式定义却没有什么引人入胜的地方: 一个量子群就是由一些抽象元素组成的集合,这些元素应满足一大堆代数公理式的要求,而这公理的实际意义还不太清楚.

我将不去详细解说量子群的定义,而是集中来谈它的物理意义方面. 首先要指出,尽管它的名字叫作群,但量子群根本不是群;它们是代数,甚至是"双代数"(bialgebras). 就是说,对任何一个集合 Q 中给定了两个运算:一个是乘法,另一个是上乘法(comultiplication). 乘法自然就是对集合 Q 中的任意一对元素规定 Q 中某一完全确定的元素与之对应,这个元素就叫作那一对元素的积. 上乘法则做相反的运算:它对 Q 中的每一个元素规定一对元素与之对应,并称之为它的上积(coproduct). 从物理的观点来看它们分别相当于两个粒子融合为一个粒子和一个粒子分裂为两个粒子的过程. 我们用图 4 中的两个图代表这种对应关系.

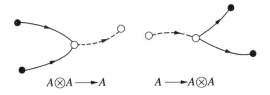

图 4 两个粒子的积与上积

运算(乘积和上乘积)应该满足若干明显的公理(例如结合性),从而给 Q 装备上数学家们称之为双代

第10章 Aexei Sossinsky 论结与物理

数的结构. 这些公理限制性不太强, 能允许的量子群太多, 因此人们不得不考虑其中较窄小的一类, 例如, 由 Drinfel'd(又是一个 Fields 奖获得者) 所定义的准三角量子群.

准三角公理意味着 Yang-Baxter 方程在其中成立, 而这一点, 读者们自然会猜得到, 提供了准三角量子群与结之间的一个联系. 更准确地讲, 这些量子群的表示使我们能够一个接一个地定义许多不变量, 其中有新的, 也有我们熟知的. 可以说, 量子群真是大规模生产结不变量的一种科学方法.

10.6 Vassiliev 不变量和物理

我们知道, Vassiliev 不变量是通过将一种非常普通的构造应用于结而得到的. 这种普遍的构造在观念上很接近突变理论. 我们能给翻转(flip)某种基本的物理意义吗? (翻转是一种主要的突变, 在这一过程中结的下部线条突破上部线条, 终止于顶端) 不能, 看来至少不能明显地做到. Vassiliev 工作中基础的物理是什么也不清楚; 它被淹没在表征不变量的代数的和组合的结构中了.

问题在于, 不变量的集合 V(它实际上是一个矢量空间) 不仅定义了乘法(由将不变量的值相乘来定义, 而不变量的值为普通的数), 而且还定义了上乘法:Δ: $V \to V \otimes V$. 后者是借助于两个结的联结和 "#" 通过下述公式来定义的

$$(\Delta v)(K_1 \# K_2) = v(K_1) \cdot (K_2)$$

不难看出这两个运算把 V 造成了一个双代数. 因此,

从一开始这个"非常物理的"结构(粒子的融合和分裂)就用不着到"外面"去寻求另外的代数对象来制造"物理"不变量(准三角量子群就要找 Jones-Witten 型不变量). 这个双代数结构是 Vassssiliev 不变量内部所固有的.

但还有更多的东西. 首先, 在分析层面上, 结的 Vassiliev 不变量可以用极美妙的 Kontsevich 积分来表示. 在某种意义上来讲, 它是电磁学中 Gauss 积分的推广, 因此肯定有物理释义. 是什么样的释义呢? 没人知道.

其次, 在组合层面上, 用弦图来解释 Vassiliev 不变量是 Maxim Kontsevich 学(又是一个 Fields 奖获得者的另一贡献). 它又给代数提供了甚至不止一个物理取向. 特别是, 中文字符的代数(不久前还被叫作 Feynman 图代数), 正如其先前的名称所提示的, 与物理理论很贴近. 不过, 我们还仍然是处于思考和期待的阶段.

最后一个重要点(也仍然还没弄懂)是四项式关系. 这个关系式只不过是经典的 Jacobi 恒等式的一种形式, Dror Bar-Natan 曾利用这一点, 通过 Lie 代数的表示来构造 Vassiliev 不变量. 在基本数学关系之间的这种巧合会不会有"物理方面的"发展呢?

10.7 结束语:事情还没完结

很久以前 William Thomson 想用结来构造一个原子模型的思想开启了结理论的大门. 到了最近, 结不变量, 特别是 Kauffman 的括号, 成了各种面向物理的理

第 10 章 Aexei Sossinsky 论结与物理

论的基础,例如拓扑量子场论的基础. 我们现在走到了哪里?

Thomson 的思想的生命是短暂的,从实际的物理实在的观点来看,(Witten, Atiyah, Vogal, Crane, Yetter 形式下的)TQFT 的意义至少可以说还不太明朗. 对物理与结之间联系的兴趣是不是也会是短命的?

对于在结理论中的专家们来说,要做的事还很多. 例如,现在还没有这样的解结算法,它简单而又足够有效以致可以交给计算机去做,还有很多其他重要问题尚束之高阁. 对于那些站在一旁观看着结的数学物理中的研究者们来说,许多领域尚未被探索,特别是有关 Vassiliev 不变量的.

最后,别忘了,除了经典的结(空间中的三维曲线)之外,还有一些研究得甚少的"广义结",例如四维空间中的(二维)球面(或者更一般地讲,任意面). 依照 Einstein 所说,我们生活在一个四维的空间 – 时间之中. 按照弦理论的专家们的说法,粒子的传播可以用曲面来模拟. 引力的量子理论是不是隐藏在其中某个地方呢? Vassiliev 不变量(它必定存在于这种形式的理论中)是否有真实的物理意义?

研究往往从问题与希望开始. 最后,希望读者(包括我自己)将能在结理论这个环境中再次感受到无可比拟的愉悦,那是由伟大的发现所得出的认识带给我们的.

J. S. Blrman 论纽结理论中的新观点

第 11 章

本章将描述 1984 年 Joneo 多项式发现之后,在纽结理论中的某些进展.描述的重点是近来对于这些新不变量的拓扑意义的初步理解.其次要强调辫理论(braid theory)在这一学科中的重要作用.再其次是由单李代数及其万有包络代数的表示理论所给出的统一原则.这些侧重点的选择完全是一己之见,它们顶多只能代表继 Jones 多项式发现之后,这一学科范围广泛的发展中的某几个方面罢了.

最著名的经典纽结不变量是 Alexander(亚历山大)多项式,在 11.1 中要讨论它的拓扑背景.它可以告诉我们,在 Jones 多项式中应该遇到哪些东西. Alexander 在 1928 年发表的文章最后,对他的多项式给出了一个变换交叉点(crossing-change)形式的公式,这就预示了未

第11章 J.S.Blrman 论纽结理论中的新观点

来的发展,在11.2中要讨论与此有关的公式是如何随着 Jones 多项式一道出现的,并最终导致了其他更一般的纽结与环链的多项式的发展. 在 11.3 中,利用 R-矩阵理论,这些"广义 Jones 不变量"得到更为系统的描述. 在这里编辫理论就登场了,因为每个广义 Jones 不变量都是从编辫群族 $\{B_n : n = 1,2,3,\cdots\}$ 的某个" R-矩阵表示"的迹函数得到的. 因此,这些决定的纽结不变量与环链不变量都被称为量子群不变量. 在下面提到它们时,量子群不变量与广义 Jones 不变量这两种称呼都将用到. 虽然 R-矩阵理论以及量子群的构造能够统一地描述所有的不变量,然而最基本的想法却本质上都是组合的. 因此,在 11.3 结尾处就可以看到,在 1990 年时,尽管拓扑学家们对于无向纽结型以及无向环链型的拓扑背景一无所知,然而却有一个统一的框架来构造大批新的纽结不变量与环链不变量,甚至有可能对它们加以分类.

11.4 中引进了一些崭新的不变量,它们产生于 Arnold 阿诺德在奇点理论中所创始的技巧. 这些新的不变量在一个很有意思的新的拓扑结构中有着牢固的基础,在这个拓扑结构中研究的并非某个单独的纽结,而是所有纽结的空间. 对于纽结而言,这种观点已被 Vassiliév 处理得相当成功了. (注:这简单起见,在本文中只讨论纽结. 对于环链的相应理论目前尚不成熟.) Vassiliev 纽结不变量是有理数. 它们位于向量空间 V_i, $i=1,2,3,\cdots$,V_i 的维数为 d_i,而且在 V_i 中的不变量的"阶"为 i. 另一方面,量子群不变量是一个变量 q 的整系数 Laurent 多项式. 它们之间的关系如下:

定理 1 设 $g_q(K)$ 为纽结型 K 的量子群不变量.

纽结理论中的 Jones 多项式

在 $g_q(K)$ 中令 $q = e^x$,并将 e^x 的各次幂展开为 Taylor(泰勒)级数,令最后得到的有理数 Q 上的幂级数为

$$P_x(K) = \sum_{i=0}^{\infty} u_i(K) x^i$$

那么 x^i 的系数 $u_i(K)$,当 $i = 0$ 时等于 1,而当 $i \geqslant 1$ 时是一个 i 阶 Vassiliév 不变量. 因此,由所有纽结作成的空间的 Vassiliév 拓扑就是我们要找的量子群纽结不变量的拓扑基础.

定理 1 中一个关键的想法是,为了搞清楚问题,先得将纽结多项式展开为幂级数. 这一点最初是 Bar Natan 告诉波尔曼与林晓松的. 11.5~11.7 中要描述一些想法,它们将导出定理 1 的一个新的与极其简单的证明. 首先,在 11.5 中将指出 Vassiliév 不变量可以用公理系统与初始条件给出,正像 Jones 多项式, HOMFLY 与 Kauffman 多项式以及 G_2 多项式一样. (实际上,一切量子群不变量都可以用公理系统来描述,然而所用到的公理却可能非常复杂,以致于没有什么启发性.) 在 11.6 中,通过一个新玩意,即奇异辫子的 monoid,将辫子理论引入到 Vassiliév 的框架中. 值得注意的是,这个 monoid 可以同态地(我们猜测是同构地)映入到辫群的群代数中,这说明它在数学中是一个与辫群本身同样重要的对象. 这就使辫群的每个 R - 矩阵表示都可扩张到奇异辫子的 monoid 上去. 在 11.7 中将用 R - 矩阵与奇异辫子来证明定理 1. 11.8 又回到拓扑上去,讨论对量子群不变量的拓扑背景刚刚开始的理解. 然后,我们简单地讨论一下关键的问题:我们对于纽结代数不变量的了解是否足以将它们分类呢? 此外,还要指出这个问题还可以提得更鲜明些.

第 11 章 J.S.Birman 论纽结理论中的新观点

本节的目的,是尽可能清晰地介绍有关内容,不纠缠于技术细节,以帮助其他领域的读者尽可能多地了解纽结理论的现状. 从而,文中所给的"证明"其实都是证明的提要. 但是我们希望,所讲的内容也已经足以使一个研究生在读完本文之后,如果再读点其他文献的话,就可以补充全部的细节.

由于篇幅关系,有许多论题是有意被排除于本节之外的,最重要的是量子群不变量与 Vassiliév 不变量对任意三维流形中纽结与环链的推广,也就是 Witten 在提出的方案. 这个一般的方案比起三维球面中纽结与环链,或者仅仅是纽结这一个特殊情形来说,本质上要困难些. 这个领域的研究很活跃,每天都有新发现. 起初,我们想简单地讨论一下 Reshetikhin 和 Turaev 的三维流形不变量,然后对 Kirby 和 Melvin 的不变量在某些特例下进行详尽的推导. 但是,我们后来认识到,要作这种讨论就不能忽略 Jeffrey 关于透镜空间的 Witten 不变量所给出的公式. 尽管很不情愿,我们最后还是决定仅仅讨论三维欧氏空间中的纽结,但不管怎么样,我们的陈述是一般情形的一个限制. 因此,尽管它们与本文的主题似乎有紧密的联系,我们也只好舍弃了. 对此,还对其他的省略,我们都感到遗憾.

11.1 纽结及其 Alexander 多项式引论

纽结 K 就是定得圆周 S^1 在定向三维空间 $\mathbf{R}^3$ 或者 S^3 中的嵌入象. 如果取的是 $\mu(\mu \geqslant 2)$ 个定向圆 S^1,则它的嵌入象(也记为 K)就是一个环链. 纽结型或者环链型 K 是偶 (S^3,K) 在同时保持 S^3 与 K 上的定向的同

纽结理论中的 Jones 多项式

胚变换之下的拓扑型. 如果将 S^3 换成 $\mathbf{R}^3$, 纽结型不变, 因为 S^3 的同胚都同痕于(isotopic)一个具有不动点的同胚, 而这一点就可以取为无穷远点(图1).

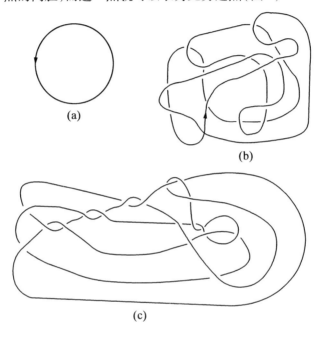

图 1 无纽结的图

纽结可以用一个图来给出直观表示. 这个图就是 $K \subset \mathbf{R}^3$ 在某个 generic $\mathbf{R}^2 \subset \mathbf{R}^3$ 上的投影, 这个投影还要略加修饰以区分上行与下行, 就像地图上的高速公路一样. 图1中给出了一些例子, 图1(a)中的例子是无纽结, 它可表示为平面上的一个圆周. 图1(b)是一个分层的(layered)纽结图, 就是, 从这个图中的任意一个点出发(图1(b)中为箭头所指的点), 当它经过投影中的任何一个交叉点时, 第一次总是从上行线经

第 11 章 J.S.BIrman 论纽结理论中的新观点

过的. 读者可以验证, 有 μ 个分支的分层图, 表示的是 μ 个无纽结的不成链 (unlinkod) 周围. 从这一简单的事实可以推出, 任何环链图都可以通过有限次改变交叉点而得出一个不成链的图, 而且分支个数相同.

  图 1(c) 是用来说明纽结的复杂性的. 它也是无纽结, 然而却并非分层图. 这个例子是 Goeritz 在三十年代中期所构造的. 那时候, 人们已经知道, 经过有限次 Reidemeister 著名的移动变换, 可以将纽结图相互变换. Reidemeister 移动共有 3 个, 如图 2 所示, 当然还有一些明显的对称与其他的变化. 注意 Reidemeister 变换都是"局部的", 即它们限制在这个图的至多包含三个交叉点的区域内. 如果将纽结图的复杂程度定义为交叉点的个数, 很自然地要问是不是有一些变换能保持或减少复杂程度, 而且当重复使用它们有限次之后, 可以将任意纽结图化为一个具有最小交叉点个数的图. 图 1(c) 有效地说明了这种方法是行不通的, 因为作为补充 Reidemeister 变换而提出来的 8 个变换都不能使这个图化简.

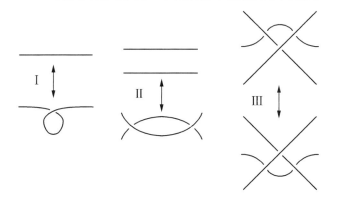

图 2   Reideister 移动变换

纽结理论中的 Jones 多项式

考察一下图 3 中"带柄的移动",可以将这个问题看得更清楚一点. 注意图 1(c)中交叉点的个数可以用适当的带柄的移动来减少. 图 3 中标为 X 的区域可以是任意的. 带柄的变换显然减少交叉点的个数,但略加考虑就可以看出,要是想将这个变换分解为 Reidemeister 移动的乘积的话,因为 X 可能会很复杂,因而就有必要重复使用第二 Reidemeister 变换,以便产生使第三 Reidemeister 变换得以应用的区域. 类似的推理可以说明,任何一组局部变换都不可能减少复杂程度. 实际上,假如知道了这样一组变换的话,我们就可以有一个算法来解决纽结问题了,因为交叉点个数给定了之后就仅有有限个纽结图了.

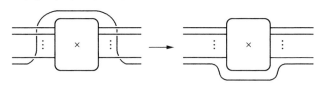

图 3　带柄的移动变换

图 4 中我们已给出了其他一些纽结的例子. 19 世纪末期物理学家 Peter Guthrie Tait 及合作者,试图将纽结加以系统地分类,编纂了一个表,图 4 就是这个表的开头部分. 表中的纽结是以交叉点的个数为顺序排列的,例如 7_6 表示有 7 个交叉点的纽结中的第 6 个. 这一个表中包含了全部交叉点个数不超过 7 个的素纽结,但不包括在 K 上或者 S^3 上改变定向可以得到的对称纽结. (表中有两个三叶结,其理由将在以下说明. 这个表包括了交点不超过 13 个的全部的素纽结,是一个很巨大的工作. (附带说一句:纽结确定也像整数一

第 11 章　J. S. BIrman 论纽结理论中的新观点

样,可以分解为素纽结的乘积,当然这个乘积的意义需要适当地定义,而且这个乘积除了顺序之外是唯一的.)他们明确指出,最终目的是揭示纽结打结的本质的规律. 然而令人大为失望的是,他们没能给出任何可以纽结图计算出来的纽结不变量. 今天,这个表的意义在于它提供了大量的例子,充分说明了这一学科的优美与复杂.

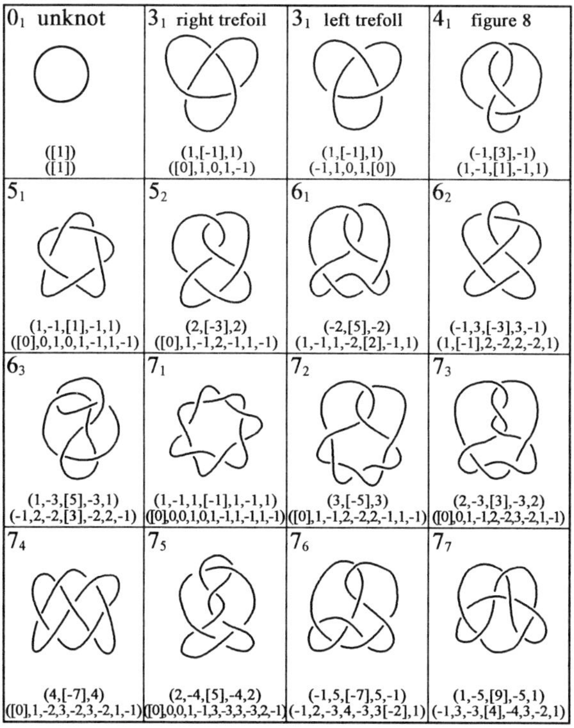

0_1 unknot	3_1 right trefoil	3_1 left trefoll	4_1 figure 8
([1]) ([1])	(1,[-1],1) ([0],1,0,1,-1)	(1,[-1],1) (-1,1,0,1,[0])	(-1,[3],-1) (1,-1,[1],-1,1)
5_1	5_2	6_1	6_2
(1,-1,[1],-1,1) ([0],0,1,0,1,-1,1,-1)	(2,[-3],2) ([0],1,-1,2,-1,1,-1)	(-2,[5],-2) (1,-1,1,-2,[2],-1,1)	(-1,3,[-3],3,-1) (1,[-1],2,-2,2,-2,1)
6_3	7_1	7_2	7_3
(1,-3,[5],-3,1) (-1,2,-2,[3],-2,2,-1)	(1,-1,1,[-1],1,-1,1) ([0],0,0,1,0,1,-1,1,-1,1,1)	(3,[-5],3) ([0],1,-1,2,-2,[2],-1,1,-1)	(2,-3,[3],-3,2) ([0],1,-1,2,-2,2,-2,1,-1)
7_4	7_5	7_6	7_7
(4,[-7],4) ([0],1,-2,3,-2,3,-2,1,-1)	(2,-4,[5],-4,2) ([0],0,0,1,-1,3,-3,3,-3,2,-1)	(-1,5,[-9],5,-1) (-1,2,-3,4,-3,4,-3[-2],1)	(1,-5,[9],-5,1) (-1,3,-3,[4],-4,3,-2,1)

图 4

在图 4 中的每个例子的下表,我们给出了两个著

纽结理论中的 Jones 多项式

名的不变量,即 Alexander 多项式 $A_q(K)$ 与单变量的 Jones 多项式 $J_q(K)$. 两者是 q 的 Laurent(洛朗)多项式,我们用数串来表示系数的序列,加了方括号的那一项表示常数项. 例如,纽结 6_1 下的第二个序列为(1, -1,1, -2,[2], -1,1)表示它的 Jones 多项式为 $q^{-4} - q^{-3} + q^{-2} - 2q^{-1} + 2 - q + q^2$. 从表中所列的 16 个例子中可以很容易地看出,这两个不变量都有丰富的结构. 表中没有重复(除了两个三叶节的 Alexander 多项式之处,我们有意将它们放在一起.)Jones 不变量系数所组成的数串,它们的根(没有列出)与极点(关于它们几乎一无所知),说明这个多项式可能包含了有关纽结的有趣的性质. 注意 $A_q(K)$ 是对称的,即:$A_q(K) = A_{q-1}(K)$,或者等价地说,系数串是中心对称的. 另一方面 $J_q(K)$ 却不是对称的. 两个多项式当 $q=1$ 时取的值都等于 1. (注:Alexander 多项式实际上是直到相差一个 $\pm q^m$ 因子唯一决定的,我们选取的是规范化的形式,这样可以强调对称性,而且使它在 1 处取的值为 +1 不是 -1.)

表中所有的纽结都是可逆结,即,存在三维空间的同痕将此定向纽结变为具有相反定向的纽结. 这个表中第一个不可逆的纽结是 8_{17}. 当这个纽结的定向改变时,相应的 Alexander 多项式与 Jones 多项式都不变. 11.8 中要进一步讨论不可逆纽结.

$A_q(K)$ 的拓扑意义已经理解得很好了,而 $J_q(K)$ 的拓扑背景的理解还刚刚起步. 为了解释第一句话,让我们回到纽结理论最早的问题之一:补空间 $X = S^3 - K$ 的拓扑型 X 与其基本群 $G(K) = \pi_1(X, x_0)$ 的同构类 G 在多大程度上决定了纽结的分类?三叶结是最简单的

第 11 章　J. S. Blrman 论纽结理论中的新观点

非平凡纽结,几乎每个人都会这么想,因此,在拓扑空间的基本群发现不久,Max Dehn 成功地证明了三叶结与其镜像有同构的基本群,但却有不同的纽结型时,成为十分引人注目的一件事. Dehn 的证明极富创造性! 由此开始了一个漫长的故事,产生了许多工作,它们使得具有同胚的补空间或者同构的基本群的不同的纽结型的个数不断地减少,一直到最近终于证明: (i) X 决定了 K(参见[GL]);(ii)若 K 是素纽结型,则除差一个无向等价之外, G 决定了 K. 从而对一给定的纽结群,至多有四个不同的定向素纽结型. 这一事实下面马上就要用到.

　　纽结群 G 是有限表现的,然而,它是无限群,无挠,而且若 K 非平凡的话,是非交换的. 如果直接处理这个问题的话,则一般而言,纽结群的同构类很不好理解. 此时,有一个明显的方法是过渡到交换化群上去,然而对所有纽结而言, $G/[G,G] \cong H_1(X,\mathbf{Z})$ 都是无限循环群,从而不能区分纽结. 取一个属于 $[G,G]$ 的覆盖空间 $\widetilde{X}$,则通过覆盖变换,循环群 $G/[G,G]$ 在 $\widetilde{X}$ 上就有一个自然的作用. 这个作用使得同调群 $H_1(\widetilde{X},\mathbf{Z})$ 成为了 $\mathbf{Z}[q,q^{-1}]$ 模,其中 q 是 $G/[G,G]$ 的生成元. 这个模也是有限生成的. 它就是著名的 Alexander 模. 环 $\mathbf{Z}[q,q^{-1}]$ 不是 PID,然而 PID 上的模论中某些有关的部分可以用到 $H_1(\widetilde{X},\mathbf{Z})$ 上. 特别,它分解为循环模和直和,第一个非平凡的项即为 $\mathbf{Z}[q,q^1]/A_q(K)$. 从而 $A_q(K)$ 是"阶理解"order ideal 的生成元,是模 $H_1(\widetilde{X})$ 的最小的非平凡挠系数. 特别, $A_q(K)$ 显然是纽结群的一个不变量.

纽结理论中的 Jones 多项式

上面对 $A_q(K)$ 的描述,很好地说明了我们所希望的纽结的拓扑不变量应该是个什么样子. 我们准确地知道,它能判别些什么,也就准确地知道,它不能判别些什么. 例如,$\pi_1(\widetilde{X})$ 是有限生成的,当且仅当 X 可作为 S^1 上的曲面丛. 然而,从 $A_q(K)$ 却无法判定 $\pi_1(\widetilde{X})$ 是否为有限生成的. 另一方面,如果曲面丛结构确实存在,那么曲面的亏格由 $A_q(K)$ 决定. 多项式 $A_q(K)$ 还可以几种方式推广. 例如,可有环链的 Alexander 不变量,当 Alexander 模有多于一个挠系数时,还可以有其他的 Alexander 不变量. 此外,这整套理论都可自然地推广到高维纽结,在这一学科中推广后的不变量起着重要的作用.

回到图 4 中的表,注意当纽结换为其镜像时(即改变 S^3 的定向时),Alexander 多项式 $A_q(K)$ 与 $J_q(K)$ 变为 $A_{q^{-1}}(K)$ 与 $J_{q^{-1}}(K)$. 前面说过,$A_q(K)$ 在这一变换下不变,但从三叶结这个最简单的例子可以看出,Jones 多项式却是要变的. 现在,再回忆一下,当 S^3 的定向改变时,G 并不变. 这就说明,$J_q(K)$ 不会是群不变量!因为对应于同一个纽结群 G 顶多有四个不同的纽结型,所以可以大胆地猜测能判别大空间定向但却不能判别纽结定向的多项式 $J_q(K)$ 可以将无向纽结型分类. 然而,这并不正确,因为构造了无穷多个不同的素纽结型,它们有同一个 Jones 多项式. 因此,探求 Jones 多项式的拓扑背景确实是一个非常有趣的问题. 如果它不是纽结群不变量,那又是什么呢?我们要通过一条迂回的道路来处理这个问题,特别要提一下在这一学科中,"交叉点变换公式"的头等重要且十分惊

第 11 章 J.S. Birman 论纽结理论中的新观点

人的作用.

11.2 交叉点变换

对数学史有兴趣的读者,翻一翻 Alexander 的选集,就会发现在他许多文章的结尾处都有一个晦涩的附注. 事后我们才知道,这些附注暗示了本学科的发展. 例如,在他关于辫子的著名论文中,(这篇文章在 11.6 要详尽讨论),他证明了每个纽结与环链都可以表示为封闭的辫子. 然后他给了一个附注说,这可以得出一种描述三维流形的一般方法,即通过三维流行的 Fibered knot 来描述它. 但是,他这个注是在其他的人想到 fibered knot 这个概念之前很久就给出了! 可以发现三个环链 K_{p+}, K_{p-} 与 K_{p_0} 的 Alexander 多项式之间的关系. 这三个环链在某个特定的交叉点 p 之外全同, 而在交叉点 p 的某个邻域内,它们之间的差别则如图 5 所示.

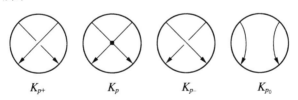

图 5 相关的环链图

Alexander 所给出的公式是

$$A_q(K_{p+}) - A_q(K_{p-}) = (\sqrt{q} - 1/\sqrt{q}) A_q(K_{p_0}) \quad (1)$$

这个公式 40 年内没有引起人们的注意. (我们是 1970 年从 Mark Kidwell 那里首次知道 Alexander 的这个公式的.) 在 1968 年,它被 John Conway 独立地重新发

现,他还有新的发现:如果除了式(1)之外,再要求
$$A_q(O) = 1 \qquad (2)$$
这里 O 是无纽结,那么,通过递归的方法,(1)与(2)决定了所有纽结的 $A_q(K)$. 要证明这一点,首先注意,如果 O_μ 是有 μ 个分支的无纽环链(unlink),那么可以找到相关的图 K_{p+},K_{p-} 与 K_{p0} 分别表示 O_μ,O_μ,$X_{\mu+1}$,如图 6 所示:

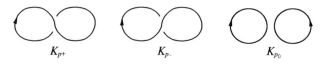

图 6　无纽环链的三个相关图

这个事实以及(1)就可推出当 $\mu \geq 2$ 时 $A_q(O) = 0$. 其次,回忆一下图 1(b)可知,任何纽结型 K 的图 K,通过适当的交叉点变换,都可以变为一个分层图,它是一个分支个数相同的无纽结或者无纽结环链. 对于无纽结环链所作的交叉点变换的次数用归纳法,即可证明 Conway 的结果. 这使他进一步深入地研究了纽结图的组合学.

尽管 Jones 多项式是通过辫论得到的(不久将进一步讨论这一点),Jones 在一开始就注意到,他的多项式也满足一个交叉点变换公式
$$q^{-1} J_q(K_{p+}) - q J_q(K_{p-}) = (\sqrt{q} - 1/\sqrt{q}) J_q(K_{p0}) \qquad (3)$$
从这个公式出发,用图 6 及分层图以及初始数据
$$J_q(O) = 1 \qquad (4)$$
可以用来计算任何纽结的 $J_q(K)$. 有几位作者受(1)-(2)与(3)-(4)之间相似性的启发,考虑了更一般的交叉点变换公式,它们可以描述成交叉点变换

第11章 J.S.Blrman 论纽结理论中的新观点

公式的一个无穷序列

$$q^{-n}H_{q,n}(K_{p+}) - q^{n}H_{q,n}(K_{p-}) = (\sqrt{q} - 1/\sqrt{q})H_{q,n}(K_{p_0})$$
(5)

$$H_{q,n}(O) = 1 \qquad (6)$$

其中 $n \in \mathbf{Z}$. (5)-(6)确定了无穷序列的单变量多项式,并能唯一地推广为一个二元不变量,即 HOMFLY 多项式. 后来,(5)-(6)被代以更复杂的交叉点变换公式,从而得出纽结与环链的 Kauffman 多项式不变量. 后来找到了一个一致的原理,得出了其他更多的不变量,例如,嵌入纽结、环链与图的 G_2 不变量. 再后来,交叉点变换公式还被用来决定纽结图的其他多项式不变量.

现在,我们知道许多其他的纽结、环链与图的多项式不变量. 原则上,它们都能用广义交叉点变换公式以及初始条件来定义. 一般而言,可以用一族类似于(3)和(5)的方程来定义一个多项式. 我们希望,这些方程能给出某些纽结的不变量之间的联系,这些纽结的图在某一区域中的差别有一种固定的格式,是用出去与进来的弧表示的. 这种差别的方式也许比简单的交叉点变换点的"surgery"更为复杂. 因此,我们就有一个谜:一方面,纽结与环链的图与交叉点变换公式显然与本学科大有联系;另一方面,它们的作用在许多方面都是不清楚的,因为我们从多项式所能得到的与纽结图相关的不变量的信息并不如我们所希望的那么多.

最后这句话可以说得更清楚一些. 首先,我们定义三个与纽结图有关的不变量:

(i)纽结的最小相交点数 $c(K)$;

(ii)变换成无纽结的交叉点变换的最少次数

$u(K)$；

(iii) 最小 Seifert 圆周数 $s(K)$，这里的最小值是在所有可能的纽结图上取的.（附带说一下，若不熟悉 Seifert 圆周的概念，则可知，整数 $s(K)$ 也能定义为纽结或环链的辫指标，即使 K 能表成 s 束闭辫子的最小整数 s. 如果闭辫子的概念也不熟悉，则可以参看 11.3.）它们都满足由纽结多项式推出的不等式. 例如，Morton-Frunks-Williams 不等式给出了 $s(K)$ 的上下界，而最近由 Menasco 证明的 Bennequin 不等式给出了 $u(K)$ 的下界，这可由单变量的 Jones 多项式推出. 另一个例子是，单变元的 Jones 多项式是用来证明 Tait 猜想的主要工具，Tait 猜想可以准确地决定交错纽结的 $c(K)$. 另一方面，有例子说明，这些不等式是可以严格地成立的. 目前，确实还没有任何有效的方法计算上面提到的三个与纽结图或环链图相联系的有着直观意义的不变量.

11.3 辫群的 R-矩阵表示

有一段时间，纽结与环链的不变量大量出现，但不久之后在混沌中产生了有序，出现了一个统一的方法来很好地描述这些新的不变量，这是在过去八年中最重要的成就之一，本节就要对此加以讨论. 注意，至少可以用两种等价的方式来进行描述：一种是用代数的方法；另一种是用 R-矩阵理论，就是我们要讨论的.

首先，我们从大家熟知的 n 束辫子的概念开始. 图 7(a) 给出了 $n=3$ 的一个例子. n 束辫子可以看作是位于三维空间中的一块薄板内 $R^2 \times I \subset R^3$. 它由 n 个相

第 11 章 J.S.Birman 论纽结理论中的新观点

互交错的有向弦组成,这些弦将面平 $\mathbf{R}^2 \times \{0\}$ 上标号为 $1,2,\cdots,n$ 的 n 个点与平面 $\mathbf{R}^2 \times \{1\}$ 上相应的点联结起来,而且与每个中间的平面 $\mathbf{R}^2 \times \{t\}$ 相交正好 n 个点. 给定了两个辫子,如果存在一个同痕,将其中一个变为另一个,且保持每根弦的起点与端点,并使每个平面 $\mathbf{R}^2 \times \{t\}$ 保持不动,而且又使任意两弦都不会相交,那么这两个辫子就称为等价的. 两个辫子相乘就是将它们放在一起,抽去中间的平面再加以压缩得到的辫子. 从一个(开)辫子出发在 $\mathbf{R}^3$ 中将每个弦的起点与端点按图 7(b)的方式联结起来,就得到了闭辫子,这个方式使得若将闭辫子看作是环绕 z-轴时,则它

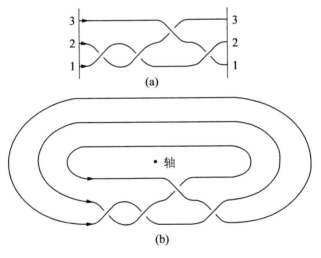

图 7 辫子

与每个平面"$\theta =$ 常数"都相交于正好 n 个点. Alexander 的一个著名的定理说,每一个纽结或环链都可以表成为一个闭辫子. 事实上,若 K 是给定的定向环链,

$R^1 \subset R^3$ 是任意一根有向直线,与 K 不相交,那么,将 K 作适当的同痕变换,就可使这个 R^1 为该辫子的轴.

辫子群 B_n 可以由图 8 所示的基本辫子 $\sigma_1, \cdots, \sigma_{n-1}$ 生成. 例如, 图 7(a) 中的辫子用图 8 中的生成元来描述, 就是一个词 (word) $\sigma_1^{-2}\sigma_2\sigma_1^{-1}$. B_n 中的定义关系是

$$\sigma_i\sigma_j = \sigma_j\sigma_i, \ |i-j| \geqslant 2 \qquad (7)$$
$$\sigma_i\sigma_j\sigma_i = \sigma_j\sigma_i\sigma_j, \ |i-j| = 1 \qquad (8)$$

这组关系称为辫子关系 (braid reations).

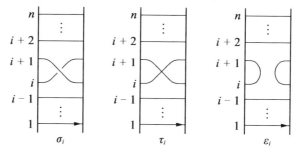

图 8 基本辫子,奇异辫子,tangle

令 B_∞ 为辫群 $B_1, B_2, \cdots$ 的无交并. 对两个辫子 β, $\beta^* \in B_\infty$, 如果相应的闭辫子 $\tilde\beta\tilde\beta^*$ 表示的环链型相同, 则称它们为 Markov 等价的. Markov 宣布了他的定理, 但四十年后才得到证明, 这个定理断言, Markov 等价是由 B_n 中的共轭运算以及将 B_n 中的词 $W(\sigma_1, \cdots, \sigma_{n-1})$ 变为 B_{n+1} 中的词 $W(\sigma_1, \cdots, \sigma_{n-1})\sigma_n^{\pm 1}$ 的映射 $B_n \to B_{n+1}$ 连成. 后者称为 Markov 第二移动. 图 7(a) 与图 7(b) 中的例子可以用来说明 Markov 等价. 那里的 3 束辫子 $\sigma_1^{-2}\sigma_2\sigma_1^{-1}$ 在 B_3 中共轭于 $\sigma_1^{-3}\sigma_2$, 然后用 Markov 第二移动又可变为 2 束辫子 σ_1^{-3}, 从而 $\sigma_1^{-3} \in$

第11章 J.S.Birman 论纽结理论中的新观点

B_2 Markov 等价于 $\sigma_1^{-2}\sigma_2\sigma_1^{-1} \in B_3$.

设 ε 为带有单位元的环，$\{\rho_n: B_n \to GL_{m_n}(\varepsilon); n=1,2,3,\cdots\}$ 为 B_n 在 ε 上的一族矩阵表示. 设 $i_n: B_n \to B_{n+1}$ 为自然包含映射，使 B_n 成为 B_{n+1} 中由前面 n 束辫子组成的子群. 线性函数 $\mathrm{tr}: \rho_n(B_n) \to \varepsilon$ 称为 Markov 迹，如果：

(i) $\mathrm{tr}(1) = 1$；

(ii) $\mathrm{tr}(\rho_n(\alpha\beta)) = \mathrm{tr}(\rho_n(\beta\alpha))$，$\forall \alpha, \beta \in B_n$；

(iii) $\exists z \in \varepsilon$ 使得若 $\beta \in i_n(B_n)$，则 $\mathrm{tr}(\rho_{n+1}(\beta\sigma_n^{\pm 1})) = (z)\mathrm{tr}(\rho_n(\beta))$.

特别，在 (iii) 中令 $\beta=1$，则得 $z = \mathrm{tr}(\rho_{n+1}(\sigma_{n-1}^{\pm 1}))$. 从 Markov 定理立即推出，任意一族 B_n 的表示，只要它有一个 Markov 迹，那么，对于给定的闭辫子 $\hat{\beta}$，设它的环链为 K_β，定义

$$F(K_\beta) = z^{1-n} \mathrm{tr}(\rho_n(\beta)) \tag{9}$$

那么 $F(K_{bt})$ 就是环链型的不变量.

以后，我们要讨论当表示乘以一个因子时，式 (9) 要如何变化，因此现在就预先做一点讨论. 设 $\rho = \rho_n$ 是 B_n 在 $GL_m(\varepsilon)$ 中的表示，有一个满足 (i) – (iii) 的函数 tr. 设 γ 是 ε 中的任意一个可逆元，对 $i=1,\cdots,n$ 定义 $\rho'(\sigma_i) = \gamma\rho(\sigma_i)$ 就得到一个新的表示 ρ'. 容易看出，当且仅当 ρ 为一个表示时，ρ' 是一个表示，因为 (7) 与 (8) 对一个成立，当且仅当它对另一个成立. 将 ρ 换成 ρ'，性质 (i) 与 (ii) 依然成立，但 (iii) 却必须修改，因为 σ_j 与 σ_i^{-1} 在新表示下的迹不再相同. 为了讨论方程 (9) 将如何变化，令 $z' = \mathrm{tr}(\rho'(\sigma_i)) = \gamma\mathrm{tr}(\rho(\sigma_i)) = \gamma z$，从而 $z = \gamma^{-1}z'$. 选择任意一个 $\beta \in B_n$. 那么 β 可以表示成为一个用生成元写成的词 $\sigma_{\mu_1}^{\varepsilon_1}\sigma_{\mu_2}^{\varepsilon_2}\cdots\sigma_{\mu_r}^{\varepsilon_r}$，其中 $\varepsilon_j =$

纽结理论中的 Jones 多项式

±1. 令 $\varepsilon(\beta) = \sum_i^r \varepsilon_i$，则方程(9)可换成

$$F(X_\beta) = \gamma^{-\varepsilon(\beta)} (z')^{1-n} \mathrm{tr}(\rho_n'(\beta)) \qquad (10)$$

因此，如果将表示乘以一个可逆元 γ 的话，依然存在一个环链型的不变量. 也可以类似地考虑将迹函数乘以一个因子的情形. 例如，我们不要求 tr(1) = 1，而是要求 $\mathrm{tr}(1n) = z^{n-1}$，其中 I_n 表示 B_n 中的单位元，那么方程(9)中的因子 z^{1-n} 就不存在了.

方程(9)或(10)定义的不变量直接依赖于辫群 B_n 的有限维矩阵表示 ρ_n 的矩阵的迹. 任何这种表示都由在生成元 σ_i 上的取值决定，这些值都是有限维的矩阵，从而满足特征值多项式方程，这就得出了一些多项式恒等式. 从本节的观点来看，这些恒等式就是早先在11.2中提到过的交叉点变换公式的一个来源. 另一个来源就是在矩阵群中总是存在的迹之间的恒等式. 一般说来，需要许多这种恒等式(即各种特殊的辫群元素所满足的多项式方程)，才能得出一套公理来决定一个环链型的不变量.

1984 年的夏天，距现在差不多有 8 年了. 波尔曼与 Vanghan Jones 相遇，他在研究 von Neumann 代数的 II_1 型因子及其子因子时，发现了一族新的 B_n 的矩阵表示，我们在一起讨论这一发现可能有哪些应用. 在此之前，本质上只有一个辫群的矩阵表示，它是忠实的表示，而且被研究得很透彻了，这就是 Burau 表示. 与那个表示相联系的不变量就是 Alexander 多项式. Jones 证明了他的表示包含 Burau 表示作为一个真值和因子. 从而，他的表示是新的，而且是有意思的. 此外，它们还有一个有趣的迹函数. 后来才知道，它的迹函数就是 Markov 迹. 如果 ρ_n 取为 B_n 的 Jones 表示，则(9)中

第 11 章 J.S.Blrman 论纽结理论中的新观点

称为 $F(K_\beta)$ 的不变量就是单变量 Jones 多项式 $J_q(K)$.

11.3.1 Jone 表示的发现

Jones 表示是如何发现的,因为这可以使我们看到,两个相距遥远的数学领域是怎样几乎偶然地发现意想不到的联系的,而它的影响将使数学家为之忙碌多年,这实在非常有趣. 设 M 是 von Neumann 代数. 从而 M 是 Hillert 空间 H 上的有界算子代数. 如果这个代数的中心仅由恒等元的常数倍组成,则 M 称为因子. 这个因子是 II_1 型的,如果它有一个线性泛函 $tr:M \to C$ 满足:

(i) $tr(1) = 1$;

(ii) $tr(xy) = tr(yx)$, $\forall x,y \in M$.

还要满足一个正性条件,我们这里就不提了. 这个迹大家都知道是唯一的,就是说满足(i)与(ii)的线性泛函是唯一的. Murray 与 von Neumann 很早就发现, II_1 型因子提供了测量 Hilbert 空间 H 的维数 $\dim_M H$ 的一种"尺度". 这里的维数概念推广了熟知的整数维数的概念,因为对于适当的 M 与 H, 这个维数可以是任意实数,也可以是无穷. Jones 工作的起点是这样一个问题: 假如 M_1 是 II_1 型因子, $M_0 \subset M_1$ 为子因子,那么作为比值 $\lambda = \dim_{M_0} H / \dim_{M_1} H$ 的实数 λ 是否满足某些限制呢?

这个问题的味道有点像 Galois(伽罗华)理论中的问题. 初看起来,没有理由认为 λ 会不取 $[1,\infty)$ 中的某个值,从而 Jones 的答案完全出人意料. 他称 λ 为 M_0 在 M_1 中的指标 $[M_1, M_0]$, 并证明了下面的定理.

11.3.2 Jones 指标定理

若 M_1 是 II_1 因子, M_0 是子因子,则指标 λ 可取的

纽结理论中的 Jones 多项式

值为 $[4,\infty)\cup[4\cos^2(\pi/p)]$，其中 $p\geqslant 3$ 为自然数. 而且，每个这样的实数都是某对 M_0,M_1 的指标.

现在，我们来简述一下 Jones 证明的想法. 首先，取一个 II_1 型因子 M_1 与一个子因子 M_0. 此时，还存在一点附加的结构，即存在一个映射 $e_1:M_1\to M_0$，称为 M_1 在 M_0 上的条件期望. 映射 e_1 是一个投影，即 $e_1^2=e_1$. 第一步，Jones 证明比值 λ 不依赖于 Hilbert 空间 H 的选取. 这使他可以选取一个合适的 H，使 M_1 与 e_1 生成的代数 $M_2=\langle M_1,e_1\rangle$ 有意义. 然后再研究 M_2，证明它也是 II_1 型因子，包含 M_1 作为子因子；而且 $[M_2:M_1]=[M_1:M_0]=\lambda$. 有了另一个 II_1 型因子 M_2 及其因子 M_1 之后，就有 M_2 上的一个迹，它限制到 M_1 上就是 M_1 上的迹（因为迹是唯一的），还有另一个条件期望 $e_2:M_2\to M_1$. 从而，Jones 重复上述的构造，得出了代数 $M_1,M_2,\cdots$，而由此又得出一族代数

$$A_n=\langle 1,e_1,\cdots,e_{n-1}\rangle\subset M_n \quad (n=1,2,3,\cdots)$$

现在，将 e_k 换成一组可逆的生成元 $g_k=qe_k-1+e_k$，其中 $(1-q)(1-q^{-1})=1/\lambda$. 我们可用 g_k 将 e_k 解出来，因为 e_k 生成 A_n，故 g_k 确是 A_n 的生成元. 从而

$$A_n=A_n(q)=\langle 1,g_1,\cdots,g_{n-1}\rangle$$

而且，有一个代数的升链

$$A_1(q)\subset A_2(q)\subset A_3(q)\subset\cdots$$

现在，我们要研究的是量不是 λ，而是参数 q 了. 可以证明这些 g_i 都是可逆元，而且满足辫子关系(7)–(8)，因此，定义一个从 B_n 到 A_n 的映射，将基本辫子 σ_i 映为 g_i，就得到 B_n 到 A_n 的一个同态. 在上面的升链中用到了参数 q. $A_n(q)$ 中的定义关系也依赖于 q，例如成立下面的关系 $g_i^2=(q-1)g_i+q$. 回忆一下，因为

第11章 J.S.Birman 论纽结理论中的新观点

M_n 是 II_1 型因子,它有唯一的迹函数,而且 A_n 是 M_n 的子代数,从而通过限制它也有一个迹函数. 这个迹正好是一个 Markov 迹! 最后,Jones 证明,如果 q 不满足上面所说的条件,那么具有这样的迹函数的无穷代数序列 $A_n(q)$ 就不存在.

因此,Jones 多项式中的"独立变量"本质上是某个 II_1 型子因子在某个 II_1 因子中的指标! 它的发现为纽结理论与环链理论打开了新的一页.

11.3.3 回到主题

现在要描述的方法,是 Jones 发现的,但第一个对所有细节进行了研究的人却是 Turaev,这个方法以一种统一的方式使每个广义 Jones 不变量都可以从 B_n 的某个适当的矩阵表示通过 Markov 迹得到. 与前面一样,设 ε 为带单位元的环. 设 V 为秩为 $m \geq 1$ 的自由 ε-模. 对 $n \geq 1$,令 $V^{\otimes n}$ 表示 n 重张量积 $V \otimes_\varepsilon \cdots \otimes_\varepsilon V$. 在 V 中选取基 $v_1, \cdots, v_m$,在 $V^{\otimes n}$ 中选取相应的基 $\{v_{i_1} \otimes \cdots \otimes v_{i_n}; 1 \leq i_1, \cdots, i_n \leq m\}$. 那么,$V^{\otimes n}$ 的 ε 线性同构 f 就可以用一个 m^n 维的 ε 上的矩阵来表示,即 $(f_{i_1 \cdots i_n}^{j_1 \cdots j_n})$,这里 i_k 是行指标,j_k 是列指标.

我们要描述的 B_n 的这族表示形式很特殊,它们可以由一个 ε-线性同构 $R: V^{\otimes 2} \to V^{\otimes 2}$ 完全决定,假定 R 的矩阵为 $[R_{i_1 i_2}^{j_1 j_2}]$. 令 I_v 表示向量空间 V 上的恒等式映射. 我们所需要的 $\rho_{n,R}: B_n \to GL_{m^n}(\varepsilon)$ 的定义是

$$\rho_{n,R}(\sigma_i) = I_v \otimes \cdots \otimes I_v \otimes R \otimes I_v \otimes \cdots \otimes I_v \quad (11)$$

其中 R 作用在 $V^{\otimes n}$ 的第 i 个与第 $i+1$ 个因子上. 因此,如果知道了 R 在 $V^{\otimes 2}$ 上的作用,也就知道了 $\rho_{n,R}$,对每个自然数 n.

要使 $\rho_{n,R}$ 为一个表示,R 必须满足什么性质呢?

首先,注意当 $|i-j|\geq 2$ 时, $\rho_{n,R}(\sigma_i)$ 与 $\rho_{n,R}(\sigma_j)$ 的非平凡的部分互不影响,从而不管 R 如何取,(7) 总是满足的. 至于(8)这个条件,很显然只需考察 $R\otimes I_v$ 与 $I_v\otimes R$ 在 $V^{\otimes 3}$ 上的作用即可,因为如果

$$(R\otimes I_v)(I_v\otimes R)(R\otimes I_v)=(I_v\otimes R)(R\otimes I_v)(I_v\otimes R)$$
(12)

成立,则(8)就对每一对 $\sigma_i,\sigma_j, |i-j|=1$ 都满足. 因此,方程(12)是整个构造的一个要点. 它称为量子 slYang-Baxter 方程(QYBE). 注意,若 R 满足 QYBE 方程,则对任意可逆元 $\alpha\in\varepsilon, \alpha R$ 也满足这个方程. 早先已注意到了(见方程(9)与(10)的讨论),如果由 R 所决定的表示可以定义一个环链不变量,则 αR 也定义了一个环链不变量. 下面我们就要用到这一事实,因为将 R 乘以一个可逆因子,有时可以简化方程.

注 要注意区分方程(12)与紧密联系的方程(13),两者都称为 QYBE. 为了讲述后一个方程,并表明两个方程的几何意义相同,暂时再回过来讨论一下辫子. 辫群的基本生成元 σ_i 其实也可以记作 $\sigma_{i,i+1}$ 以强调它的非平凡作用是非相邻的第 i 根弦与第 $i+1$ 根弦上. B_3 中的关系(8)则可以写成

$$\sigma_{12}\sigma_{23}\sigma_{12}=\sigma_{23}\sigma_{12}\sigma_{23}$$

将辫群生成元编号的另一个方法是,将辫群的弦染上 3 种颜色,分别标号为 1,2,3,如果颜色 i 与颜色 j 相应的弦在辫子的投影中是相邻的,则用 $\check\sigma_{i,j}$ 来表示这两弦的一个正交叉点. 有了这个约定之后,可以看出,(8)可以写作

$$\check\sigma_{12}\check\sigma_{13}\check\sigma_{23}=\check\sigma_{23}\check\sigma_{13}\check\sigma_{12} \qquad (14)$$

回到 $V^{\otimes 3}$ 上的算子,令 $R_{12}=R\otimes I_v$, $R_{23}=I_v\otimes R$. 那

么方程(12)可以写作
$$R_{12}R_{23}R_{12} = R_{23}R_{12}R_{23}.$$
现在,对一个 R_{ij},$\{1,2,3\}$ 的将 1 变为 i 将 2 变为 j 的置换,诱导了 $V^{\otimes 3}$ 的一个自同构,记 R_{ij} 在这个自同构下的象为 $\check{R}_{ij}$. 从而,QYBE 可以写成
$$\check{R}_{12}\check{R}_{23}\check{R}_{12} = \check{R}_{23}\check{R}_{12}\check{R}_{23} \qquad (13)$$

该方程以这个形式在自然科学中出现了很多次,例如,在统计力学的精确可解模型的理论中,它就出现了,在那里叫作恒星三角形关系.

当人们发现 Jones 多项式可以推广为 HOMFLY 多项式与 Kauffman 多项式之后不久,这一领域的专家们开始发现其他一些孤立的推广,它们都与(13)的已知解有关. 然后出现了一个统一的理论. 现在知道,(13)的解,从而(12)的解可以通过第三个方程——经典 Yang-Baxter 方程(CYBE)的已知解来构造. 为了讲述这个方程,令 L 是 Lie 代数,$r \in L^{\otimes 2}$. 令 $r_{12} = r \otimes 1 \in L^{\otimes 3}$. $\{1,2,3\}$ 的将 1 映为 i,2 映为 j 的置换诱导了 $L^{\otimes 3}$ 的自同构,记 r_{12} 在这个自同构下的象为 r_{ij}. 那么,如果下述关系成立
$$[r_{12}, r_{23}] + [r_{13}, r_{23}] + [r_{12}, r_{13}] = 0 \qquad (14)$$
就说 r 是 CYBE 的一个解. CYBE 的理论发展得已经很完备了,它们的解也本质上被分类了. 从 CYBE(14)的解过渡到 QYBE(13)的解,称为"量子化",Drinfeld 在一系列文章中证明了这是可能的. 是关于这一科目还有另一个综述,且有一个极为详尽的文献目录,包括量子群的定义以及量子群理论与这一学科的关系. 这个理论与单 lie 代数的表示有很大的关系. 在 Jimbo 的文章可以找到与非例外经典 Lie 代数的基本表示相关联

的(13)的显示解. 也有讨论了寻找"量子"方程(13)的"经典"解的问题.

不过, B_n 的表示并非总容有一个 Markov 迹. 为了使得(11)中所定义的表示有一个 Markov 迹, 除了 R 必须满足(12)之外, 还要求 R 有一些扩大(enhancement)形式的附加条件. 扩大就是一组可逆元 $\mu_1, \cdots, \mu_m \in \varepsilon$, 它所决定的矩阵 $\mu = \mathrm{diag}(\mu_1, \cdots, \mu_m)$ 满足:

(i) $\mu \otimes \mu$ 与 $R = [R_{i_1 i_2}^{j_1 j_2}]$ 交换;

(ii) $\sum_{j=1}^{m} (R^{\pm 1})_{i,j}^{k,j} \cdot \mu_j = \delta_{i,k}$ (Kroneker 符号).

结果表明, 对于 QYBE 从量子群得来的每个解, 都自然地有可逆元素 $\mu_1, \cdots, \mu_m \in \varepsilon$, 使(i)成立. 此外, 还知道若 R 矩阵是由量子群的不可约表示得来的, 则(ii)也成立, 不过 $\delta_{i,k}$ 要换成 $\alpha^{-1}\delta_{i,k}$ 其中 $\alpha \in \varepsilon$ 为可逆元. 注意若将 R 换成适当的 αR, 则(12)与(i)依然成立. 因此, 若将 R 换成适当的 αR, 则每个从量子群得来的 QYBE 的解都有一个扩大.

最后, 我们要描述一下如何从 $(R, n, \mu_1, \cdots, \mu_m)$ 构造广义 Jones 不变量. 令 $\rho = \rho_{n,k}$. 令 $\mu^{\otimes n}$ 表示映射 $\mu \otimes \cdots \otimes \mu : V^{\otimes n} \to V^{\otimes n}$. 若 $\beta \in B_n$, 定义 $\mathrm{tr}(\rho(\beta))$ 为 $\rho(\beta) \cdot \mu^{\otimes n}$ 的通常的矩阵迹. 注意, 这意味着, 若 I_n 表示 B_n 中的恒等元, 则 $\mathrm{tr}(I_n) = (\mu_1 + \cdots + \mu_m)^n$ 就是 $\mu^{\otimes n}$ 作为矩阵的迹. 在这样改变了迹的尺度之后, 方程(9)中的因子就没有了(参看方程(9)之后的讨论). 环链不变量 $F(K_\beta)$ 可以显示地给出为

$$F(K_\beta) = \mathrm{tr}(\rho(\beta) \cdot \mu^{\otimes n}) \qquad (15)$$

读者可自行验证(i)与(ii)保证了式(9)中的 $F(K_\beta)$ 在 Markov 的两个移动下是不变的. 就我们所知, 环 ε 总是整数上的 Laurent 多项式环, 而变量总是

第11章 J.S. Birman 论纽结理论中的新观点

q 的某个根. 对于 HOMFLY 多项式这个特例(定义如(5)及(6)),(15)中的函数 $F(K_\beta)$ 当 K_β 是一个纽结时仅仅依赖于 $q^{\pm 1}$. 对于环链, 一般出现的是平方根. 式(15)中的不变量 $F(K_\beta)$ 已经规范化了, 从而 $F(O) = \mu_1 + \cdots + \mu_m$.

这个学科中极为重要的 HOMFLY 多项式与 Kauffman 多项式, 与 $A_n^1, B_n^1, C_n^1, D_n^1, A_n^2$ 诸型的非例外 Lie 代数的基本表示有关联.

总结一下本节, 则我们描述了一个极为一般的构造不变量的方法, 可以导致大量的纽结与环链的不变量. 通过 Markov 定理来证明它们不依赖于代表辫子 $\beta \in B_\infty$ 的选取是明白易懂的. 然而, 不幸的是, 不论是这个构造的方法(它依赖于式(12)或者(13)与(12)两式所要求的组合性质), 还是已知的 Markov 定理的证明, 对于拓扑背景都没有任何启发; 而且, 能够得出(12)与(14)的全部解的构造方法对此也毫无帮助. 11.2 节中的交叉点变换公式对此更无能为力. 因此, 我们可以直接计算最简单的不变量, 对于不太复杂的纽结可以很快地算出 $J_q(K)$ 的系数与指数, 然而对于它们究竟有何意义却一无所知.

11.4 所有纽结的空间

下一步, 我们要改变观点. 我们已经看到, Alexander 多项式包含了关于单个纽结补空间的拓扑信息. 现在要描述在 1989 年发现的另一个构造不变量的方法, 它能得出关于一个适当定义的由所有纽结组成的空间的拓扑信息.

纽结理论中的 Jones 多项式

这个方法由 Arnold 创始,然后 Vassiliev 对三维空间的纽结做了考虑,这是引进一个在数学中非常自然的转变,即将考虑的对象从纽结 K,它是 S^1 在嵌入 ϕ: $S^1 \to S^3$ 之下的嵌入象,转而考虑嵌入 ϕ 本身. 纽结型 K 因而就成了 S^1 到 S^3 的嵌入的等价类 $\{\phi\}$. 这些嵌入等价类的空间是不连通的,每一个光滑纽结型就是一个分支,下一步是要将它扩张为一个连通空间. 为了这一目标,再从嵌入转而考虑一般的光滑映射,这样当然就允许这些映射有各种各样的奇点. 设 $\widetilde{M}$ 是 S^1 到 S^3 的所有光滑映射的空间. 这是个连通空间并包含了所有的纽结型. 如果对这些映射加上两个不过分的限制,那么依然可以得到一个连通空间并包含所有纽结型.
设 M 是所有 $\phi \in \widetilde{M}$ 使得 $\phi(S^1)$ 包含某个固定的点 * 且在这一点切于某个固定方向的映射组成的空间. 这个空间 M 有一些很好的性质,主要的一个是它能用一些仿射空间来逼近,而这些仿射空间包含了所有纽结型的代表元. 定义 M 的判别曲面(disciminant)如下:

$$\sum = \{\phi \in M | \phi \text{ 有多重点或者 } \phi \text{ 有导数为 0 的点或者 } \phi \text{ 有奇点.}\}$$

补空间 $M - \sum$ 就是要考虑的所有纽结的空间.(注:在 $\sum$ 中将有尖形奇点的映射都包括了进去,这一点很重要,因为如若不然,则任一纽结都可以变为无纽结,方法是先收紧,最后再胀大.)

群 $\widetilde{H}^0(M - \sum, Q)$ 包含了所有取有理值的纽结型不变量.(H^0 上面的一弯表示这个群已经规范化了,从而每个不变量在无纽结上的取值都是 0.)很显然,$\widetilde{H}^0$

第11章 J.S.Birman 论纽结理论中的新观点

$(M-\Sigma,Q)$ 包含的信息足以将纽结加以分类. 例如, 原则上可以将所有纽结型列成一个表, 按交叉点的个数排列, 然后删掉重复的纽结, 直到最后剩下的纽结都表示不同的纽结型. 纽结在这表中的位置就决定了 $\widetilde{H}^0(M-\Sigma,Q)$ 中的一个元素, 它(根据定义)就将纽结加以分类了.

这个空间 M 太大了, 难以直接分析, 然而, 正由于它之大, 因而有足够的余地来允许各种逼近. —— 设 d 为偶数, 考虑从 R^1 到 R^3 的如下映射

$$t \to (\phi_1(t), \phi_2(t), \phi_3(t))$$

其中 ϕ_i 是形式为

$$t^{d+1} + a_{i1}t^d + \cdots + a_{id}t$$

的多项式, 令 $\Gamma^d \subset M$ 为所有这样映射组成的子空间. 当 $t \to \pm\infty$ 时, 象 $\phi(t)$ 渐近于方向 $\pm(1,1,1)$, 所以这个像切于在固定点 $* = \{\infty\}$ 的固定方向. 空间 Γ^d 有下面三个关键性质:

(i) 由 Weierstrass 逼近定理, 每个纽结型都可作为某个 $\phi \in \Gamma^d$ 出现, 当 d 充分大时;

(ii) 对于某些 $d < d'$, 有办法将 Γ^d 嵌入到 $\Gamma^{d'}$ 中. 例如通过将 $\phi(t)$ 再参数化为 $\phi(S^3+S)$ 从而得 $\Gamma^d \to \Gamma^{3d+2}$. 因此, 可以选取一正整数序列 $d_1 < d_2 < d_3 < \cdots$, 使得

$$\widetilde{H}^0(M-\Sigma,Q) = \varprojlim \widetilde{H}^0(\Gamma^{d_i}-\Gamma^{d_i}\cap\Sigma,Q) \quad (16)$$

(iii) 每个 $\phi \in \Gamma^d$ 由 $3d$ 个实数决定这一事实, 使我们可以将 Γ^d 等于同 R^{3d}. 应用 Alexander 对偶, 就得到

纽结理论中的 Jones 多项式

$$\widetilde{H}^0(\Gamma^{d_i} - \Gamma^{d_i} \cap \Sigma; \mathbf{Q}) \cong \widetilde{H}_{3d-1}(\Gamma^{d_1} \cap \Sigma; \mathbf{Q})$$
（11）

其中 $\widetilde{H}_{3d-1}$ 表示约化同调. 换句话说, 我们研究的对象不再是 $M - \Sigma$ 中某个单个分支 K 的拓扑, 而是分隔我们的纽结空间的判别曲面 Σ 的拓扑. 这一改变有很重要的意义: 它通过 Σ 上由奇点复杂程度而来的自然分层引进了附加结构.

判别式曲面当然是极端复杂的, 因为 Σ 中的映射有重点、互切点以及其他各种很糟糕的奇点. 不过, 奇点理论的研究说明: 有一些 generic 的奇点占有绝对多数, 因而下一个目标就是要把它们挑出来. 设 $M_j \subset \Sigma$ 为有 j 个横截二重交点 (还可能有其他奇点) 的映射 $\phi \in \Sigma$ 组成的子空间. 如果 $\phi \in M_j$ 除了这 j 个横截二重点之外没有其他的奇点, 就叫它为 j - 嵌入. 令 $\Sigma_j = \{\phi \in M_j \mid \phi$ 不是 j - 嵌入$\}$ 那么 $\Sigma \supset \Sigma_1 \supset \Sigma_2 \supset \cdots, M_j - \Sigma_j$ 中的映射都恰有 j 个 generic 奇点, 这里的 generic 奇点就是横截二重点.

空间 $M_j - \Sigma_j$ 是不连通的. 它的分支为有 j 个横截二重点的奇异纽结型. 为了说明为什么会有奇异纽结型, 考虑 $M - \Sigma$ 中相邻的两个纽结型 K 与 K^*. 从而, 只需穿过 Σ 一次就可以将 K 的一个代表元 K 变为 K^* 的一个代表元 K^*. 在穿过 Σ 的那一时刻, 如果假定穿过的是 Σ 的某个"好"的部分时, 就得到 M_1 中的一个奇异纽结 K^1. 奇异纽结 K^1 属于 $M_1 - \Sigma_1$. 从 K 到 K^* 的道路一般并不唯一, 因此两条不同的道路产生的两个奇异纽结 K^1, N^1 可能会属于 $M_1 - \Sigma_1$ 的不同的分支. 为了从 K^1 到 N^1, 就必须穿过 Σ_1, 从而在穿越的时刻,得到一个奇异纽结 $K^2 \in M_2 - \Sigma_2$,如此进行下去. Vassiliev 研究了这种情况,他运用谱序列的方法得到了一些组合条件,它们可决定一族不变量. 这些就是所谓的 Vassiliev 不变量. 它们就是群 $\widetilde{H}_{3d-1}(\Gamma^d \cap \Sigma) \cong \widetilde{H}^0(\Gamma^d - \Gamma^d \cap \Sigma)$ 中的元素,在 $M - \Sigma$ 的一个分支 K 上的取值,当 $d \to \infty$ 时所得到的稳定值. 它们可以看作是 $\widetilde{H}^0(M - \sum_j Q)$ 中的元素.

i 阶 Vassiliev 不变量 $v_i(K)$ 考虑到了在 K 附近的 $M - \Sigma, M_1 - \Sigma_1, M_2 - \Sigma_2, \cdots, M_i - \Sigma_i$ 中的奇异纽结型的信息,这里 i 当然是正整数. 两个 i 阶不变量的和是另一个 i 阶不变量. 实际上,这些不变量组成了一个 d_i 维的有限维向量空间 V_i,显而易见,这些不变量与交叉点变换有密切联系.

纽结缆线和辫子

第 12 章

12.1 综 述

毛线编织经常用漂亮的设计好的花纹修饰. 卷绳状缆线雕饰是制造这种修饰的一种常用的方法, 编织成的缆线就是突起的线相互交叉得到的(图1).

图1　一些缆线图案

这种缆线图案是爱尔兰渔夫编织的特点, 这种来回交叉的编织方法也可以在传统的爱沙尼亚编织中见到, 另外还有来自巴伐利亚、蒂罗尔、阿尔萨斯、挪威和丹麦的编织. 这种方法在严寒的气候地区非常普遍, 其原因是这种缆线编织比普通的平编织多用了纱线, 使得做

第 12 章 纽结缆线和辫子

出的外衣更厚更暖和. 为了编织成缆线的样式, 我们需要将一组(通常是 2—4 股)线前后地穿过另一组线. 来回地交换这几股线, 来回地编制, 和一个人编辫子有些类似. 事实上, 数学家就是用"辫子"这个词来形容缆线的. 这两个概念非常类似. 数学家眼中的"辫子"和传统的缆线编织都有同样一个过程, 即它们都是几条垂直定向的线来回前后交叉的. 对编织工作而言, 方向按照最初图案的样式已经给定, 只需按照定好的样式重复工作即可. 同样地, 对于给定的一个"辫子", 数学家会用几何的元素来刻画. 这就给我们一个思路, 即用数学家的语言来形容和刻画缆线, 下面几节我们就是这样去做的.

在"辫子与缆线的对比"这一小节中, 我们创造了一个词典来相互翻译缆线和辫子的语言. 其中一个重要的数学概念是等价性, 它告诉我们两个看起来不一样的辫子, 在数学等价的意义下是一样的.

很多手工艺者在他们的纱和丝绵中讨厌碰到纽结的情况, 而数学家似乎对纽结比较有兴趣, 它们中有些是由辫子产生的. 数学中的纽结更多的内容会在"辫子和纽结"中介绍, 这些纽结(链环)在编织中很容易产生. 尽管织好的毛衣的身上和袖子上图案不一样, 但这是不能阻止我们将毛线的头和尾最终接在一起的. 这可以通过选择在袖口或者上衣下面绕一圈线做到(见[4]中"边缘"一章). 这种设计数学上叫作闭的辫. 这些纠缠的线如果能沿着一头出发回到出发点那它就是一个纽结. 如果会剩下一些线, 那这个闭辫就叫作链环 link, 意思是不止一个纽结, 当然这些纽结还有可能缠在一起. 这类复杂的纽结可见[5]中"绳"的一章.另外一些编织者做的一个编织工艺品可见[6],[8].

在"教学方法"这一节中,我们给出了几个可以用数学的辫子来研究编织缆线的例子. 11.4 介绍了一组数学上等价的,但看起来却不一样的缆线. 这个会在"辫群"小节的结束处加以解释.

12.2 数 学

正如前文所述,辫子和缆线本质上一样. 数学家形式地定义辫子为 n 条垂直的线构成的集合:它们在同一的水平位置开始,在另外同一的水平位置结束;它们虽然可以彼此交叉,但是只能沿着同一垂直的方向移动. 其结果之一是,任何与辫子相交的水平面交每条线刚好一次. 虽然数学家将辫子理解为线随重力由上而下,为了保证与毛线编织图表相一致,本章中我们将辫子理解为从下至上. 另外为了描绘辫子,数学家使用"紧"的概念. 然而对不同的来源这个概念也在变化,这里我们用在[1]中给出的标准概念,同时注意由于我们将辫子理解为从下至上,辫子必须先旋转 π. 令辫子中的 n 条线从右至左被数值化 $1, 2, \cdots, n-1, n$. 如果辫子中的线之间没有扭转,那么它就不是很有意思,因此我们将记为没有任何东西. 也就是说,我们将用空字来描述没有辫子. 将线 i 扭转到线 $i+1$ 上记为 σ_i,将线 $i+1$ 扭转到线 i 上记为 σ_i^{-1}. 注意,这些扭转是作用,因此线 i 和线 $i+1$ 指的是该扭转前线串中的第 i 条线和第 $i+1$ 条线,而不是最初的第 i 条线和第 $i+1$ 条线(图 2).

第 12 章 纽结缆线和辫子

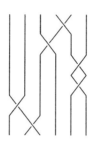

图 2 这个辫子"读作"$\sigma_4\sigma_5^{-1}\sigma_1^{-1}\sigma_1^{-1}\sigma_3\sigma_2$

我们可以将两个线数相同的辫子合并成一个辫子,只要先将一个辫子放在另一个辫子上面,然后将第 1 个辫子的末端与第 2 个辫子的始端相粘连. 事实上,在这种合并运算下,n 条线的辫子形成一个群 B_n. 这些 σi 生成 B_n. 当 $|i-j|>1$ 时 σ_i 与 σ_j 可以交换,这是由于这两次扭转之间不涉及相同的线. B_n 中的元素被称为辫子词,其中的"字母"是辫子的扭转.

12.2.1 辫子与缆线的对比

毛线编织的缆线与数学中的辫子的等价不是十分准确. 例如,每个缆线表示辫子的不同画法,许多不同的缆线表示同一个辫子. 然而,有许多缆线不遵守辫子中的数学规则. 在这里我们试图详述缆线和辫子之间转换的数学 – 编织字典.

(1) 在数学的辫子中,任何线的宽度相同. 在编织中,存在针宽不同的缆线,因此线的宽度也不相同. 对于一个具有相同线宽的缆线,我们仅需详细说明每一股需要多少针. 这种方法也可用于线宽不同的缆线,我们只要选择每股的针数是缆线中针宽数的最大公因子. 类似地,在数学 – 编织字典中,我们需要详细说明缆线高度,也就是说,要明确下一次线扭转前应该编织多少行.

（2）有时，缆线中会同时出现两个独立的线——扭转.数学上，由于前面提到的交换性，我们先记下辫子词不会出现任何问题.然而，除非我们引入新的概念，辫子词没有说明缆线开始的方式.为了注明在一个缆线中，同时出现独立的线——扭转，我们可以将它们放入括号.

图3　这两个缆线表示的均是平凡的辫子

（3）许多不同的编织缆线等价于平凡的辫子；图3的两个正是如此.这些缆线中没有交叉线，这些线沿前后穿过编织纤维，但是彼此不交叉.如何在数学－编织字典中包含这些缆线是一个未解决的问题.

12.2.2　辫群

辫群 B_n 沿自然映射满射到 n 个字母的对称群 S_n.读者应该注意到虽然 σ_i 是一个对合，但两个线串的重复扭转的实践告诉我们 σ_i 在 B_n 中不是对合.事实上，σ_i 在 B_n 中不是有限阶的.然而，B_n 也不是一个简单关于 σ_i 的自由群.正如前文提到，当 $|i-j|>1$ 时，有 $\sigma_i\sigma_j=\sigma_j\sigma_i$.更进一步，对于辫子，我们有类于纽结中定义的 Reidemeister 运动.辫子词 $\sigma_i\sigma_i^{-1}$ 的合并在辫子的绘制中出现一个Ⅱ型 Reidemeister 运动.也有Ⅲ型 Reidemeister 运动对应于代数代换从 $\sigma_i\sigma_{i+1}\sigma_i$ 到 $\sigma_{i+1}\sigma_i\sigma_{i+1}$（图4）.

第 12 章 纽结缆线和辫子

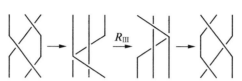

图4 辫子词 $\sigma_i\sigma_{i+1}\sigma_i$ 等价于辫子词 $\sigma_{i+1}\sigma_i\sigma_{i+1}$

两个代数代换都对应于 Ⅲ 型 Reidemeister 运动. 要注意的是, 在辫子中没有 Ⅰ 型 Reidemeister 运动, 因为这导致辫子中的一条线改变方向.

已经证明这 3 个词关系 $\sigma_i\sigma_i^{-1} = e$, $\sigma_i\sigma_{i+1}\sigma_i = \sigma_{i+1}\sigma_i\sigma_{i+1}$, $\sigma_i\sigma_j = \sigma_j\sigma_i$, 其中 $|j - i| > 1$, 完全刻画了辫子词的等价性.

辫子词关系用于投射方式: 它由一系列嵌板组成, 每个嵌板包含一个对应于辫子的缆线. 这些辫子在 B_n 中相互等价.

12.2.3 辫子和纽结

如图 5 所示, 只要将第 i 条线的底端与第 i 条线的顶端粘接, 不难将辫子变成纽结或链环. 我们将它称为闭辫.

图 5 图 2 的辫子变成一个纽结

不显而易见的是,如何将一个一般的纽结或链环变成一个辫子,但这总是可以做到的(其细节见文献[2]).

要注意的是,对给定的闭辫依赖于所选的"开始"和"结束"的位置,我们会得到不同的辫子词.事实上,相同闭辫的任何两个不同的闭辫词仅相差轮换.因而,一个辫子的 σ_k 共轭(也就是,先将 σ_k^{-1} 乘辫子词,再乘 σ_k)本质上等同于相应的闭辫与单位元的乘积.根据辫子的画法,共轭就是将线扭转 σ_k^{-1} 放在辫子词的下面并将线扭转 σ_k 放在辫子词的上面.

另外一个对闭辫没有影响的代数运算是将闭的 n 线辫子乘上 σ_n(等价于乘上 σ_n^{-1}),这对应于对第 n 条线执行一次 I 型 Reidemeister 运动(最终将是同一结果!);换而言之,我们可以将这种运动看作是添加第 $n+1$ 条线并连接使之成为一个等价的链环.这种运算也称为稳定化,也许是由于在辫群中稳定化原来的辫子等价类.

极有意思的是,共轭,稳定化和辫子词的 3 个关系足够区分不同闭辫等价类[7].

12.2.4 辫子和对称性

编织一个 3 线辫子(编织头发)的标准方式是重复元素 $\sigma_1\sigma_2^{-1}$.可以将这种方式一般化到 n 线辫子的编织中.先将第 1 条线编织到第 2 条线的上面,第 3 条的下面,第 4 条的上面,诸如此类,直到穿过所有的线;然后使用目前的线重复这个过程.这可以记为 $\sigma_1\sigma_2^{-1}\sigma_3\sigma_4^{-1}\cdots$ 的幂.例如,编织一个 6 线辫子将是 $\sigma_1\sigma_2^{-1}\sigma_3\sigma_4^{-1}\sigma_5$ 的幂,编织一个 7 线辫子将是 $\sigma_1\sigma_2^{-1}\sigma_3\sigma_4^{-1}\sigma_5\sigma_6^{-1}$ 的幂.(这是艾米编织头发的思想.)然而,这不是毛线编织工作中的方法,虽然它们的差别只是元素的顺序不同.

这些辫子的通常特征是所有奇数元素的乘积乘上所有偶数元素的逆的乘积. 在该方法下,一个 6 线辫子是 $\sigma_1\sigma_3\sigma_5\sigma_2^{-1}\sigma_4^{-1}$ 和一个 7 线辫子是 $\sigma_1\sigma_3\sigma_5\sigma_2^{-1}\sigma_4^{-1}\sigma_6^{-1}$.(与此相反的是沙拉马里头发编织法.)当 $n=3$ 时,这两个方法相同,但当 $n>3$ 时,它们不一样.

12.3 教学方法

在探索诸如交换律和结合律这样代数性质的任何课中,辫群能够提供很多有用的例子. 和辫群打交道需要学生掌握很多方法. 一种可视的方法就是画很多辫子的图,而实际操作的方式是用电线或绳子来动手做.

对不太正式的实验,可以选用几种不同颜色线或者绳效果会更好. 每条线用不同的颜色会使我们很容易看清楚编织过程中的置换的轨迹. 这样的话,对学生而言就可以很清楚地看出,对每一个 i, σ_i 在辫子的每一个不同的阶段都有不同的颜色表示. 通过记录到索引的卡片上,可以使缆线结构得到保留. 为了造出更多辫子的稳定的模型,可以用有色的细电线(诸如电话以及网络中的电线等). 电线两端可以用细的木钉(或铅笔)包起来,或者电线用塑性针织帆布粘起来也可以,这样辫子就不容易拆开.

为了有一个通用的语言来描述辫子和缆线,我们应该先给学生介绍辫群的生成元及用到的概念. 程度稍高能够阅读科技文献的学生,我们应该告诉他们,由于作者是从不同渠道学习的辫,所以他们可能所写所画的辫子会有偏差(比如上说成下,下说成上,左说成右),而且 σ_i 是代表线 i 从上面通过 $i+1$,还是从下面通过,也可能不同. 对于一个辫子的图式,一旦学生能够很容易地写出它的代数记号,将图式翻译成代数的记号,那么他就可以接着去研究这一个群的性质了.

12.3.1　有关辫子和纽结的基本性质的问题

下面这些问题对于研究生二年级的同学而言应该是合适的.

(1)画 3 个不同的辫子使它们有相同数目的线. 连接其中任何两个,再沿相反的顺序连接一次,那么结果得到的是同一个辫子吗? 是不是无论如何选取辫子,连接所得都与顺序有相同的关系?

(2)选择你之前画好的一个辫子,当你连接好两个辫子后能够通过"消去"你选择好的辫子而得到另外一个辫子?

(3)通过 Reidemeister 移动解释一下 12.2 给出的辫子之间的关系.

(4)当转化成一个闭辫时,能够找到 B_n 中的一个元素使其为纽结?

(5)从另外一个角度,给定一个纽结或链环(在凯尔特人的编织工艺品中可能会出现),能够找到一个辫子来代表这个纽结?

(6)能找到 B_n 中的元素使得链环中有两个组成部分吗? 如果有 n 个呢?

(7)如何使得 B_n 能自然地含在 B_{n+1} 当中? 辫群中有更多有意思的同态吗? 能找到从辫群 B_n 到它的对称群 S_n 中的同态吗?

第 12 章 纽结缆线和辫子

(8) 辫群的正规子群是什么样子的?

12.4 的主要任务是对辫群归类的性质给出例证. 最开始需要学生从缆线图标中画出辫子, 然后他们需要去验证所画的辫子是否是拓扑等价的. 他们需要知道他们画的图中哪些是 Reidemeister 移动. 从代数的角度, 还需要学生写下他们画的相应图中辫子的词, 而且能弄清楚变化后词的变化.

12.3.2 相对深入的辫子问题

既然缆线的样式通常用来装饰编织物, 我们可以让学生去找一些领带、毛线衫或一些有缆线样式的衣物, 然后研究上面的辫子. 如果有的同学找衣物不方便的话, 我们可以让他去找一些印有缆线图案的照片(例如编织类书籍): 如图 6 中就给出一些例子. 让学生们用数学的符号来记录这些东西.

图 6 3 个数学上非平凡(并且不同)的辫子
你能用 B_n 中的记号把它们表示出来吗?

一旦一个班级收集了缆线图案的一个分类后, 同学们就可以通过这些图案来发现它们之间的共同的(不同的)特点. 每个缆线有多少根线? 线是奇数还是偶数? 多久需要一个生成元 σ_i 来表示? 如果一个毛衣超过一种缆线图案, 在这个毛衣上不同缆线之间是否有什么关系? 多久会有一个缆线代表平凡辫子?

一旦学生们能够分清楚哪种出现在外衣上的辫子图案是"普通"的,哪种是"不普通的",那么他们就能自己开始设计他们自己的样式了.下面有一些练习用的例子.

(1)你从某个外衣上看到的缆线图案出发,设计一个与之有相同的辫子词的图案,使得在形成编织品时样子与原来的图案看起来不同.

(2)设计一个以前你没有看到过的辫子词的图案,但这种样式的特点是以前你见过的.

(3)设计一个以前你在外衣上没有看到过的缆线图案.

12.3.3 更深的辫子问题

下面这些问题是与 12.2 介绍的辫子的对称相关的.

(1)讨论一下为什么当辫子有偶数条线时,$\sigma_1\sigma_3\sigma_5\sigma_2^{-1}\sigma_4^{-1}\sigma_6^{-1}$ 的移动是对称的,而有奇数条线时则不是对称的.

(2)研究一下什么样的对称(或是缺少对称)可以拓展到辫子的图上.

(3)$\sigma_1\sigma_3\sigma_5\sigma_2^{-1}\sigma_4^{-1}\sigma_6^{-1}$ 和 $\sigma_1\sigma_3\sigma_5\sigma_2^{-1}\sigma_4^{-1}$(以及它们的一般化),哪个辫子能够画出来显示它们有反对称?另外它们有循环对称吗?

(4)两种构造辫子的方法有可比较的结果吗?对 3 线的辫子,它们是完全一样的,如果 $n>3$ 呢?

(5)固定线的数量,考虑 12.2 中两种构造辫子的方法.现在考虑把辫子变成闭的,那得到的两个闭辫是否等价?如果这个考虑起来比较困难,那么就重点考虑当线的个数为 4 和 5 时的情形.

第 12 章　纽结缆线和辫子

12.4　怎样使枕垫型的辫子等价

12.4.1　原料

（1）一种尺寸 9,40″的圆针,用以来回穿梭编织.

（2）选择两束 100 g Blue Sky Organic Cotton（每个 150 码）,颜色可以按喜好选,我们选用鼠尾草.

（3）一个 12″×16″枕垫.

（4）一种尺寸 7 的圆针,用以来回穿梭编织.

（5）选择两束 50 g Valley Goshen（每个 92 码）,颜色可以按喜好选,我们选用鼠尾草.

（6）一个 9″×12″枕垫.

12.4.2　规格

（1）每英寸 5 行,每英寸缝线 4.25（Blue Sky Organic Cotton,简写为 BSOC）或

（2）每英寸 6 行,每英寸缝线 4.5（Valley Goshen,简写为 VG）.

12.4.3　做法

缝线 150 针,如果是 BSOC 就吊缝 9 行（也就是编织 9 行）,如果是 VG 就吊缝 13 行（也就是编织 13 行）. 从第 10 行开始（对于 BSOC）,或 14 行开始.

注意到第 10 行（或第 14 行）是在相反的方向,所以这行的样式为 *P1 K1 P1 K1 P1 K1 P12* P1 K1 P1 K1 P1 K1；这样可以使得缆线只出现在右侧行上. 这意味着你读第 1 行时和你通常的习惯刚好相反.

两个吸引人的变化是用种子缝线纵队与倒针纵队或吊纵队交换（如果代替的是倒针纵队,你可能是想在每一行的第 1 和倒数第 3 缝线处做种子缝线或者吊

纽结理论中的 Jones 多项式

缝线,从而避免边的卷曲).

接下来如果是 BSOC 就吊缝 8 行,如果是 VG 就吊缝 12 行. 对于 BSOC,过 61 后 53 行;对 VG,过 69 后 58 行. 缝边.

现在如果 15 将编织好的片折叠. 注意这样折叠是故意不对称的;它是可以对称折叠的,但那样的话折叠的部分就很难缝合. 将短边和右边的部分面对面匹配起来,然后将最后 6 针种子缝线折叠到前 6 针种子缝线下面. 通过左手边的工作引导,将编织物抚平成长方形. (作为选择,还可以将第 1 个和后 3 个线缝起来,将缝好的边排列起来,抚平后就是一个长方形.) 右手折叠的边是在第 4 组面板和第 5 个种子纵队. 接着锁缝或者床垫缝穿过头和尾,将里子翻过来,塞上枕头,就可以小憩一会儿了.

Poincaré 和三维流形的早期历史

第 13 章

13.1 引 言

距 Poincaré 去世已经有一个世纪,那个世纪人们花了大部分的时间去解决他提出的著名问题——Poincaré 猜想. 自从 1904 年 Poincaré 提出这个猜想以来,三维流形的理论变得更加复杂. 这个猜想的证明是由 Grigory Perelman(佩雷尔曼)在 2003 年(按照 1982 年 Richard Hamilton(哈密顿)概述的路线)给出的,他采用微分几何和偏微分方程的方法,这些方法在 20 世纪末以前是与拓扑学无关的. 有关三维流形最近一段历史的叙述,有关 Perelman 的证明,见 McMullen(麦克马伦)(2011)[39]. 随着这些新方法的到来,我们能达到一个拓扑学家所不知道的新高度,而且是 Poincaré 时代无法想象拓扑学是什么样子的. 这篇文章我想重构几乎失去的 Poincaré 世界和他的继承者们,希望能为当今的三维流形拓扑相关问题给出一个深刻的见解.

Poincaré 在代数拓扑方面的工作被收集在 Poincaré 全集里(2010)[53],他展示了 Poincaré 的风格,被 Stephen Smale(斯梅尔)形容为"连续逼近地做研究". 起初,Poincaré 不确定用哪种方法定义流形最好,用同调还是用基本群. 他尝试了各种各样的方法,是否一个特殊的方法能够完全一般化或他认为是拓扑不变的对象是否真的会如此,这都被留作开放性问题. 这给他的继承者们留下了很多机会去澄清他的定义,指出缺陷和提出反例. 事实上,修正工作在 Poincaré 完成之前,当 Heegaard(赫戈)(1898)[34]发现了 Poincaré 同调理论中的一个错误时就开始了,这导致了 Poincaré 发现了挠率.

Poincaré 的继承者们自然对 Poincaré 猜想很感兴趣,但他们还未能证明它. 另一方面,他们尝试着去理解同调球面的相关概念,取得了一些显著的成功. 这导致了割补术(surgery)的思想,以及早期对基本群的神秘复杂性的认识,这些刺激了被后人称作组合群论和几何群论的发展. 我希望展示这样一个观点,组合问题可能在算法上不可解是源于组合群论中的一些困难.

这篇文章的很多材料散见于我的书 Stillwell(1993)[64]. 然而,为了更连贯的叙述,我包含了更多近代学者的结果,特别如 Epple(1999b)[28],Gordon(戈登)(1999)[31]和 Volkert(2002)[68].

13.2　Poincaré 和基本群

Poincaré 之前,拓扑学中人们理解得非常清楚的

第 13 章　Poincaré 和三维流形的早期历史

一部分是紧的二维流形("闭曲面"或"带边界的曲面"). 众所周知,定向闭曲面可以由一个数来分类,即亏格(genus)p,或用等价的欧拉特征(Euler characteristic)$2-2p$,或连通度(connectivity)$2p$. 连通度的概念起源于 Riemann(黎曼)(1851)[56],被 Betti(贝蒂)(1871)[11]推广到更高维,被人们叫作 Betti 数,后来成为 Poincaré 同调理论的一部分,我们将在后面的文章中看到.

作为这一发展的自然产物,拓扑学的最初目标是寻找拓扑不变数,希望有足够多的不变数来对各种不同维数的流形进行完全分类. 对于三维流形的情形,这一目标被 Dyck(迪克)(1884)[26]明确表述如下:

"目标是对闭的三维空间确定某些特征数,类似于 Riemann 在他的曲面理论中介绍的那样,使得他们的特性表明'一对一的几何对应'是有可能的."

Poincaré 自己原来的目标是寻找不变数,但是在 1892 年他发现了导致当今代数拓扑的基本群,事实上人们需要寻找的是不变结构而非不变数,早期三维流形的历史其实是一个慢慢意识到基本群是一个新不变量的过程. 基本群不能合理的用数来编码.

Poincaré(1892)[47]按照流形中的闭道路介绍了基本群,虽然现在我们也这么做,但是在描述例子时他假设三维流形是一个表面被某种几何变形所确定的多面区域. 显然,Poincaré 是基于他在 19 世纪 80 年代初期对 Fuchs(富克斯)群的经验(Poincaré(1985)[52]之上的,即每个群是和一个基本多边形相关联的(通常是双曲线),它的边是由某种运动所确定的的事实上,亏格为 2 的曲面的基本群就是一个在 Poincaré

纽结理论中的 Jones 多项式

(1882)(Poincaré(1985)[52,p. 81])中给出的 Fuchs 群的例子. 从现在起,我们将用符号 π1 表示基本群.

由 Poincaré(1892)[47]所介绍的三维流形如今我们叫作圆周上的环面丛. 他采用 $\mathbf{R}^3$ 中的单位立方体为基本区域,用如下变换确定相反面

$$(x,y,z) \to (x+1,y,z)$$
$$(x,y,z) \to (x,y+1,z)$$
$$(x,y,z) \to (\alpha x + \beta y, \gamma x + \delta y, z+1)$$

其中 $\alpha,\beta,\gamma,\delta \in \mathbf{Z}$ 且 $\alpha\delta - \beta\gamma = 1$. 这个流形固定 z 的截面是一个对边由变换确定的正方形,也就是一个环面. 底部环($z=0$)与顶部环($z=1$)通过一个环面上的连续双射等价. 无限多个四元组($\alpha,\beta,\gamma,\delta$)给出了无限多个不同胚的流形,因为他们有无限多个不同的群 π_1. Poincaré 之所以能够证明这一点,得益于他在群变换 $z \mapsto \dfrac{\alpha\beta z + \beta}{\gamma z + \delta}$ 方面的知识(模群(modular group)是一个经典的 Fuchs 群).

另一方面,这些环面丛的 Betti 数为 1,2 或 3,所以 Poincaré 的三维流形,可能存在两个流形具有相同的 Betti 数,但有不同的 π_1. 因此在 1892 年,Poincaré 证实 π_1 是一个比 Betti 数更具有辨别能力的不变量. 这使得群论在拓扑学里保持了前所未有的立足点.

然而,在他的第一篇关于拓扑的长文章 Poincaré(1895)[48]里,Poincaré 继续探索了 Betti 数. 他建立了一套体系去计算他们,通过假设每个流形可以分解成一些同胚于单纯形的胞腔,线性方程称为同调,通过线性代数计算 Betti 数. 通过考虑胞腔分解的对偶他发现了 Poincaré 对偶,通过它可知与顶部和底部维数等

268

第 13 章 Poincaré 和三维流形的早期历史

距的 Betti 数是相等的. 特别的,一个三维流形的二维 Betti 数等于一维 Betti 数. 在一个脚注中,Poincaré 注意到如果承认它的生成元可交换,一维 Betti 数可以从 π_1 中获得,所以对于一个三维流形,所有的 Betti 数都暗含在 π_1 里.

同时,Poincaré(1895)[48] 对探索 π_1 做出了贡献. 他重新介绍了他的环面丛类,详细地证明了他们有无穷多个不同的 π_1,但是他还给出了新的更简单的例子说明 π_1 是比 Betti 数更强的不变量. 特别的,通过将八面体的对面等同起来,他发现一个流形作为 $\mathbf{S}^3$ 中的三维球面具有相同的(非平凡)的 Betti 数,但是有不同的 π_1;也就是二阶循环群. 这个流形实际上就是实的射影空间 $\mathbf{RP}^3$,虽然 Poincaré 好像没有意识到这一点.

$\mathbf{RP}^3$ 在 Heegaard(1898) 的论文中也是至关重要的例子,在那里它被用来指出 Poincaré 计算 Betti 数中的一个错误;也就是不能解释挠率(torsion)的作用. $\mathbf{S}^3$ 和 $\mathbf{RP}^3$ 的差别实际上可以用同调探测到,$\mathbf{S}^3$ 没有挠率,而 $\mathbf{RP}^3$ 挠率数为 2.

这导致 Poincaré 对 1895 年的论文给出了两个补充来重新研究同调论,分别发表在 1899 年和 1900 年. 这个扩展的理论产生了挠率和 Betti 数,事实上 Poincaré 引入了单词"挠率",因为他将其看成是那些在自身上做一个扭曲的流形的一个性质,比如 Möbius(麦比乌斯)带. 他计算它们的方法,在 Poincaré(1900)[49] 中被描述,通过一个关联矩阵(incidence matrix)来描述一个流形的胞腔结构,这样 Betti 数和挠率数可以从 Smith(史密斯)(1861)[61] 的初等除子理论中得到. 他也尝试着将这个理论放到一个好的基础上去,通过证明每个光滑流形都有一个单纯分解(一个"三角剖分"). 他的尝试离现在接受的标准还很远.

对现代数学家来说,他们感到很奇怪,Poincaré 从来没有发现现在我们用来打包 Betti 数和挠率数(根据 Noether(诺特)(1925)[43],标题为"来自群论的初等除子理论的衍生")的同调群的存在. 但是在 19 世纪,当所有数学家的目标都是"算术化"时,数字被认为是拓扑不变量的最好的衍生品. 一直到 1934 年,Seifert(赛弗特)和 Threlfall(特雷法尔)的著名教材用如下措辞赞扬了 Poincaré 同调的方法:"通过引入了关联矩阵,Poincaré 在拓扑学算术化进程上迈出了决定性的一步."(见英语翻译,Seifert 和 Threlfall(1980)[58],(p330).)

通过用挠率数补充 Betti 数,Poincaré 使得他的同调理论足够强以至于能区分 $\mathbf{RP}^3$ 和 $\mathbf{S}^3$,在 Poincaré(1900)[49]中,这使他有胆量第一次陈述"Poincaré 猜想":任何一个具有平凡同调的三维流形与 $\mathbf{S}^3$ 同胚. 这个假设在接下来的几年一直未受打扰,Poincaré 出版了两篇关于将拓扑应用到代数几何的补充文章. 从三维流形的视觉来看,这两篇文章的主要兴趣是再现 Poincaré 在 Poincaré(1902)[50]中的环面丛,文章指出在研究代数曲线类的过程中自然可以产生. Volkert 在 Volkert(2002)[68]指出这可能是 Poincaré 第一次碰到这些流形.

最后,Poincaré(1904)[51]回到 π_1 对曲面上的曲线研究同调和同伦的差别. 他找到了一个引人注意的算法来判断一个亏格大于 2 的曲线是否同伦于一个简

第 13 章 Poincaré 和三维流形的早期历史

单曲线.用双曲线几何,他将曲面上"把一个曲线拉紧"的想法规范化(找到了它的自由同伦类的一个测地代表(geodesic representative)),因此证明了一个曲线同伦于一个简单曲线当且仅当它的测地表示是简单的.这似乎是第一次将几何化(geometrization)应用到拓扑上,这个想法被 Dehn(德恩)进一步深入研究,Thurston(瑟斯顿)在这方面也取得了巨大的成功.

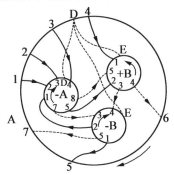

图 1 Poincaré 同调球的图表

对于简单曲线的结果,仅仅是对 Poincaré(1904)[51]中主要事件的前期准备:构造同调球面(homology sphere)——与 S^3 具有相同同调的三维流形,但是 π_1 与 S^3 不同(所以同调球面与 S^3 不同胚),Poincaré 的构造很神秘且动机不明.同调球面是通过将两个亏格为 2 的环饼(也就是填充亏格为 2 的曲面——见图 1 中的方案)粘在一起得到的.(令人觉得很神秘的一部分是非常对称的同调球面是怎样从一个完全不对称的图表得到的.)神奇的是,目标流形的生成元 a,b 满足如下关系

$$a^4ba^{-1}b = b^{-2}a^{-1}ba^{-1} = 1$$

一方面,这个群是非平凡的,因为令 $(a^{-1}b)^2=1$ 将它映到了 60 个元素的二十面体群(icosahedral group)

$$a^5 = b^3 = (a^{-1}b)^2 = 1$$

另一方面,当生成元可交换时这个群会退化成一个元素,表明该流形的同调群是平凡的. 所以,同调球面表明了从同调角度用 π_1 来区分三维流形具有优越性.

随着同调球面的构造,Poincaré 早期的假设已被驳倒,而真正的 Poincaré 假设产生了:任何一个闭的 π_1 平凡的三维流形都同胚于 S^3. Poincaré 没有对这个假设的正确性做出任何回答,仅仅是说"这个问题将把我们带离得太远". 我们现在知道,Poincaré 的假设给拓扑学家留下了足够的问题可以让他们在接下来的 100 年里一直有事做,短期而言,仅仅去理解 Poincaré 球面就已经很难了. 至于更广的问题延伸到用 π_1 来区分三维流形就占据了 Poincaré 的继承者们的时间. 我们现在来看这些继承者——最早一代的代数拓扑学家们.

13.3 Heegaard

除了他对 Poincaré 同调理论的修正,Poul Heegaard(1871—1948)在研究三维流形上做出了其他一些重要贡献. 他找到了两个新的有趣的方法来构造他们:用 S^3 的分支覆叠(branched coverings)和用 Heegaard 图表.

Heegaard 的分支覆叠,或他称之为"Riemann 空间",是三维 Riemann 曲面. 正如 Riemann 曲面包含覆

盖 S^2 的在分支点熔合的"叶",一个"Riemann 空间"包含一些在分支曲线上融合的"叶"(S^3 的副本). 一个 Riemann 曲面的叶的融合相对比较容易想象,如图 2 所示.

 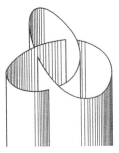

图 2　S^2 覆盖的分支点　　图 3　S^3 覆盖的分支曲

图 2 摘自 Neumann(诺伊曼)的 Neumann(1865)[42],在图 2 中分支点位于半直线的一个末端叫作"分支剖分",作为空间的一叶(向上的叶)交另一叶(向下的叶)可以任意选. 图 3 展示了 S^3 的分支曲线覆盖的类似过程.

分支曲线是一个三叶纽结,它位于圆锥体曲面的末端,也就是经过一叶到另一叶的地方. (在图 3 中圆锥体看起来像圆柱,但是平行的边在无穷远处相交.) 不再可能看到分开的叶;人们必须简单地将此曲面想象成通向"另一个世界"(也就是 S^3 的另一个副本)的大门. 如果这个覆盖具有无穷多个叶,通过在分支曲线上循环无穷多次将会回到 S^3 的最初副本.

在一些情况下,分支覆盖与原流形同胚. 对于 S^2 的覆盖,当只有两个分支点时,这种情况会发生. 对于 S^3 的覆盖,当分支曲线是一个圈时会发生(或者更一般情况是不打结的曲线). 这种覆盖事实上起源于势理论,被 Appell(阿佩尔)(1887)[9]和 Sommerfeld(佐默费尔德)(1897)[62]所研究. 最简单的 S^3 的非平凡的覆盖,被 Heegaard(1898)[34]所发现,是三叶曲线上的 2-叶覆叠. 他证明了它跟 S^3 不同胚,因为它的挠率为 3.

　　这样做,他发现在构造三维流形时纽结起到了很重要的作用. 相反,他证明了(可能无意识的)三维流形是研究纽结的工具. 通过找到一个三叶曲线上的不同胚于 S^3 的分支覆盖,他证明了三叶曲线跟圆圈不一样;也就是说,他是打结的! 在当时,人们没有意识到确定纽结有多难,或者区分一个纽结和另外一个纽结有多难,所以 Heegaard 的证明没有被注意到,但是 20 世纪末,我们将看到,构造分支覆盖是区分大量纽结的第一个有效的方法.

　　Heegaard 的其他一些显著的想法是将三维流形分解成亏格为 n 的环柄体 B_1 和 B_2. 在 B_1 上给定一些经典的 n 曲线,一个三维流形 M 在同胚的意义下由 B_2 上的像决定——也就是 M 的所谓的 Heegaard 图. 第一次最重要的 Heegaard 图的应用是被 Poincaré(1904)[51]用来构造同调球面. 在这种情况下的环柄体是亏格为 2 的. 不久我们将看到,亏格为 1 的 Heegaard 图将会产生什么样的流形.

13.4　Wirtinger

　　Wilhelm Wirtinger(维尔丁格)(1865—1945)的名字被所有的拓扑学家所知晓,因为有所谓的关于一个纽结补的 π_1 的 Wirtinger 表现. 他是纽结理论的一个具有重要影响力的人物,在这个领域他基本没有发表

第 13 章 Poincaré 和三维流形的早期历史

文章,可能是因为他的专长是分析. 他的结果十几年后逐渐流传出去,通过他的学生或者是他在维也纳大学的同事,最近,Wirtinger 在纽结理论发展方面的角色变得很清楚了,这要感谢 Epple(1999a)[27]和(1999b)[28]的工作.

像 Poincaré 一样,Wirtinger 从复分析找到了研究拓扑的方法,他尝试着将代数方程的一般理论从一个变量推广到两个变量. 这导致他碰到了描述代数曲线的奇点的问题,他最终发现纽结形成了一部分的描述. 他的研究大约在 1896 年的时候开始,被 Heegaard 的分支理论所激励,在大约 1905 年左右产生了 Wirtinger 表现,只在 Artin(阿廷)(1926)[10]中出现(这就是图 3 的来源),而且他关于奇异性的想法仅被他学生在 Brauner(1928)[13]中详述.

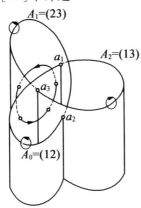

图4　Brauner 的三叶纽结图

图 4 来自于 Brauner(1928)[13],展示了 Wirtinger 获得三叶纽结补的 π_1 的关系的计划. 除了 Heegaard 风格的分支曲线图片,半柱面通过从一个叶到另一个

叶,还有生成三叶纽结补的 π_1 的圈,标记为(12),(23),(13)以描述一个特殊的 3 - 叶覆叠的叶是怎么排序的. 这 3 个变换给出了三叶纽结群的置换表示,说明他不是交换的,这是三叶曲线是真的打结的另一个证明.

三叶形是最简单的纽结,所以它出现在纽结理论的第一个定理中也不足为奇. 然而,它也是 Wirtinger 描述代数曲线的奇异性程序中的一个最简单的例子:曲线 $y^2 = x^3$,它在原点是一个尖奇点. 我们知道当 x 和 y 是实的情况下尖点的形状,但是当 x 和 y 是虚数时,则变成了一个四维空间中的曲面,而且我们不能想象出原点附近是什么样的. 我们能做的就是将此曲线与一个三维球面在中心相交,看看相交曲线是什么,结果交点不是别的,而只是三叶纽结.

13.5 Tietze

Wirtinger 在拓扑学方面的工作除了他利用基本群外好像没有受到 Poincaré 的影响. 当然不惊奇的是, Poincaré 没有受到 Wirtinger 的影响,因为他几乎不知道 Wirtinger 的工作. Poincaré 和 Wirtinger 的工作第一次在 Heinrich Tietze(蒂策)(1880—1964)的工作中被放到一起. 在他的长文章 Tietze(1908)[65] 中,基于他在维也纳的资格论文,Tietze 采用了 Poincaré 的基本群,更具有信心和远见的处理了它,且他从 Wirtinger 那里采用了纽结的概念,用它给拓扑学中的基本问题带来了新的领悟,特别是对三维流形,他的工作不仅用很多方法扩展了 Poincaré 的工作,而且揭露了 Poincaré

第13章 Poincaré 和三维流形的早期历史

工作中一个弱点和缺陷.

特别,Tietze 用一个非驯纽结(wild knot)挑战了 Poincaré 的一般方法,他假设流形能用有限多个简图描述. 比如,Poincaré 假设曲线在同调的意义下可以被有限多个边的多边形替换. Tietze 质疑图(图5)中的曲线是否会如此,他对仿射和射影形式都给了证明.

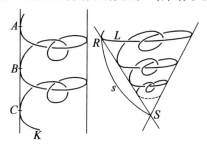

图 5 Tietze 的非驯纽结

甚至在光滑紧流形的情形,Tietze 意识到 Poincaré 的尝试去证明三角剖分是不满足的. 除此之外,他提出了一个主要的猜想:任意两个可三角剖分空间的三角剖分都有一个共同的细分. 光滑流形的三角剖分最终是被 Cairns(凯恩斯)(1934)[15]证明的,任意三维流形的三角剖分和主要猜想是被 Moise(莫伊斯)(1952)[41]证明的,四维流形三角剖分是被 Freedman(弗里德曼)(1982)[29]证明是错的.

因为 Poincaré 本质上是用主要猜想去证明 Betti 数和挠率的拓扑不变量,这些同调不变量因为 Tietze 的批评而遭到质疑. 事实上,他们的不变性是被 Alexander(亚历山大)(1915)[2]所证明的,用一个不同的方法,所以主要猜想在这个阶段不需要被提出. 此外,Tietze 证明了,对于三维流形,Betti 数和挠率可以从基

纽结理论中的 Jones 多项式

本群得到. 所以他们的不变性归结为 π_1 的不变性, 而这一点是不难证明的.

所以 Tietze 自信利用组合的方法来研究拓扑, 理由充分, 这导致他通过给定生成元和关系来一般性地研究群, 特别是对于 π_1. 详述 Poincaré(1895)[48,13.13] 的脚标, Poincaré 注意到如果生成元可交换第一个 Betti 数可能从 π_1 中获得, Tietze 定义了 "一个离散子群的 Poincaré 数" G. 现在我们称作 G 的交换子 H 的秩和挠率, Tietze 是通过矩阵计算发现他们的——通过考虑 H 和它的群结构. 这对 Tietze 和他那个时代的人来说是自然的, 他们的目标是计算不变数. 如果两个流形具有不同的数值不变量我们立刻可以说他们是不同胚的.

群 π_1 的不变性就没有那么有用, 因为人们是用生成元及其关系来表示 π_1. 不同的表示可以标志着同样的群, 而且不清楚怎么去区分这种情形. 虽然 π_1 能够包含比 "Poincaré 数" 更多的信息, 正如 Poincaré 所知的, 没有算法从一个表示得到更多的额外信息. 我们总是不能获得足够的信息来彻底区分 π_1, 因为正如 Tietze 在他的论文 13.14 中意识到的一样: 两列数是否相等通常可以确定, 但是两个群是同构这个问题, 通常是不可解的. Tietze 是对的, 两个群是否同构的问题是不可解的, 虽然他比 Church(丘奇)(1936)[17] 和 Turing(图灵)(1936)[66] 要早 30 年给出代数问题 "可解" 的定义, 他比 Adyan(1957)[1] 证明同构问题是不可解的早 50 年. 我相信 Tietze 的话语远不是一个幸运的猜测, 而是因为 Tietze 真的知道同构问题的一些事情. 他已经解决 (在哪种情况下它可解这个方向) 如果 P_1 和 P_2 表示

第 13 章 Poincaré 和三维流形的早期历史

两个同构的群,则 P_1 能够通过有限多个变化变成 P_2. 所需的必要变化被称作是 Tietze 变换,而且他们可以机械地应用,所以,如果我们给定两个同构的群的表示,这个事实可以通过有限步证明.

Tietze 关于不可解的断言在 Reidemeister(赖德迈斯特)(1932)([55](p49))中被再现了,且这里面的断言更强,说没有一个算法可以从一个表示决定群是自由或平凡的,有趣的是,Reidemeister 组织了 1930 年 8 月在哥尼斯堡(Königsberg)的会议,Gödel(哥德尔)在会议上宣布了他的不完整性理论.不完整性与不可解性之间的联系当时不是很清楚——它是在 Church (1936)[17]中描述清楚的——但是数学基础和拓扑学的一些想法的汇聚大约在 1930 年开始进行. Church 是拓扑学家 Oswald Veblen(维布伦)的学生,Church (1936)[17]给出了一个如下的问题:在同胚的意义下,如何寻找闭的三维简单流形的一个有效地可计算不变量的完备集.这个问题作为可解性是开放性问题的一个例子.我们现在知道同胚问题对于三维流形是可解的,但是对于四维流形是不可解的.一个对三维流形的解法依赖于 Perelman 的工作(它是被 Sela(1995) [60]发现的,在期间 Thurston 几何假设的证明被 Perelman 给出),而四维流形的不可解性是由 Markov (马尔可夫)(1958)[38]给出的.

图 6　两个三叶纽结

纽结理论中的 Jones 多项式

Tietze 考虑了三维流形的同胚问题,他意识到这个问题的难度与区分两个纽结的难度密切相关. 在他文章的 13.16,他给出了 $\mathbf{S}^3$ 的两个子流形的例子:一个是由移动两个相同的三叶纽结得到,一个是由移动左右两个三叶纽结得到(图 6)这两个流形有相同的 π_1. 如果左三叶纽结可以变形到右边,则这两个流形是同胚的,但是 Tietze 说这个"明显是不可能的". 看起来很明显,如果两个三叶纽结是不同的则流形是不同的,这些"明显"的结果都没有被证明. 事实上在同一节,Tietze 通过指出两个关于纽结补的未证明的两个简单命题,削弱了自己的自信. 这个命题是说:两个同胚的补蕴含着不同的纽结(在 Gordon 和 Luecke(吕克)(1989)[30]给出证明之前,此命题一直是个开放性问题). $\mathbf{S}^3$ 中的圆环必然界定了一个纽结补(此命题来源于 Dehn 在 1907 年的一个已知的假定——见下一节).

在他的论文的 13.18 中,Tietze 简洁地讨论了 $\mathbf{S}^3$ 在纽结上的分支覆盖,重温了上面提到的 Heegaard 和 Wirtinger 的结果. 但是他也预言了 Heegaard 的在三叶纽结上的双重分支覆盖是一个透镜空间(lens space),这是一个新的构造. 透镜空间的构造回到了 Poincaré 构造三维流形的方法,将多面体的边等同起来,Tietze 在他的 13.20 描述了它.

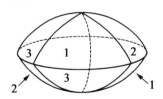

图 7 (3,1)透镜空间的表面辩识

第 13 章 Poincaré 和三维流形的早期历史

这个多面体是一个透镜形的立体图形,顶部和底部分成 m 个相等的区域. 这些区域是多面体的面,每个顶面和地面通过一个变形映射 $2n\pi/m$ 等同——也就是说顶部的第 i 个面和底部的第 $i+1$ 个面是等同的. 这个结果叫作 (m,n) 透镜空间,图 7 展示了 $m=3$, $n=1$ 的表面辨识.①Tietze 断言透镜空间是"最简单的双边的闭三维流形". 它之所以最简单是因为 Heegaard 亏格是 1,也就是说它能够通过粘合立体图形的一对圆环面而得到. 这可以通过将透镜空间切成两片而看出:一个环绕透镜空间轴的圆柱核与剩下的部分. 当顶部和底部通过一个转动看成一样的时候这个核明显构成一个立体的圆环,同理剩下的部分也是. 图 8 和图 9 展示了 $(3,1)$ 情形的两部分.

 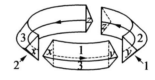

图 8　透镜空间的核　　图 9　透镜空间的剩余部分

而且,在核"腰部"的曲线与一个在其他立体圆圈的 (m,n) 曲线等同,也就是说是当末端用一个 $2n\pi/m$ 转动连接起来,该曲线是源于圆柱上 m 条相等的空间直线. 图 10 展示了 $(3,1)$ 情形的圆柱是怎么产生的. 圆柱的两端一定要连接起来,所以两个看起来平行的三角形在一起了,形成了立体的具有 $(3,1)$ 曲线的圆环.

---

①　Poincaré 的一个例子,Poincaré(1895)[48]13.10 中的第 5 个例子,事实上是 $(2,1)$ 透镜空间. Poincaré 是通过一个旋转角度 π 将一个八面体顶部的 4 个面与底部的 4 个面等同起来而构造的. ——原注

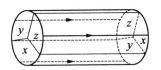

图 10　剩余部分装配成一个圆柱

13.6　Dehn

Max Dehn(1878—1952)开始了他 19 世纪八十年代末在哥廷根作为 Hilbert(希尔伯特)学生的研究生涯. 在那段时期,Hilbert 正在研究几何的基础,所以这也是 Dehn 取得他的第一个发现的领域. 他因解决了 Hilbert 第 3 问题而成名,证明了一个正的四面体不能等度地分解成立方体;见 Dehn(1900)[18]. 他在拓扑方面也做出同样的贡献,证明了来自 Hilbert 相关公理和次序的多边形 Jordan(若尔当)曲线理论. 这一个来自 1899 年末出版的论文被 Guggenheimer(1977)[32]所讨论. 显然,Dehn 希望在 Hilbert 的几何模型下建立严密的拓扑基础. 他与 Heegaard 在 1907 年合作写了一篇拓扑方面的文章"Enzyclopädie der mathematischen Wissenschaften".

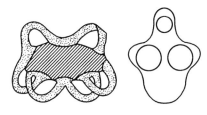

图 11　来自 Dehn 和 Heegaard 文章中的曲面的图片

第13章 Poincaré 和三维流形的早期历史

Dehn 和 Heegaard(1907)[25]的工作是包含 Poincaré 工作的拓扑概述,他们尝试去构造组合(几何)的基础. 通过观察 Poincaré 是怎样依赖一个简单的结构去计算 Betti 数,挠率和基本群,Dehn 和 Heegaard 采用了简单的结构作为流形定义的一部分,他们用它去定义同调,同伦,同痕和同胚. 我们知道这不需要限制维数小于或等于 3,但是事实上 Dehn-Heegaard 文章大部分的贡献都是他们对二维流形的分类定理的证明. 这个定理——紧致的曲面可以通过它们的亏格和定向从拓扑上进行分类——因为 Möbius(1863)[40]就已经在某种程度上被大家熟知了,但是 Dehn-Heegaard 的证明第一次达到了 Hilbert 的严格标准.

但是对低维的限制不是 Dehn-Heegaard 的文章的主要问题. 奇怪的是,他们未能欣赏到群论在拓扑中的巨大力量,他们没有给出基本群的一个简洁定义. 他们甚至尝试去修正 Poincaré 关于同调球的讨论以便能避开使用群论. 在出版他的文章 Dehn(1907)[19]后不久,Dehn 发表了一个简短的笔记,承认 Dehn-Heegaard 文章中关于同调球部分的解释有错误,他自己提供了一个新的构造.

在 Dehn(1907)[19]中的构造很简单,而且再一次使用了群论. 他用两个 S^3 的副本去掉了纽结的管状领域,将他们粘在一起去除目标流形 M 的同调. 所以 M 是一个同调球面,但是它和 S^3 不同胚,因为一个圆圈曲线(纽结领域的边界)不能将 S^3 分成两部分,任何一部分都不是立体圆圈. 不难证实 M 的同调群的断言,但是关于一个圆圈曲线不能将 S^3 分成两个纽结补的断言是不容易验证的,事实上这一点直到 1924 年才得到证明.

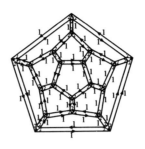

图 12　Dehn 关于二十面体群的群图表

似乎由于 Dehn 对群论的忽视导致他早期关于拓扑的研究被束缚. 而一旦他利用了群论方法,创造就活跃起来. Dehn 关于群论的方法在 1909—1910 年出版的关于群论的讲稿中被发展,前两章在 Dehn(1987)[24]中翻译成英文. 在第 1 章他介绍了群图表(group diagram),里面阐述了用几何的方法去研究群. 严格的说,群图表在 Cayley(凯莱)(1878)[16]中已经介绍,但是仅仅是对有限群. Dehn 包含了一些有限的例子,比如二十面体群(图 12),但是他的图表对于无限群更有启发性,他们导致了当今的几何群论.

Dehn 对他的群图表的最有特色的应用是解决关于亏格大于或等于 2 的曲面的 π_1 的一个文字问题,它和确定闭曲面中哪个可以收缩到一个点这个拓扑问题是等价的,从 Poincaré(1904)[51]可知,亏格为 g 的曲面上的曲线可以提升到万有覆叠上去研究:镶嵌的双曲平面的 $4g$ - 百分度. 对一个亏格为 2 的曲面,比如说如图 13 的镶嵌.

第 13 章　Poincaré 和三维流形的早期历史

图 13　亏格为 2 的曲面的万有覆叠

Dehn 意识到镶嵌中的边,自然地对应到曲面上的闭曲线,也对应于曲面的 π_1 的生成元. 所以如果我们能对构成生成元的镶嵌的边做标记,就可以得到群图表,事实上,对于经典的曲线通常的选择是 $a_1, b_1, \cdots, a_g, b_g$,每个多边形的边拼写出了"字"

$$a_1 b_1 a_1^{-1} b_1^{-1} \cdots a_g b_g a_g^{-1} b_g^{-1}$$

现在一个在曲面上的闭曲线 p 是一些经典曲线的乘积,可以提升成(从一个给定的镶嵌的边)唯一的路径 $\tilde{p}$. 且 p 能收缩成一个点当且仅当 $\tilde{p}$ 是一个闭道路. 这样"字"的问题解决了,大体上是通过群图表的构造,Dehn 的最大的发现是双曲镶嵌的组合使得曲面群的"字"问题能够通过简单的有效的算法解决,不需要去构造群图表.

他的对于"字"问题的解决涉及几篇文章,最终构成了在 Dehn(1912)[22]中提到的纯粹组合形式. 这个观点是将镶嵌中的多边形看成是一个连续的层:第 1 层是一个单独的多边形,第 2 层包含多边形 1 的领域,第 3 层包含与第 2 层多边形接触的多边形(不在之前的层里),如此下去,闭道路 $\tilde{p}$,从第 1 层开始,必定会达到最外层,然后回来. 当它这么做后,它一定会横

纽结理论中的 Jones 多项式

渡多于一半的多边形的边,因为对于每个多边形的最外层最多有 3 条边不位于层的外边缘. 这个顺序可以辨认, 在 $\tilde{p}$ 中边的标号顺序就是用"字"的拼写顺序, 用多于一般边数的"字"表示一个多边形,剩余的边可以用补充"字"代替. 用这样的替代可以缩短字,我们发现用有限多步就能表示一个闭路.

这个方法叫作 Dehn 算法.

当 Dehn 在 Dehn(1910)[20]中回到三维流形,通过他在 Dehn(1907)[19]中的有前途的但是不完全的努力,他新获得的群论技巧取得了很大的不同,他现在能够构造整个的无限的同调球面类,通过计算它们的基本群完整的证明了它们不是三维流形,他用的那个方法,现在被叫作 Dehn 割补术,它是从 S^3 中移动一个立体圆圈再用"不同的方法去看". 有无限多个方法来区分一堆在立体圆圈上的经典曲线和一对在 S^3 中纽结洞边缘上的曲线,可以产生无限多三维流形. 他们中的无限个有平凡的同调但是有非平凡的 π_1. 他们中的一个有与 Poincaré 同调球面相同的 π_1(被 Seifert 和 Weber(韦伯)(1933)[59]证明出的是一样的),但是其他有无限的 π_1. 而且随后被证明,通过 Dehn 割补术,选取合适的纽结环面(knotted tori)或连接环面(linked tori),可以从 S^3 产生所有的三维流形(lickorish(1962)[37]).

在同一篇文章里 Dehn 得到了三叶纽结补的 π_1 的表示,与 Wirtinger 的表示类似,而且得到了它的群图表. 这个图表有有趣的集合结构,自然在三维空间中等于线 × 双曲平面. Bianchi(比安基)(1898)[12]发现这种情况会出现在 8 个三维几何中的 1 个,这是

第 13 章　Poincaré 和三维流形的早期历史

Thurston 几何假设的主题.

也许 Dehn(1910)[20] 的最深远的结果是"纽结的 Poincaré 假设",它是这样叙述的:一个纽结 K 如果具有最可能平凡的群(比如 $\pi_1(\mathbf{S}^3\backslash K)=\mathbf{Z}$)则它是平凡纽结. 如 Poincaré 猜想一样,Dehn 的结果很难技术实现. 它依赖于 Dehn 引理,一个在三维流形上的曲线 K,由一个奇异但是在 K 上不含奇点的圆盘生成,则它可以由一个非奇异的圆盘张成. Dehn 尝试着用一个巧妙的曲面方法,他称该方法为"替换(Umschaltung)",但是他忽略了某些这个方法行不通的情况. 可能 Dehn 是在 1907 年开始思考 Dehn 引理的,但是他在同调球面构造中的缺陷也能通过应用 Dehn 引理弥补(Stillwell(1979)[63]).[①]

Dehn 证明中的错误由 Kneser(克内泽尔)(1929)[36] 发现,且正确的证明由 Papakyriakopoulos 利用一种具有复杂覆叠空间的转换组合所给出(1957)[45]. 三维流形上的曲面操作实际上是一种可行的想法,并且 Kneser 自己在 1929 年的论文中成功实现,这种思想由 Papakyriakopoulos 重新使用并在 20 世纪五十年代盛行,它被用于两个关于三维流形的长期存在的算法问题求解中:Haken(1961)[33] 关于平凡纽结的认识和 Rubenstein(1995)[57] 关于 $\mathbf{S}^3$ 的认识.

Dehn 在基本群和同调球面方面的工作明显是被 Poincaré 所鼓舞的,但是 Tietze 也对他有重要的影响.

---

① Gordon(1999)[31] 给出了 Poincaré 假定 Dehn 引理的例子,但是没有证明或评论. 在 Poincaré(1904)[51] 的 13.5,Poincaré 假定存在圆盘"没有两条曲线"(Poincaré(2010)[53,p.214]. 这在他构造同调球面之前,所以可能 Dehn 是从那里得到想法的.——原注

纽结理论中的 Jones 多项式

在 1908 年,有一次 Dehn 认为他已经证明了 Poincaré 猜想——直到 Tietze 指出他的陈述中的一个错误(Volkert(1966)[67]). 所以 Dehn 有好的理由去尊重 Tietze 的工作,而且貌似 Tietze(1908)[65]将 Dehn 的想法用于纽结和组合群论,正如 Tietze, Dehn(1911)[21]提出了群的同构问题,同构问题被 Aydan(1957)[1]证明是不可解的. Novikov(诺维科夫)(1955)[44]证明这就是某些群的字问题的不可解.

Dehn(1911)[21]也回答了 Poincaré(1895)[48] 13.14 提出的两个问题:是否每个有限表出的群可以被看作是一个流形的 π_1? 如果是的话,这个流形是如何构造的? 在他论文的第Ⅲ章,Dehn 指出一个(相对平凡的)事实,每个有限表出的群 G 可以被看作是一个2 - 复形的 π_1,不明显的事实是 G 是一个四维流形的 π_1;比如 2 - 复形嵌入到 $\mathbf{R}^5$ 的邻域的边界. 这个构造可以用作证明 Markov(1985)[38]的紧四维流形的同胚问题不可解.

图 14　Dehn 的两个三叶纽结的图

Dehn 在纽结理论中最突出的贡献是 Dehn(1914)[23],它结束了由 Wirtinger 和 Tietze 起源的纽结理论时代. 在这篇文章中,Dehn 给出了两个三叶纽结是不同的第一个严密的证明. 假设左三叶纽结到右边有一个变形,Dehn 证明他可能诱导某种三叶纽结群上的自同构(图14). 然后,通过一番努力决定所有自同构(利用了他

第 13 章 Poincaré 和三维流形的早期历史

在 1910 年的论文中发展的三叶纽结的知识),Dehn 能够证明关于三叶逆转自同构的假设不存在.

13.7 Alexander

当 James Alexander(1888—1971)是普林斯顿大学的一个学生时,Oswald Veblen 引导他进入拓扑学.正如 Volkert 在 Volkert(2002)[68,p.182]中说的,Alexander 能够被称为是第一个拓扑学家,从第一个专门研究拓扑领域的人的意义上来说. Alexander(1915)[2]给出了 Betti 数和挠率是拓扑不变量的第一个证明,为 Poincaré 同调理论奠定了良好的基础.在 1916 年他参加了将 Heegaard 的论文翻译成法语的工作,Heegaard(1916)[35]引导他去研究 Tietze(1908)[65],在接下来的几年里他解决了 Tietze 的关于透镜空间和纽结方面的未解决问题.特别的,Alexander(1919b)[4]证明了(5,1)和(5,2)透镜空间是不同胚的,所以给出了具有相同 π_1 的不同胚的三维流形的第一个例子. Alexander(1919a)[3]证明了任何定向的三维流形都是 S^3 的分支覆盖. 在 1920 年,他也用 Heegaard 的分支覆盖得到了第一个可计算的纽结不变量. 在 1924 年,他解决了 Dehn 的关于用一个圆圈分开 S^3 的问题.

为了解释 Alexander 的思维方式,我们将更细致地考虑以上 3 个结果:Betti 数和挠率的不变性、纽结不变量的计算和 R^3 中曲面的嵌入.

正如 Poincaré 一样,Alexander 将流形作为拓扑的主要研究对象,承认以单纯分解的方式来计算 Betti 数和挠率. 这些数的不变性是有疑问的,因为不清楚同样

纽结理论中的 Jones 多项式

的数是否可以从同一个流形的不同的单纯分解得到. 根据 Riemann(1851)[56],人们希望添加(superimpose)两个分解获得一个"共同的划分",可以从每个原始分解的基本划分获得(比如将一条边分成两个). 正如 Tietze(1908)[65]指出的那样,很容易证明在基本划分下 Betti 数和挠率是不变的,但是要证明重叠是否可行并不容易. 麻烦就是在一个简单分解中的胞腔不一定具有直线边——他们只是单体形的同胚像——所以两个不同单纯分解的边通常在无穷远处相交. Alexander(1915)[2]用单纯逼近(simplicial approximation)回避了这个问题,对维数为 1 的不变量进行了证明,单纯逼近是 Brouwer(1911)[14]提出来的方法.

所以,通过 Brouwer 的帮助,Alexander 为 Poincaré 的同调理论奠定了一个好的基础. 所以不奇怪,Alexander 特别研究了 Betti 数和挠率,他设法去应用他们,当他发现了第一个可计算的纽结不变量时,他找到了特别的应用,这个不变量是作为 S^3 的分支覆盖的挠率. 为了深入剖析他的发现,将其与最早被知道的纽结不变量——由 Wirtinger 和 Dehn 发现的纽结群(knot group)——进行比较是很有用的.

纽结 K 的群 $\pi_1(S\backslash K)$ 是一个好的不变量是指我们能够区分跟生成元和关系的不同的纽结群. 第一个可能的方法——Tietze 的交换化过程和 Poincaré 数的序列萃取过程——失败了是因为所有的纽结群有相同的交换子(比如 $\mathbf{Z}$).[①]在 1920 年之前,没有一般的方

[①] 人们想知道是否是这一点让 Tietze 意识到群的同构问题的困难性. 他没有明确的提到纽结群的交换子,但是在后来 Wirtinger 的报告中立刻被提出来了. ——原注

法来计算不变量,来区分两个纽结群,所以,在 1920 年,这种情形下纽结群不是一个可计算的(computable)不变量. 在 1920 年,Alexander 通过避开纽结群而回避了这个问题,而且修正了 Heegaard 的研究纽结处的 S^3 的分支覆盖的想法.

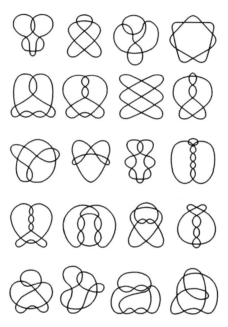

图 15 一些有 6,7,8 个交点的纽结

挠率是可计算的,正如我们所知,Heegaard 观察了三叶纽结处的 S^3 的分支覆盖的挠率,Heegaard 在研究纽结时未能利用这一发现,但是在 1920 年 Alexander 利用它计算了在许多不同纽结处的 S^3 的 2－和 3－叶覆叠的挠率. 他发现这些不变数能够区分所有的能够用 8 个交叉点描述的纽结. 图 15 展示了一些这种图表

纽结理论中的 Jones 多项式

(在其中交叉点没有展示出来,因为它们被理解成"上"与"下"之间的交替). 这来之于 Alexander 和 Briggs(布里格斯)(1927)[8]的文章,该文章实际上是 Alexander 在 1920 年写的美国科学学院的书面记录报告.

Alexander 并不总是会对他的结果写出全部的证明,但是此时由于 Reidemeister(1926)[54]的出现不得不去做,Reidemeister 的文章里从纽结群获得了相同的不变量. Reidemeister 用一个不分支的 $S^3 \setminus K$ 的覆叠替换了 S^3 的在纽结 K 处的分支覆叠. 他注意到这些覆盖的 π_1 是 $\pi_1(S^3 \setminus K)$ 的子群,具有不平凡的挠率. 这些数和 Alexander 的是相同的,但是它们第一次由纽结群计算得到. Reidemeister 的方法是一个重大的突破,预示着拓扑里新的一章,说明 π_1 能够起到有效的作用. Alexander 的方法更基本,回顾了 Betti 数和挠率的旧世界. 这可能是挠率的最后的作品,并被 Heegaard 和 Poincaré 所信服.

最后,考虑 Alexander(1924b)[6],它包含任何一个 S^3 中的环面都至少在一边界定一个立体的圆圈,因此填补了 Dehn 在 Dehn(1907)[19]中构造同调球面的缺陷,并且回答了 Tietze 的是否一个 S^3 中的圆圈都必然界定一个纽结补的问题. 在同一篇文章中,Alexander 证明了一个多面体(polyhedral) S^2 在 S^3 中每一边都界定一个球,这个结果因为 Alexander(1924a)[5]而变得很重要. 在后来的文章中,Alexander 构造了著名的 Alexander 角状球(horned sphere),图 16 是一个非多面体对象,和球同胚,它的补并不是单连通的. 本着 Poincaré 的精神,Alexander 让这一点更为明显,角

状球的补不是单连通的. 他仅仅指出图 16 中曲线 β_1 在补空间是不能收缩到一个点的.

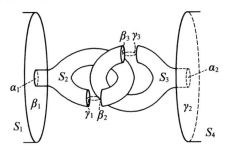

图 16　Alexander 的角状球面

正如这些例子所展示的那样, Alexander 可以填补在 Poincaré 及他的继承者工作中的许多缺陷, 且取得了新的进展, 但是和他们的方法很相近. 从这个意义上来说, Alexander 在 20 世纪 20 年代中期自然接近 Poincaré 开启的三维流形拓扑篇章, Poincaré 的想法继续产生影响, 但是他们加入了很多新的观点, 比如说在 Alexander(1928)[7]引入了 Alexander 多项式. 如果 Alexander 结束了 Poincaré 时代, 那么他也开创了后 Poincaré 时代.

附録 A　Alexander 多項式的 20 年

ねじれ Alexander 多項式の 20 年
—— Alexander 多項式の精密化とその応用 ——

北 野 晃 朗

1　序

結び目とは 3 次元球面 S^3,あるいは R^3 内の単純閉曲線の事である.結び目理論における Alexander 多項式は 1920 年代に導入された古典的な不変量である [2].1980 年代に入り,Jones 多項式をはじめとして様々な結び目の不変量が導入された後も,その重要性に変わりはない.

一方で 1990 年代初頭に Lin, Wada, Jiang–Wang らによってねじれ Alexander 多項式と総称される幾つかの不変量が導入された.これらは Alexander 多項式を結び目と結び目群の線型表現との組に対して拡張したものである.90 年代の Kitano, Kirk–Livingston らの研究を経て,2000 年代に入ってから,より活発に研究され,その流れは現在も続いている.特にファイバー性の判定に関してこの数年間で Friedl–Vidussi による大きな進展があった.本論説ではこの Friedl–Vidussi の結果に焦点を当て,ファイバー性に関する Alexander 多項式の古典的な Neuwirth の定理と比較しながら,ねじれ Alexander 多項式を概説する事をその目標としている.同時に,ねじれ Alexander 多項式自身が古典的な Alexander 多項式に比べてポピュラーなものではないと思われるので,その紹介の部分をなるべく基本的な所から丁寧に行なう事を試みたい.

ここでねじれ Alexander 多項式という用語に関して最初に述べておく.ねじれ Alexander 多項式の定義に関しては,幾つかの流儀があり見かけ上定義が異なる.何をねじれ Alexander 多項式と呼んでいるかも異なる.実際筆者をはじめとして日本人の多くは,この論説で Wada 不変量と呼んでいるものをねじれ Alexander 多項式と呼んでいる場合が多い.しかしながらこの論説では Friedl–Vidussi の結果に焦点を当てる事を考え,混乱を避けるために敢えて次のように呼び方を区別する.

- 有限表示群に対して Wada により導入されたねじれ Alexander 多項式を Wada 不変量,
- 結び目に対して Lin により定義されたものを Lin 多項式,
- ホモロジーの位数として Kirk–Livingston により整理されたものを twisted Alexander 多項式,
- これら一群の不変量を総称するときはねじれ Alexander 多項式.

ねじれ Alexander 多項式の研究において重要な観点は,Reidemeister torsion と呼ばれる単純ホモトピー不変量との密接な関係にある.ねじれ Alexander 多項式が結び目群の不変量である事に対し,Reidemeister torsion は不変量としては基本群のみでは決まらない.というよりむしろ,レンズ空間の分類のために導入された歴史的背景からもわかるように,基本群が同じホモトピー同値なものを区別する不変量である.しかしながら,これら 2 種類の不変量が結び目や絡み目,そしてさらに幾何的な 3 次元多様体の場合には本質的に一致する.特に Wada 不変量の場合は Reidemeister torsion そのものと完全に一致し,位数としての twisted Alexander 多項式の場合は各次元のそれら twisted Alexander 多項式の交代積が Reidemeister torsion と一致する.それは多様体の Betti 数と Euler 数の関係に似ている.後で詳しく述べるがファイバー性を判定するための twisted Alexander 多項式の次数と Thurston ノルムとの関係は,Reidemeister torsion の次数 (= 局所系係数ホモロジーに関す

附录 A　Alexander 多項式的 20 年

る Euler 数) と Thurston ノルムの関係式と見るべきである.

　この論説では,議論を単純化し見通しをよくするために,考察の対象を 3 次元球面 S^3 内の結び目 K とその補空間の基本群 (結び目群) $G(K)$ から始める. その上で Friedl-Vidussi の結果はより一般の 3 次元多様体に対して成立するので,そこでの議論はなるべく一般的な形で述べたいと思う. 後半は定理の証明に大掛かりな道具立てが必要であるため,言葉の説明にページ数が必要となり,表面的な解説になってしまった部分もある. ただねじれ Alexander 多項式がどのようにしてファイバー性に結び付くかを伝えるように努力したつもりである.

2　Alexander 多項式

2.1　準備

はじめに用語や記号を幾つか整理しておく. ここでは結び目に適当な滑らかさを仮定し,野性的なものは考えない事とする. 結び目理論の基礎に関しては [20], [4], [6], [35], [8], 3 次元多様体に関しては [17] を参照.

- S^3 内の結び目 K の開管状近傍を $N(K)$,その補空間 $S^3 \setminus N(K)$ を K の外部と呼び $E(K)$ と表す. さらに, K の補空間の基本群 $\pi_1(S^3 \setminus K) = \pi_1(E(K))$ を K の結び目群と呼び, $G(K)$ と表す.
- 結び目 K を境界とする S^3 内の向き付け可能な曲面を K の Seifert 曲面といい, Seifert 曲面の中で種数が最小のものを最小種数 Seifert 曲面という. その最小種数を結び目 K の種数と呼び, $g(K)$ と表す. $E(K)$ で議論するために, K の Seifert 曲面 S と $E(K)$ の共通部分 $S \cap E(K)$ も単に K の Seifert 曲面と呼ぶ事にする.
- 結び目 K に対して,その外部 $E(K) = S^3 \setminus N(K)$ が, K の Seifert 曲面をファイバーとする S^1 上のファイバー束の構造を持つとき, K をファイバー結び目と呼ぶ. ファイバー結び目の Seifert 曲面に関して,その Seifert 曲面が最小種数である事と,ファイバー束のファイバーにイソトピックである事は同値である事が知られている.
- 3 次元多様体 N 内の埋め込まれた 2 次元球面が埋め込まれた 3 次元球体の境界にならないとき,その球面は本質的球面と呼ばれる. N が本質的球面を持たないとき, N は 3 次元多様体として既約であるという.
- N を連結和 $N_1 \sharp N_2$ に分解すると, N_1, N_2 のどちらか一方は必ず S^3 と同相になるとき, N は 3 次元多様体として素であるという.
- N 内の曲面 S に対して,包含写像が誘導する準同型写像 $\pi_1(S) \to \pi_1(N)$ が単射であるとき, S は非圧縮的という.
- N に埋め込まれた非圧縮的トーラス T^2 は境界に平行なもの以外存在しないとき, N はアトロイダルという.

また代数的な議論の多くは群環上で行なうため,群に関してここでまとめておく. 群 G の要素の形式的な有限和 $\sum_{g \in G} n_g g (n_g \in Z)$ 全体を群 G の Z 上の群環と呼び ZG と表す. 但し有限和とは $\sum_{g \in G} n_g g$ において $n_g \neq 0$ となる g は有限個である事を意味する. 群環 ZG には自然に和と積が定義でき,その名の通り環になる. また一般の可換環 R や可換体 F 上の群環 RG, FG も同様に定義できる. この論説では可換環 R は全て単項イデアル整域と仮定する. 但し,この論説では可換環 R は全て整数全体のなす環 Z か,または可換体と考えても問題はない.

295

纽结理论中的 Jones 多项式

ランク 1 の自由アーベル群 Z の表示として $\langle t \rangle$ を取る.このとき $Z = \langle t \rangle$ の Z 上の群環 $ZZ = Z\langle t \rangle$ の要素は $\sum_{k \in Z} n_k t^k$ の形をしている有限和である.従ってこれは 1 変数 t の Laurent 多項式と見なす事ができ,これ以降 $Z\langle t \rangle$ を Z 上の Laurent 多項式環 $Z[t, t^{-1}]$ と同一視する.

2.2 Fox の自由微分を用いた Alexander 多項式の定義

Alexander 多項式には多くの定義(側面)がある.ここでは結び目群 $G(K)$ の表示から Fox の自由微分を用いた定義を復習しておく.ここで与える定義は Crowell–Fox の教科書とは $t - 1$ で割る分だけ異なるが,この形の定義が自然な形で表現付きの場合に拡張され,Wada 不変量の定義を与える.

結び目 K に対して,その結び目群 $G(K)$ の表示を以下のような形に取り固定する:

$$\langle\, x_1, \ldots, x_n \mid r_1, \ldots, r_{n-1} \,\rangle.$$

但しここで 不足数 (deficiency) = (生成元の個数) − (関係子の個数) = 1 とする.

一般の結び目においては,その平面上への射影図から定まる Wirtinger 表示と呼ばれる特別な表示が存在する.この Wirtinger 表示においては,常に不足数は 1 であり,さらに各生成元は他の生成元と互いに共役になっている.従って Wirtinger 表示を用いると,$G(K)$ のアーベル化 $H_1(G(K); Z) = G(K)/[G(K), G(K)]$ が $Z = \langle t \rangle$ と同型になる事が容易にわかる.

結び目群 $G(K)$ のアーベル化を

$$\alpha : G(K) \to Z = \langle t \rangle$$

とおく.表示を固定した事から,ランク n の自由群 $F_n = \langle x_1, \ldots, x_n \rangle$ から $G(K)$ への自然な全射が定まる.また,この自然な写像 $F_n \to G(K)$ が誘導する群環の間の写像

$$ZF_n \to ZG(K)$$

を考える.

Alexander 多項式を代数的に定義するための道具は Fox の自由微分

$$\frac{\partial}{\partial x_1}, \ldots, \frac{\partial}{\partial x_n} : ZF_n \to ZF_n$$

である.Fox の自由微分は次の性質で特徴付けられる.
(1) 各 $\partial/\partial x_j$ は Z 上線型な写像.
(2) 任意の i, j に対して,$(\partial/\partial x_j)(x_i) = \delta_{ij}$.但し $\delta_{ij} = 1\ (i = j),\ = 0\ (i \neq j)$.
(3) 任意の $g, g' \in F_n$ に対して,$(\partial/\partial x_j)(gg') = (\partial/\partial x_j)(g) + g(\partial/\partial x_j)(g')$.

以下簡単のため通常の偏微分のように,$(\partial/\partial x_j)(g)$ を $\partial g/\partial x_j$ と表す事にする.$G(K)$ の関係子 r_i を F_n の要素と見なして自由微分を施した $\partial r_i/\partial x_j \in ZF_n$ を自然な写像 $ZF_n \to ZG(K)$ で $\partial r_i/\partial x_j \in ZG(K)$ と考える.

定義 2.1 $(n-1) \times n$-行列 A を以下のように定義する:

$$A = \left(\alpha_* \left(\frac{\partial r_i}{\partial x_j} \right) \right) \in M\left((n-1) \times n; Z[t, t^{-1}] \right).$$

ここで $\alpha_* : ZG(K) \to Z\langle t \rangle = Z[t, t^{-1}]$.この行列を $G(K)$ の表示 $\langle\, x_1, \ldots, x_n \mid r_1, \ldots, r_{n-1}\,\rangle$

附录 A　Alexander 多项式的 20 年

に対する Alexander 行列という.

Alexander 行列は明らかに表示に依存する. そこで表示によらない量を次のようにして取り出す. まず正方行列にするために A から 1 列を削除する. A から k 列目を取り除いた $(n-1) \times (n-1)$-行列を A_k と表し, この A_k の行列式 $\det A_k \in Z[t, t^{-1}]$ を考える. このとき次が成立する.

命題 2.1　$\alpha_*(x_k) - 1 \neq 0$ となるある番号 k が存在し, $\det A_k / (\alpha_*(x_k) - 1)$ は $\pm t^s$ 倍 $(s \in Z)$, すなわち $Z[t, t^{-1}]$ の単元倍, を除いて群の表示によらず群 $G(K)$ の不変量を与える.

注意 1　結び目群 $G(K)$ に対して, その Wirtinger 表示 (このとき $\alpha(x_j) = t$) を常に取る事にすると, 分母は常に $t-1$ であるから, 分子自体が $\pm t^s$ 倍を除いて定まる. これが通常結び目 K の Alexander 多項式 $\Delta_K(t)$ と呼ばれる Laurent 多項式不変量である. 従って今定義した不変量は $\Delta_K(t)/(t-1)$ と一致する.

例 1　三葉結び目 3_1 の結び目群 $G(3_1) = \langle\, x, y \mid r = xyx(yxy)^{-1}\,\rangle$ を考える.

関係子 $r = xyx(yxy)^{-1}$ をアーベル化すると, $xy^{-1} = 1$ を得る. 従ってアーベル化 $\alpha : G(3_1) \to \langle t \rangle$ を $\alpha(x) = \alpha(y) = t$ と定義すればよい.

$$\alpha_*\left(\frac{\partial r}{\partial x}\right) = \alpha_*(1 + xy - xyxy^{-1}x^{-1})$$
$$= t^2 - t + 1 \in Z[t, t^{-1}].$$

同様に

$$\alpha_*\left(\frac{\partial r}{\partial y}\right) = \alpha_*(x - xyxy^{-1} - xyxy^{-1}x^{-1}y^{-1})$$
$$= -(t^2 - t + 1) \in Z[t, t^{-1}].$$

従って Alexander 行列は

$$A = \left(\,(t^2 - t + 1) \quad -(t^2 - t + 1)\,\right)$$

となり, $\pm t^s$ 倍を除いて求める不変量は

$$\frac{\Delta_{3_1}(t)}{t-1} = \frac{t^2 - t + 1}{t - 1}$$

となる.

2.3　Reidemeister torsion と Alexander 多項式

Alexander 多項式よりやや遅れて 1930 年代に定義された古典的な 3 次元多様体の不変量に Reidemeister torsion がある. この不変量はホモトピー同値だが同相ではないレンズ空間を分類するために Reidemeister, Franz, de Rham らによって導入された不変量である. Reidemeister torsion については [23], [31] を文献として挙げておく.

一般にコンパクトな n 次元 CW 複体 X とその基本群の体 F 上の線型表現 $\rho : \pi_1(X) \to GL(m; F)$ の組 (X, ρ) に対して, その Reidemeister torsion $\tau_\rho(X) \in F \setminus \{0\}$ は次のように定義される. 表現 ρ から定まる局所系係数, 具体的には F_ρ^m-係数の X の鎖複体 $C_*(X; F_\rho^m)$:

$$0 \to C_n \xrightarrow{\partial_n} C_{n-1} \xrightarrow{\partial_{n-1}} \cdots \xrightarrow{\partial_2} C_1 \xrightarrow{\partial_1} C_0 \to 0$$

纽结理论中的 Jones 多项式

を考える．今この鎖複体が非輪状，すなわち全ての次元のホモロジー群が消えていると仮定する．

CW 複体の構造 (セル分割) と F^m の基底を用いて各鎖加群 $C_i(X; F_\rho^m)$ に基底 c_i を定める事ができる．またバウンダリ $\mathrm{Im}(\partial_{i+1}) \subset C_i(X; F_\rho^m)$ の基底 b_i を任意に取って固定する．非輪状という仮定から $\mathrm{Im}(\partial_{i+1}) = \mathrm{Ker}(\partial_i)$ であるから，$\mathrm{Im}(\partial_{i+1})$ の基底 b_i は $\mathrm{Ker}(\partial_i)$ の基底と考える事ができる．ここで短完全系列

$$0 \to \mathrm{Ker}(\partial_i) \to C_i(X; F_\rho^m) \to \mathrm{Im}(\partial_i) \to 0$$

より，b_i と b_{i-1} の持ち上げ $\tilde{b}_{i-1}$ の組 $(b_i, \tilde{b}_{i-1})$ は $C_i(X; F_\rho^m)$ の基底を与える．従って，$C_i(X; F_\rho^m)$ 上に 2 つの基底 $(b_i, \tilde{b}_{i-1})$ と c_i が定まるので，その間の基底の変換行列を $(b_i, \tilde{b}_{i-1}/c_i)$ と表し，Reidemeister torsion を次のように定義する．

定義 2.2

$$\tau_\rho(X) = \prod_{i=0}^{n} \det(b_i, \tilde{b}_{i-1}/c_i)^{(-1)^{i+1}}.$$

注意 2 $\tau_\rho(X)$ は $\pm \epsilon$ 倍 ($\epsilon \in \det(\rho(\pi_1(X))) \subset F \setminus \{0\}$) を除いて，$(X, \rho)$ の単純ホモトピー不変量として well-defined である．

この Reidemeister torsion が次のように Alexander 多項式と結び付く．結び目群 $G(K)$ のアーベル化 α を有理関数体 $Q(t)$ 上の表現 $\alpha : G(K) \to \langle t \rangle \subset GL(1; Q(t))$ と見なす．このとき結び目の外部 $E(K)$ に対して Reidemeister torsion $\tau_\alpha(E(K)) \in Q(t) \setminus \{0\}$ が $\pm t^s$ 倍を除いて定義され，次が成立する [31]．

定理 2.1 (Milnor) 両辺の $\pm t^s$ 倍の不定性を除いて $\Delta_K(t)/(t-1) = \tau_\alpha(E(K))$．

この Milnor の定理から結び目の不変量として分子 $\Delta_K(t)$ だけではなく，この分母，分子の比も自然なものである事がわかる．また元々を Seifert により証明された Alexander 多項式の係数の対称性 ($\pm t^s$ 倍を除いて $\Delta_K(t^{-1}) = \Delta_K(t)$) の別証明も Reidemeister torsion の性質から与えられる．これはねじれ Alexander 多項式の場合にも拡張される [22]．また詳しくは触れないが，Alexander 多項式のスライス結び目に関する結果も Reidemeister torsion の性質から得られる [9]．

2.4 ファイバー性と Alexander 多項式

結び目 K の種数 g の Seifert 曲面 S を考えると，その 1 次元ホモロジー群 $H_1(S; Z) \cong Z^{2g}$ 上に自然に linking form $lk : H_1(S; Z) \times H_1(S; Z) \to Z$ が定義される．この linking form lk を用いて $\Delta_K(t)$ を定義する事が可能である．詳細は [4], [35] などを参照．この Seifert 曲面上の linking form を用いた $\Delta_K(t)$ の定義から，$\Delta_K(t)$ の次数が Seifert 曲面の種数の 2 倍で上から抑えられる事がわかる．従って結び目の種数 $g(K)$ はそのような Seifert 曲面の種数の最小のものであるから，$2g(K) \geq \deg(\Delta_K(t))$ が成立する事がわかる．

定義 2.3 R 上の Laurent 多項式 $f(t)$ に関して，最高次係数が R の単元であるとき，その Laurent 多項式 $f(t)$ はモニックであるという．有理式の分母分子がそれぞれモニックであるとき，その有理式もモニックであるという．

定理 2.2 (Neuwirth) K がファイバー結び目であるならば Alexander 多項式 $\Delta_K(t)$ は Z 上モニックであり，かつ $\deg(\Delta_K(t)) = 2g(K)$ が成立する．

附录 A Alexander 多項式的 20 年

この定理の証明の概略は次のようなものである. K がファイバー結び目である,すなわち $E(K) = S^3 \setminus N(K)$ が S^1 上のファイバー束の構造を持つとする. このとき,K のある Seifert 曲面 $\Sigma \subset E(K)$ が存在して,Σ がファイバーとなる. ここで Σ 上の微分同相写像 $\psi : \Sigma \to \Sigma$ が存在し,$E(K) \cong \Sigma \times [0,1]/(x,1) \sim (\psi(x),0)$ と,$E(K)$ は ψ の写像トーラスと同一視できる. この写像トーラスの構造から自然に $G(K)$ の表示

$$\langle\, x_1,\ldots,x_{2g}, h \mid hx_1h^{-1} = \psi_*(x_1), \ldots, hx_{2g}h^{-1} = \psi_*(x_{2g})\,\rangle$$

が得られ,この表示から Alexander 多項式を計算すると,$\Delta_K(t)$ は ψ の 1 次元ホモロジー群 $H_1(\Sigma;\mathbb{Z})$ 上への作用を表す行列の特性多項式と一致する事がわかる. 従って最高次の係数は 1 となり,またその多項式としての次数 $\deg(\Delta_K(t))$ は Σ の種数の 2 倍に一致する.

この定理は Cha [5], Goda–Kitano–Morifuji [16], Friedl–Kim [10] らによって,ねじれ Alexander 多項式,Reidemeister torsion に対して拡張されていき,その最終版が Friedl–Vidussi の結果という事ができる.

3 ねじれ Alexander 多項式

3.1 Wada 不変量

ここでは $G(K)$ の $SL(m;R)$-表現に限って Wada 不変量の定義を与える.

結び目群 $G(K)$ の表示を以下のように取る:

$$\langle\, x_1,\ldots,x_n \mid r_1,\ldots,r_{n-1}\,\rangle.$$

これまでと同様に Wirtinger 表示とは限らず,不足数が 1 である事のみを仮定する.

環 R 上の $G(K)$ の表現 $\rho : G(K) \to SL(m;R)$ を 1 つ取る. この表現 ρ とアーベル化 $\alpha : G(K) \to \langle t \rangle$ は自然に群環上の写像

$$\widetilde{\rho} : \mathbb{Z}G(K) \to \mathbb{Z}SL(m;R) \subset M(m;R),\quad \widetilde{\alpha} : \mathbb{Z}G(K) \to \mathbb{Z}\langle t \rangle = \mathbb{Z}[t,t^{-1}]$$

を誘導する. ここで $M(m;R)$ は R の要素を成分とする m 次正方行列全体のなす可換環を表す. また $M(m;R[t,t^{-1}]) \cong M(m;R) \otimes \mathbb{Z}[t,t^{-1}]$ は $R[t,t^{-1}]$ の要素を成分とする m 次正方行列全体のなす可換環を表す.

さらにこの $\widetilde{\rho}, \widetilde{\alpha}$ の 2 つから

$$\widetilde{\rho} \otimes \widetilde{\alpha} : \mathbb{Z}G(K) \ni \sum_{g \in G(K)} n_g g \mapsto \sum_{g \in G(K)} n_g \rho(g)\alpha(g) \in M(m;R[t,t^{-1}])$$

が定まる.

固定した群の表示から定まる写像 $F_n \to G(K)$ が誘導する群環上の写像 $\mathbb{Z}F_n \to \mathbb{Z}G(K)$ と上の $\widetilde{\rho} \otimes \widetilde{\alpha} : \mathbb{Z}G(K) \to M(m;R[t,t^{-1}])$ との合成を

$$\Phi : \mathbb{Z}F_n \to M\left(m;R[t,t^{-1}]\right)$$

とおく.

定義 3.1 $(n-1) \times n$-行列 A_ρ をその各 (i,j)-成分が $m \times m$-行列

纽结理论中的 Jones 多项式

$$\Phi\left(\frac{\partial r_i}{\partial x_j}\right) \in M\left(m; R[t, t^{-1}]\right)$$

となる行列とする．この行列を表現 ρ に随伴するねじれ Alexander 行列という．

Alexander 行列の場合と同様に，まず正方行列にするために A_ρ から 1 列を削除する．k 列目を取り除いた $(n-1) \times (n-1)$-行列を $A_{\rho,k}$ と表す．この $A_{\rho,k}$ を (i,j)-成分が $m \times m$ 行列である $(n-1) \times (n-1)$-行列ではなく，各成分が $R[t,t^{-1}]$ の要素である $m(n-1) \times m(n-1)$-行列と見なす事により通常の行列式を考える事ができる．これを用いて Alexander 多項式の場合と同様に，Wada 不変量を以下で定義する [40]．

定理 3.1 (Wada) $\det \Phi(x_k - 1) \neq 0$ となるある番号 k が存在し，そのような k に対して

$$W_{K,\rho}(t) = \frac{\det A_{\rho,k}}{\det \Phi(x_k - 1)}$$

と定義すると，$\pm t^s$ 倍 $(s \in \mathbb{Z})$ を除いて，これは表示によらずに定まり，$(G(K), \alpha, \rho)$ の組に対する不変量となる．これを $G(K)$ の Wada 不変量と呼ぶ．

注意 3 • Wada 不変量は厳密には $(G(K), \alpha, \rho)$ の 3 つ組に対する不変量である．しかし α は多くの場合標準的なアーベル化で取るので，混乱のない限り添字の中では省略する．また $G(K)$ は K から定まるので，(K, ρ) の，あるいは単に K の Wada 不変量と呼ぶ．

• $\mathbb{Z}$ 上の 1 次元自明表現 $G(K) \to \{1\} \subset SL(1; \mathbb{Z})$ に対して Wada 不変量は明らかに $\Delta_K(t)/(t-1)$ となり，Alexander 多項式と本質的に一致する．

• $GL(m; R)$-表現を考えた場合には，Wada 不変量の不定性は R の単元倍も加える事により，well-defined になる．

ここで群の線型表現の用語を思い出しておく．

• $SL(m; R)$ の R^m 上への自然な作用の下で，R^m に $\rho(G(K))$ の作用で非自明な不変部分 R 加群が存在しないとき，表現 $\rho: G(K) \to SL(m; R)$ は既約であるという．

• $\rho(G(K))$ が可換群であるとき，表現 ρ は可換であるという．$\rho(G(K))$ が可換群でないとき，表現 ρ は非可換であるという．

• 2 つの表現 $\rho: G(K) \to SL(m; R)$, $\rho': G(K) \to SL(m; R)$ に対して，ある行列 $P \in SL(m; R)$ が存在して $\rho(g) = P\rho'(g)P^{-1}$ が任意の $g \in G(K)$ に対して成立するとき，表現 ρ と ρ' は共役であるという．

Wada 不変量の定義から直接次が証明される．

命題 3.1 表現 ρ と ρ' が $SL(m; R)$-表現として共役であるならば，$W_{K,\rho}(t) = W_{K,\rho'}(t)$.

3.2 8 の字結び目の計算例

ここでは 8 の字結び目 4_1 と $G(4_1)$ の $SL(2; \mathbb{C})$-既約表現を考える．結び目群 $G(4_1)$ は

$$G(4_1) = \langle\, x, y \mid wx = yw\,\rangle$$

但し $w = x^{-1}yxy^{-1}$ と表す事ができる．

以後表現 $\rho: G(4_1) \to SL(2; \mathbb{C})$ に対して，表現された行列を対応する大文字，例えば，$\rho(x) = X$, $\rho(y) = Y$ と書く事にする．

ここで生成元 x, y は互いに共役である事に注意しよう．このとき $G(4_1)$ の $SL(2; \mathbb{C})$-既約表現の

附録A Alexander多項式的20年

共役類は必ず次のような表現 $\rho_{s,u}: G(4_1) \to SL(2;\boldsymbol{C})$ $(s,u \in \boldsymbol{C} \setminus \{0\})$ で実現される：

$$\rho_{s,u}(x) = X = \begin{pmatrix} s & 1 \\ 0 & 1/s \end{pmatrix}, \ \rho_{s,u}(y) = Y = \begin{pmatrix} s & 0 \\ u & 1/s \end{pmatrix}.$$

既約表現の共役類の空間は s と u でパラメータ付けされる [34].

そして $R = WX - YW$ とおくと, $R = \begin{pmatrix} 0 & 0 \\ 0 & 0 \end{pmatrix}$ が $\rho_{s,u}$ が表現になるための s, u の満たすべき方程式を与える. R の成分を計算すると

$$3 - \frac{1}{s^2} - s^2 - 3u + \frac{u}{s^2} + s^2 u + u^2 = 0$$

がその方程式となる. この方程式を u に関して解くと,

$$u = \frac{-1 + 3s^2 - s^4 \pm \sqrt{1 - 2s^2 - s^4 - 2s^6 + s^8}}{2s^2}$$

となる. 1つの s に対して定まる2つの u を $\pm$ に応じて, u_+, u_- と表す. ここで $\rho_{s,u_+}, \rho_{s,u_-}$ に対応する Wada 不変量を計算すると, 2つの値は一致し,

$$W_{K,\rho_{s,u_\pm}}(t) = t^2 - 2\left(s + \frac{1}{s}\right)t + 1$$
$$= t^2 - 2(\mathrm{tr}(X))t + 1$$

が得られる. つまり, Wada 不変量は表現の連続変形に対応して連続的に変化する事がわかる.

注意4 (p,q) トーラス結び目の $SL(2;\boldsymbol{C})$-既約表現に対する Wada 不変量を考えると, 表現を連続的に動かしても不変量は変化しない. すなわち, Wada 不変量の各係数が表現の共役類の空間の連結成分上定数となる [25].

8の字結び目 4_1 の場合はこのように具体的に $SL(2;\boldsymbol{C})$-表現を求める事ができた. 一般には与えられた結び目群 $G(K)$ に対して, $SL(2;\boldsymbol{C})$ に限ったとしても表現を具体的に構成する事は難しい問題である. 表現の空間, あるいは表現の共役類の空間を具体的に記述する多項式方程式系がわかったとしても, その解を具体的に見つける事が一般には困難であるからである.

具体的な表現を見つける事が比較的容易にできる場合としては, 有限体上の線型表現が挙げられる. もちろん, これは有限体上の代数方程式が解けるという意味ではなく, コンピュータを用いて探す事が可能であるという意味である.

またもう1つよく用いられるものとしては, $G(K)$ から有限群 G (例えば対称群) への全射準同型写像から誘導される線型表現がある. $\rho: G(K) \to G$ を全射準同型写像とする. このとき, G は群環 ZG に左からの乗法で自然に作用する. 従ってこの作用を通して $\rho: G(K) \to G \to \mathrm{Aut}_Z(ZG)$ が得られる. 記号の混同ではあるが, $G \subset \mathrm{Aut}_Z(ZG)$ と見なして, この線型表現も単に ρ で表す事にする. この表現は G の有限個の要素の間の置換から定まる表現であるので, 表現 ρ の像は $SL(|G|;Z)$ に含まれる. 但しここで $|G|$ は有限群 G の位数である. これは $G(K)$ の指数有限の部分群を取る事に対応しているため, 有限被覆を通して幾何学的な状況とも結び付く. 今後このような表現を単に, 有限群 G を経由する SL-表現という事にする.

3.3 位数としての twisted Alexander 多項式

Lin [28] は結び目に対してある良い性質を持った Seifert 曲面が存在する事を証明し, Alexander

纽结理论中的 Jones 多项式

多項式の linking form を用いた定義の表現付きの場合への拡張を与えた (Lin 多項式). また Jiang–Wang [19] はそれを受けて, 一般の 3 次元多様体の幾つかの位相不変量に対して, 基本群の表現でねじるという事を考察した. これらに関する詳細はここでは省略する.

次に Kirk–Livingston [21] によるホモロジー群の位数として捉える twisted Alexander 多項式の定義を述べる. これは Lin 多項式の定義を局所系のホモロジー群の位数を用いて捉え直したものである.

Z 上の有限生成加群でねじれ元のみからなる加群 A は,

$$A \cong Z/p_1 \oplus Z/p_2 \oplus \cdots \oplus Z/p_k$$

と同型になる. 但し自然数 $p_1, \ldots, p_k$ は $p_i | p_{i+1}$ を満たす列である. このとき, 群としての A の位数は $p_1 \cdots p_k$ である. また, 条件 $p_i | p_{i+1}$ は p_i, p_{i+1} で生成される 2 つのイデアルが $(p_i) \supset (p_{i+1})$ を満たす事と同値であり, $p_1 \cdots p_k$ は積イデアル $(p_1) \cdots (p_k)$ の生成元を考える事に対応している.

これは Laurent 多項式環 $Z[t, t^{-1}]$ 上の有限生成加群に直ちに一般化される. すなわち A を $Z[t, t^{-1}]$ 上の有限生成加群でねじれ元のみからなるとする. このとき A は

$$A \cong Z[t, t^{-1}]/\mathcal{A}_1 \oplus Z[t, t^{-1}]/\mathcal{A}_2 \oplus \cdots \oplus Z[t, t^{-1}]/\mathcal{A}_k$$

と同型となる. 但しイデアル $\mathcal{A}_i \subset Z[t, t^{-1}]$ は $\mathcal{A}_1 \supset \mathcal{A}_2 \supset \cdots \supset \mathcal{A}_k$ を満たす.

定義 3.2 積イデアル $\mathcal{A}_1 \mathcal{A}_2 \cdots \mathcal{A}_k$ をこの加群 A の位数イデアルといい, $\mathrm{ord}(A) = \mathcal{A}_1 \mathcal{A}_2 \cdots \mathcal{A}_k$ と表す. また, このイデアルの生成元を A の位数という.

加群 A が $Z[t, t^{-1}]$-加群として有限生成である事から, 完全系列

$$Z[t, t^{-1}]^r \xrightarrow{P} Z[t, t^{-1}]^s \to A \to 0$$

が存在する. 但し P は $Z[t, t^{-1}]$-上の $s \times r$-行列である ($r \geq s$). このとき A の位数イデアルは P の $s \times s$-小行列式の最大公約元で生成されるイデアルと一致する.

この加群の位数を結び目の場合に次のように当てはめる. まずはじめに結び目群 $G(K)$ のアーベル化 $\alpha: G(K) \to \langle t \rangle \subset GL(1; Z[t, t^{-1}])$ を考える事により, $Z[t, t^{-1}]$ に $G(K)$ は左から作用する. α を通して $ZG(K)$ 加群として考えた $Z[t, t^{-1}]$ を $Z[t, t^{-1}]_\alpha$ と表す事にする. このときこの作用から $E(K)$ の $Z[t, t^{-1}]_\alpha$-係数の 1 次元ホモロジー群 $H_1(E(K); Z[t, t^{-1}]_\alpha)$ が定義される. すなわち, まず結び目 K の外部 $E(K)$ に対して普遍被覆

$$\widetilde{E}(K) \to E(K)$$

を考える. $E(K)$ の基本群 $G(K)$ は被覆変換群として右から $\widetilde{E}(K)$ に作用しているとする. この作用から自然に $C_*(\widetilde{E}(K); Z)$ は $ZG(K)$-加群の鎖複体となる. このとき $Z[t, t^{-1}]$-加群としての鎖複体

$$C_*(E(K); Z[t, t^{-1}]_\alpha) = C_*(\widetilde{E}(K); Z) \otimes_{ZG(K)} Z[t, t^{-1}]$$

を考える. この鎖複体の $H_1(E(K); Z[t, t^{-1}]_\alpha)$ を結び目 K の Alexander 加群と呼ぶ. このとき次が知られている [32].

命題 3.2 Alexander 多項式 $\Delta_K(t)$ は Alexander 加群 $H_1(E(K); Z[t, t^{-1}]_\alpha)$ の位数イデアルの生成元である.

附録 A　Alexander 多項式的 20 年

環 R 上の $G(K)$ の表現 $\rho : G(K) \to SL(m; R)$ とアーベル化 $\alpha : G(K) \to GL(1; \mathbf{Z}[t, t^{-1}])$ のテンソル表現

$$\rho \otimes \alpha : G(K) \to GL(m; R[t, t^{-1}])$$

を考える．具体的には任意の $v \in R[t, t^{-1}]^m$, $g \in G(K)$ に対して $(\rho \otimes \alpha)(g)(v) = \rho(g)(v)\alpha(g)$ となる．

この表現を用いて次のような局所系係数のホモロジーを考える事ができる．結び目 K の外部 $E(K)$ に対して普遍被覆 $\widetilde{E}(K) \to E(K)$ を考えると，$C_*(\widetilde{E}(K); \mathbf{Z})$ は $\mathbf{Z}G(K)$-加群の鎖複体となる．今度は $R[t, t^{-1}]$-加群としての鎖複体

$$C_*(E(K); R[t, t^{-1}]^m_{\rho \otimes \alpha}) = C_*(\widetilde{E}(K); \mathbf{Z}) \otimes_{\mathbf{Z}G(K)} R[t, t^{-1}]^m$$

を考え，このホモロジー $H_i(E(K); R[t, t^{-1}]^m_{\rho \otimes \alpha})$ を (K, α, ρ) の i 次ねじれ Alexander 加群と呼ぶ．

定義 3.3　$H_i(E(K); R[t, t^{-1}]^m_{\rho \otimes \alpha})$ の位数イデアル $ord(H_i(E(K); R[t, t^{-1}]^m_{\rho \otimes \alpha}))$ を考え，その生成元を i 次 twisted Alexander 多項式と呼び，$\Delta^i_{K, \rho}(t)$ で表す．

注意 5　結び目の twisted Alexander 多項式は 3 次元多様体に対して拡張されるが，後で述べるように (命題 4.1)，0 次と 2 次の twisted Alexander 多項式 $\Delta^0_{K, \rho}(t), \Delta^2_{K, \rho}(t)$ の持つ情報はあまり本質的ではない．重要な情報は 1 次 twisted Alexander 多項式 $\Delta^1_{K, \rho}(t)$ に含まれる．そのため以後混乱の可能性のない限り，1 次 twisted Alexander 多項式 $\Delta^1_{K, \rho}(t)$ を単に twisted Alexander 多項式と呼び $\Delta_{K, \rho}(t)$ と表す．

3.4　ねじれ Alexander 多項式の主な性質

Wada 不変量と位数から定まる twisted Alexander 多項式の間には次のような関係がある [21]．

定理 3.2 (Kirk–Livingston)

$$W_{K, \rho}(t) = \frac{\Delta_{K, \rho}(t)}{\Delta^0_{K, \rho}(t)}$$

また Milnor の定理 (定理 2.1) のねじれ Alexander 多項式版として次が成立する．コンパクトな 3 次元多様体 $E(K)$ に対して，基本群の表現 ρ とアーベル化 α をテンソルした表現を $R[t, t^{-1}]$ の商体 $\mathbf{F}(t)$ 上の表現

$$\rho \otimes \alpha : G(K) \to GL(m; R[t, t^{-1}]) \subset GL(m; \mathbf{F}(t))$$

として考える．この表現から定義される局所系 $C_*(E(K); \mathbf{F}(t)_{\rho \otimes \alpha})$ に対応する Reidemeister torsion $\tau_{\rho \otimes \alpha}(E(K))$ を考える．このとき次が成立する [22]．

定理 3.3 (Kitano)　$\bar{\alpha} : G(K) \to GL(1; \mathbf{Z}[t, t^{-1}])$ を $\bar{\alpha}(g) = \alpha(g)^{-1} (g \in G(K))$ と定義する．このとき

$$W_{K, \rho}(t) = \tau_{\rho \otimes \bar{\alpha}}(E(K))$$

が成立する．

この定理の系として表現 ρ に関する適当な条件，例えば表現のユニタリ性の下で，ねじれ Alexander 多項式の係数の間に Alexander 多項式の場合と同様に対称性がある事が，Reidemeister torsion の双

纽结理论中的 Jones 多项式

対性から導かれる.

注意 6 Reidemeister torsion としての視点からのねじれ Alexander 多項式の係数の対称性の精密化に関しては, Friedl–Kim–Kitayama [12] による仕事がある.

ねじれ Alexander 多項式の結び目を分類する不変量としての強力さについては次の定理を挙げておく [36].

定理 3.4 (Silver–Williams) K は非自明な結び目とする. このとき有限群 G と $G(K)$ からの全射準同型写像 $G(K) \to G$ で, これを経由する表現 $\rho: G(K) \to SL(|G|; \mathbb{Z})$ に対する twisted Alexander 多項式が非自明となるものが存在する.

twisted Alexander 多項式はその定義から常に多項式であるが, Wada 不変量は割り算をするので定義から常に多項式になるわけではない. 例えば, 結び目の自明表現の場合は明らかに多項式ではない. しかし線型表現に関する適当な条件の下では次が成立する [24].

定理 3.5 (Kitano–Morifuji) $G(K)$ の非可換 $SL(2; \mathbf{F})$-表現に対する Wada 不変量は Laurent 多項式になる.

ねじれ Alexander 多項式の応用の 1 つとして結び目の間の半順序関係の決定が挙げられる. まず結び目の間に次のように半順序関係を定義する事ができる.

定義 3.4 結び目 K, K' において, その結び目群の間にメリディアンをメリディアンに写す全射準同型写像 $G(K) \to G(K')$ が存在するとき, $K \geq K'$ と定義する.

結び目群が Hopfian である事から, 次が成立する事が知られている.

命題 3.3 二項関係 $K \geq K'$ は半順序関係となる. すなわち次の 3 つの条件が成立する.
(1) $K \geq K$.
(2) $K \geq K'$ かつ $K' \geq K$ ならば $K = K'$.
(3) $K \geq K'$ かつ $K' \geq K''$ ならば $K \geq K''$.

注意 7 結び目を素な結び目に制限すれば, メリディアンをメリディアンに写すという条件を外しても, 半順序関係となる.

この半順序に関して次の古典的な結果が知られている. ちなみに Crowell–Fox の教科書 [6] では演習問題になっている.

命題 3.4 $K \geq K'$ ならば, $\Delta_K(t)$ は $\Delta_{K'}(t)$ で割り切れる.

この結果はねじれ Alexander 多項式に対して次のように拡張される. ここでは Wada 不変量の形で述べる [27].

定理 3.6 (Kitano–Suzuki–Wada) $\varphi: G(K) \to G(K')$ をメリディアンをメリディアンに写す全射準同型写像とする. このとき $\rho: G(K') \to SL(n; \mathbf{F})$ に対して, $\rho \circ \varphi: G(K) \to SL(n; \mathbf{F})$ を考えると, $W_{K, \rho \circ \varphi}(t)/W_{K', \rho}(t)$ は Laurent 多項式になる.

この定理を応用して, Kitano–Suzuki [26], Horie–Kitano–Matsumoto–Suzuki [18] により 11 交点以下の素な結び目の間の半順序関係が完全に決定された.

4 ねじれ Alexander 多項式とファイバー性の判定

ファイバー性に関しては次の事が成り立つ [5], [16].

定理 4.1 (Cha) K がファイバー結び目ならば, 有限群を経由する $G(K)$ の SL-表現に対して,

附録 A　Alexander 多項式的 20 年

その twisted Alexander 多項式はモニックである．
より一般に次が成立する．

定理 4.2 (Goda–Kitano–Morifuji)　K がファイバー結び目ならば，$G(K)$ の任意の $SL(m; \boldsymbol{F})$-表現に対して，Wada 不変量はモニックである．

この定理は Wada 不変量としてのモニック性を示すのではなく，Reidemeister torsion としてのモニック性を示す事により証明される．Wada 不変量は群の不変量であり，群の表示を用いて定義される．一方で Reidemeister torsion は幾何的な不変量である．Wada 不変量における群の表示を取りかえる操作と Reidemeister torsion におけるセル分割を細分する操作が対応し，状況によって両者を使い分ける事により結果が得られる．

4.1　一般の 3 次元多様体のねじれ Alexander 多項式

Friedl-Vidussi の結果は，S^3 内の結び目や絡み目に限ったものではなく，閉じた 3 次元多様体，あるいは幾つかのトーラスを境界に持つ 3 次元多様体に対する結果である．従って，結び目以外の一般の 3 次元多様体に対するねじれ Alexander 多項式の定式化について，ここで簡単に述べる．

絡み目への拡張

まず，S^3 内の絡み目 L について考えてみる．以下，$L \subset S^3$ を r-成分絡み目（S^3 内の r 個の単純閉曲線の組）とする．絡み目群 $G(L) = \pi_1(S^3 \setminus L)$ のアーベル化 $H_1(G(L); Z)$ は絡み目の成分数に応じてランクが増え，

$$\alpha : G(L) \to H_1(G(L); Z) \cong Z^r = \langle\, t_1, \ldots, t_r \mid t_i t_j = t_j t_i \ (i, j = 1, \ldots, n)\,\rangle$$

となる．従って R 上の $H_1(G(L); Z)$ の群環は r 変数 Laurent 多項式環 $R[t_1^{\pm 1}, \ldots, t_r^{\pm 1}]$ と同一視される．この絡み目の場合，$G(L)$ の 1 次元自明表現に対する不変量 $\det A_k/(\alpha(x_k) - 1)$ は，分母分子が割り切れて多変数の Laurent 多項式になる．これを絡み目 L の多変数 Alexander 多項式と呼び，結び目の場合とは異なりこの分母で分子を割ったものを $\Delta_L(t_1, \ldots, t_r)$ と表す．

注意 8　$r = 1$ の場合，分子のみを $\Delta_K(t)$，$r > 1$ の場合は分子を分母で割ったものを $\Delta_L(t_1, \ldots, t_r)$ と表す．

絡み目の場合に，$G(L)$ の表現付きで考えると，これまでと同様に L の多変数 Wada 不変量 $W_{L,\rho}(t_1, \ldots, t_r)$ や twisted Alexander 多項式 $\Delta_{L,\rho}(t_1, \ldots, t_r)$ が定義され，基本的な議論は全てそのまま成立する．

またアーベル化を $\langle\, t_1, \ldots, t_r \mid t_i t_j = t_j t_i \,\rangle$ へ考える代わりに，単に $\phi : G(L) \to Z = \langle t \rangle$ への全射を考え，これを用いる事により 1 変数 Wada 不変量，1 変数 twisted Alexander 多項式が定義される．このときも混乱のない限り添字としての ϕ は省略し，$\Delta_{L,\rho}(t)$ と表す．

一般の 3 次元多様体への拡張

以下一般の 3 次元多様体について考える．N を $b_1(N) = r \geq 1$ であるコンパクトで連結な 3 次元多様体で境界は空であるか，または幾つかのトーラスになっているとする．但し $N \neq S^1 \times D^2, S^1 \times S^2$ とする．

今度はランク r の自由アーベル群 $\langle\, t_1, \ldots, t_r \mid t_i t_j = t_j t_i \,\rangle$ を $H_1(N; Z)$ の自由な部分からなる自由加群と同一視して，

305

纽结理论中的 Jones 多项式

$$\alpha : \pi_1 N \to H_1(N; \mathbb{Z}) \to \langle\, t_1, \ldots, t_r \mid t_i t_j = t_j t_i\, \rangle$$

という全射準同型写像を考える.

基本群 $\pi_1(N)$ の表示において, 今度は不足数は 1 で取れるとは限らない. 不足数 $= l$ とおく. 1 次元自明表現の Alexander 行列が $(n-l) \times n$-行列 ($l = $ 不足数) になったとする. このとき k 列目を取り除いた行列 A_k は $(n-l) \times (n-1)$-行列であり, 正方行列とは限らない. そこで $(n-l)$-小行列式を考え, それらの最大公約元を分子として定義を修正する. そうすると分母はそのまま $\alpha(x_k) - 1$ で, N の不変量となり, これを $\Delta_N(t_1, \ldots, t_r)$ と表す.

またここで $\phi \in H^1(N; \mathbb{Z}) = \mathrm{Hom}(\pi_1(N), \mathbb{Z})$ を考える. 以下 $\phi \neq 0$ と仮定し, 今までと同様に $\mathbb{Z}$ を $\langle t \rangle$ と同一視する. R 上の線型表現 $\rho : \pi_1(N) \to SL(m; R)$ に対して, ρ と ϕ のテンソル表現 $\rho \otimes \phi : \pi_1(N) \to GL(m; R[t, t^{-1}])$ をこれまでと同様に定義すれば, (N, ϕ, ρ) の 3 つ組に対して, 1 変数 Wada 不変量 $W_{N,\rho}(t)$, 1 変数 twisted Alexander 多項式 $\Delta^i_{N,\rho}(t)$ が定義される.

注意 9 以下与えられた ϕ がファイブレーションで実現されるかどうかを問題にするため, ϕ は議論の途中では固定して動かさない事に注意する. それも踏まえて記号を軽くするため, $\Delta^i_{N,\rho}(t)$ と ϕ を省略している.

ここで 1 変数 twisted Alexander 多項式の性質をまとめておく (詳細は [13] を参照). 有限群 G を経由する表現 $\rho : \pi_1(N) \to SL(|G|; \mathbb{Z})$ に対して

$$\mathrm{div}\phi_\rho = \max\{n \in \mathbb{N} \mid \exists \psi : \mathrm{Ker}\rho \to \mathbb{Z} \text{ s.t. } \phi = n\psi\}$$

とおく. このとき次が成立する.

命題 4.1
(1) $\Delta^0_{N,\rho}(t) = 1 - t^{\mathrm{div}\phi_\rho}$.
(2) $\Delta_{N,\rho}(t) \neq 0$ ならば $\Delta^2_{N,\rho}(t) = (1 - t^{\mathrm{div}\phi_\rho})^{b_3(N)}$.
(3) $\Delta^3_{N,\rho}(t) = 1$.

4.2 Thurston ノルムと Alexander ノルム

ここで Thurston ノルムと Alexander ノルムについて簡単にまとめておく. これらは 1 次元コホモロジー群, あるいは 2 次元ホモロジー群上のセミノルムであり, それらの複雑さを表す量である.

任意のコホモロジー類 $\phi \in H^1(N; \mathbb{Z})$ に対して, その Poincaré 双対を実現する固有に埋め込まれた曲面 S ($[S] \in H_2(N, \partial N; \mathbb{Z})$) が存在する. ここで S は必ずしも連結とは限らない. S の中で, Euler 数が正の連結成分があれば, それを除いたものを $\hat{S}$ とする. このとき ϕ の Thurston ノルム $\|\phi\|_T$ は, そのような S を全て考えて,

$$\|\phi\|_T = \min_S (-\chi(\hat{S}))$$

と定義する. すなわちこれは Euler 数が負の連結成分の Euler 数の和の絶対値である.

例 2 結び目 K において, $\alpha : G(K) \to \mathbb{Z}$ を $\alpha \in H^1(E(K); \mathbb{Z})$ と見なす. このとき K の種数の定義から, $\|\alpha\|_T = 2g(K) - 1$ となる.

Thurston [39] はこの Thurston ノルム $\|\phi\|_T$ に関して,
- $\|k\phi\|_T = k\|\phi\|_T$ ($k \in \mathbb{N}, \phi \in H^1(N; \mathbb{Z})$),

附录 A　Alexander 多项式的 20 年

- $\|\phi_1 + \phi_2\|_T \leq \|\phi_1\|_T + \|\phi_2\|_T \ (\phi_1, \phi_2 \in H^1(N; \mathbb{Z}))$

である事を証明した．さらに，Thurston はこれを $H^1(N; \mathbb{R})$ 上にセミノルムとして拡張し，Thurston ノルムに関する単位球体

$$B_T(N) = \{\, \phi \mid \|\phi\|_T \leq 1 \,\} \subset H^1(N; \mathbb{R}) \cong \mathbb{R}^{b_1(N)}$$

はコンパクトとは限らないが，有限凸多面体である事を証明した．

注意 10　3 次元多様体 N は既約，かつアトロイダルという仮定をおくと，Thurston ノルムは $H^1(N; \mathbb{R})$ 上のノルムになる．

ここで次の定義をおく．

定義 4.1　$\phi \in H^1(N; \mathbb{Z}) = \mathrm{Hom}(\pi_1(N), \mathbb{Z})$ に対して，N が S^1 上のファイバー束 $\pi : N \to S^1$ の構造を許容し，$\phi = \pi_* : \pi_1(N) \to \mathbb{Z}$ となるとき，ϕ はファイブレーション $\pi : N \to S^1$ で実現される，あるいは単に ϕ はファイバー類であるという．

次に Thurston は Thurston ノルム単位球体 $B_T(N)$ には，ファイバー面と呼ばれる最高次元の開面 $F_1, F_2, \ldots, F_l$ が有限個存在し，$\phi \in H^1(N; \mathbb{Z})$ がファイバー類である事と，ϕ が $H^1(N; \mathbb{R})$ の中でこれらファイバー面 $F_1, F_2, \ldots, F_l$ 上の錐 (N のファイバー錐という) に含まれる事は同値である事を証明した．

また $\tilde{N} \to N$ を次数 k の有限被覆とすると，$\tilde{N}, N$ の Thurston ノルムの間には，

$$\|p^*(\phi)\|_{T, \tilde{N}} = k\|\phi\|_{T, N}$$

が成立し，ϕ がファイバー類である事と，$p^*(\phi)$ がファイバー類である事は同値になる．

注意 11　Thurston ノルムは最初から 2 次元ホモロジー上のセミノルムと考える事も可能であり，そのように記述してある文献も多い．

一方 McMullen [30] は多変数 Alexander 多項式 $\Delta_N(t_1, \ldots, t_r)$ を用いて $H^1(N; \mathbb{R})$ 上に Alexander ノルム $\|\phi\|_A$ を次のように定義した．

いま N の多変数 Alexander 多項式 $\Delta_N(t_1, \ldots, t_r) = \sum a_i f_i \neq 0$ を考える．このとき $a_i \in \mathbb{Z}, f_i \in \mathbb{Z}[t_1^{\pm 1}, \ldots, t_r^{\pm 1}]$ は単項式である．ここで 1 次元コホモロジー $\phi \in H^1(N; \mathbb{R}) = \mathrm{Hom}(H_1(N; \mathbb{Z}), \mathbb{R})$ を $\phi : \langle t_1, \ldots, t_r \mid t_i t_j = t_j t_i \ (i, j = 1, \ldots, n) \rangle \to \mathbb{R}$ と制限して考える．各 f_i に対してその値 $\phi(f_i) \in \mathbb{R}$ が定まるので，

$$\|\phi\|_A = \sup \phi(f_i - f_j)$$

と定義する．これは 1 変数 Alexander 多項式の次数の自然な一般化になっている．

この Alexander ノルムを用いて，Thurston ノルムを次のように評価する事ができる．

定理 4.3 (McMullen)

- $b_1(N) = 1$ かつ $H^1(N; \mathbb{Z})$ が ϕ で生成されるならば，$\|\phi\|_T \geq \|\phi\|_A - (1 + b_3(N))$．
- $b_1(N) \geq 2$ ならば，$\|\phi\|_T \geq \|\phi\|_A$．
- $\phi \in H^1(N; \mathbb{Z})$ がファイバー類であるならば等号が成立する．
- Thurston ノルムに関するファイバー錐は Alexander ノルムに関する単位球体の最高次元の面の内部の錐に含まれる．

纽结理论中的 Jones 多项式

4.3 Thurston ノルムと twisted Alexander 多項式

ここで ϕ がファイバー類である事と $\phi : \pi_1(N) \to \langle t \rangle = \mathbb{Z}$ を用いた twisted Alexander 多項式との関係について考える。Friedl-Vidussi の結果の前に現れた重要な結果が次の結果 [11] である。ねじれ Alexander 多項式ではなく、Reidemeister torsion $\tau_{\rho \otimes \phi}(N) \in F(t)$ との関係を考えた事がその重要なポイントであった。ここで $f(t) = p(t)/q(t) \in F(t)$ の次数を

$$\deg(f(t)) = \max\{0, \deg(p(t)) - \deg(q(t))\}$$

と定義する。

定理 4.4 (Friedl-Kim) 任意の表現 $\rho : \pi_1(N) \to SL(m; F)$ に対して $\Delta_{N,\rho}(t) \neq 0$ ならば、

$$\deg(\tau_{\rho \otimes \phi}(N)) \leq m\|\phi\|_T$$

が成り立つ。

さらに Neuwirth の定理の一般化として次が得られる [10]。

定理 4.5 (Friedl-Kim) $\phi \in H^1(N; \mathbb{Z})$ がファイバー類とする。表現 $\rho : \pi_1(N) \to SL(m; F)$ に対して $\Delta_{N,\rho}(t) \neq 0$ ならば、$\Delta_{N,\rho}$ はモニックであり、かつ

$$\deg(\tau_{\rho \otimes \alpha}(N)) = m\|\phi\|_T$$

が成り立つ。

この定理を有限群を経由する線型表現に制限し、Reidemeister torsion を twisted Alexander 多項式で書き換えると次の定理となる。考察の対象を有限群を経由する表現に制限した事から、ファイバー性と twisted Alexander 多項式の関係がよりはっきりと見えてくる。

定理 4.6 (Friedl-Kim) $\phi \in H^1(N; \mathbb{Z})$ がファイバー類とする。このとき $\pi_1(N)$ の有限群 G を経由する $SL(|G|; F)$-表現 ρ に対して $\Delta_{N,\rho}(t) \neq 0$ ならば、$\Delta_{N,\rho}$ はモニックであり、かつ

$$\deg(\Delta_{N,\rho}(t)) = |G| \cdot \|\phi\|_T + (1 + b_3(N))\mathrm{div}\phi_\rho$$

が成り立つ。

Friedl-Vidussi の結果 [13] はこの逆を主張するものである。

定理 4.7 (Friedl-Vidussi) $\pi_1(N)$ の有限群 G を経由する $SL(|G|; \mathbb{Z})$-表現に対応する twisted Alexander 多項式 $\Delta_{N,\rho}(t)$ が常にモニックであり、かつ

$$\deg(\Delta_{N,\rho}(t)) = |G| \cdot \|\phi\|_T + (1 + b_3(N))\mathrm{div}\phi_\rho$$

が成り立つならば、$\phi \in H^1(N; \mathbb{Z})$ はファイバー類である。

5 Friedl-Vidussi の定理の証明の概略

5.1 なぜねじれ Alexander 多項式からファイバー性が証明できるのか？

以後簡単のため、有限群 G から誘導される SL-表現に対して (N, ϕ) の twisted Alexander 多項式 $\Delta_{N,\rho}(t)$ が 2 つの条件

- モニック、

附录 A　Alexander 多项式的 20 年

- $\deg(\Delta_{N,\rho}(t)) = |G| \cdot ||\phi||_T + (1+b_3(N))div\phi_\rho$

を満たすとき，(N,ϕ) は G に対して条件 (M) を満たすという．さらに $\pi_1(N)$ から全射準同型写像が存在する全ての有限群 G に対して，(N,ϕ) が条件 (M) を満たすときに，(N,ϕ) は条件 (∗) を満たすという．

また有限群 G の群環 ZG に対して，Z-加群としてのテンソル積 $ZG \otimes Z[t,t^{-1}]$ を $ZG[t,t^{-1}]$ と略記する．他の係数 Q,R などでも同様に表す．

まず次の事に注意する．

補題 5.1　(N,ϕ) が条件 (∗) を満たすならば，N は素な 3 次元多様体である．

この補題は N が素でないならば，その分解を用いて twisted Alexander 多項式が 0 になる表現が構成できる事から証明される．従って以下 N は素な 3 次元多様体と仮定する．さらに例外的な場合も除くため，$N \neq S^1 \times D^2, S^1 \times S^2$ とする．

注意 12　$N \neq S^1 \times D^2, S^1 \times S^2$ かつ条件 (∗) の下で素である事から，N は 3 次元多様体として既約である事に注意する．

さてなぜこの条件 (∗) から N のファイバー性が導かれるのか，その基本的なアイデアをここで述べたい．縫い目付き多様体や群の副有限完備化などの概念が必要であるが，ここでは言葉の説明は後回しにする．

与えられた 1 次元コホモロジー類 $\phi \in H^1(N;Z)$ がファイバー類になるかどうかを知りたい．このとき ϕ の Poincaré 双対となる 2 次元ホモロジー類 $[\Sigma] \in H_2(N,\partial N;Z)$ を取る．$[\Sigma]$ は Σ を適当に取りかえて N 内の連結な曲面 Σ で実現されているとしてよい．これは結び目の場合，連結な Seifert 曲面に対応する．

N の中で Σ の開管状近傍 $N(\Sigma) \cong \Sigma \times (-1,1)$ と閉管状近傍 $\overline{N}(\Sigma) \cong \Sigma \times [-1,1]$ を考える．そして $\overline{N}(\Sigma)$ の $\Sigma \times \{\pm 1\}$ に対応する 2 つの境界を Σ^+, Σ^- と表す．

ここで $N(\Sigma)$ の補集合 $M = N \setminus N(\Sigma)$ を考える．この M はいわゆる縫い目付き多様体となる．もしこの縫い目付き多様体 M が直積縫い目付き多様体 $\Sigma \times [0,1]$ と同相になれば，$N = M \cup_{\Sigma^\pm} \overline{N}(\Sigma)$ には Σ をファイバーとするファイバー束の構造が入る．従って twisted Alexander 多項式に関する条件から M が直積になる事を証明できればよい．

ではなぜ条件 (∗) が M が Σ と閉区間の直積になる事と結び付くのであろうか．証明は大きく 2 段階に分けられる．

(1) 包含写像 $\Sigma^\pm \to M$ が誘導する準同型写像 $\pi_1(\Sigma^\pm) \to \pi_1(M)$ は，それぞれの基本群を副可解完備化した所では同型写像を与える．

(2) 副可解完備化した所で同型写像であるならば，元々の準同型写像 $\pi_1(\Sigma^\pm) \to \pi_1(M)$ は同型写像である．

最初の主張 (1) を証明するために条件 (∗) が必要である．そして主張 (2) は Agol の結果 [1] を用いる事によって証明される．

もう一度 Neuwirth のファイバー結び目の場合の Alexander 多項式のモニック性の証明を思い出してみる．

$E(K)$ が種数 g の曲面 Σ をファイバーとする S^1 上のファイバー束の構造を許容し，アーベル化 $\alpha \in H^1(E(K);Z)$ は射影 $E(K) \to S^1$ で実現されているとする．そしてこの α の Poincaré 双対は最小

纽结理论中的 Jones 多项式

種数 Seifert 曲面のホモロジー類 $[\Sigma] \in H_2(E(K), \partial E(K); \mathbb{Z})$ と対応していた. このとき, $\Delta_K(t)$ のモニック性, すなわち最高次の係数が ± 1 である事はどこから出て来たのであろうか. ファイバー束の構造が入るので, S^1 の基点上のファイバーを Σ と同一視してファイバー曲面 Σ 上のモノドロミー $f : \Sigma \to \Sigma$ を考える事ができる. この f が 1 次元ホモロジー群上に誘導する写像 $f_* : H_1(\Sigma; \mathbb{Z}) \to H_1(\Sigma; \mathbb{Z})$ は同型写像で, かつ向きを保つ事から $\det(f_*) = 1$ となる事がわかる. さらにファイバー結び目の場合, Alexander 多項式 $\Delta_K(t)$ はその特性多項式 $\det(tf_* - I)$ で与えられ, その最高次係数が丁度 $\det(f_*)$ になっている. この事から Alexander 多項式のモニック性が導かれる. すなわち Alexander 多項式のモニック性はモノドロミー写像が誘導するホモロジー上の写像が同型写像である事に対応している. また $\deg(\Delta_K(t)) = 2g(K)$ は K の Alexander 加群のランクとファイバー曲面の 1 次元ホモロジー群のランクが等しいという事実から来ている.

これらを念頭において条件 (M) を考えると, これは
$$div\phi_\rho - \deg(\Delta_{N,\rho}(t)) + b_3(N) div\phi_\rho - 0 = |G|\chi(\Sigma)$$
$$= 2|G| - 2|G|g$$
と見るべき式である事がわかる.

この等式の左辺は包含写像 $M \to N$ を使って表現 $\rho \otimes \phi$ を $\pi_1(M)$ に制限して得られる M の局所系係数ホモロジー群 $H_*(M; \mathbb{Z}G[t, t^{-1}]_{\rho \otimes \phi}^{|G|})$ に関する Euler 数, すなわち, 左辺の各項は各次元のホモロジー群のランクである. そして右辺は Σ を $\Sigma^\pm$ のどちらかと同一視する事により, $\rho \otimes \phi$ を $\pi_1(\Sigma)$ に制限して得られる Σ の同じく局所系係数ホモロジー群 $H_*(\Sigma; \mathbb{Z}[t, t^{-1}]_{\rho \otimes \phi}^{|G|})$ に関する Euler 数である.

曲面 Σ に関して $H_i(\Sigma; \mathbb{Z}G)$ は $\mathbb{Z}G$ 上自由であり, $H_i(\Sigma; \mathbb{Z}G) \otimes \mathbb{Z}[t, t^{-1}] \cong H_i(\Sigma; \mathbb{Z}G[t, t^{-1}])$ となる事を用いて, さらに代数的な議論を重ねると, M と Σ の 1 次元ホモロジー群 $H_1(M; \mathbb{Z}G)$ と $H_1(\Sigma; \mathbb{Z}G)$ のランクが等しい事が証明できる. そして twisted Alexander 多項式がモニックである事から, さらに包含写像 $\Sigma \to M$ が誘導するこれらホモロジーの間の写像 $H_1(\Sigma; \mathbb{Z}G) \to H_1(M; \mathbb{Z}G)$ が同型写像である事がわかる. また 0 次元ホモロジーも同型である事は容易に示される.

ここで G は有限群である事に加えて, 可解群である事を仮定する. 可解性から帰納法が適用でき, この 0, 1 次元ホモロジーが同型である事から, 2 つの基本群 $\pi_1(\Sigma)$ と $\pi_1(M)$, それぞれから有限可解群 G への準同型写像全体のなす集合が等しくなる事がわかる. 全ての有限可解群への準同型全体の集合が一致するならば, $\pi_1(M)$ と $\pi_1(\Sigma)$ は副可解完備化して同型になる. これが最初の主張 (1) の証明の流れである.

さらに $\pi_1(M)$ が剰余有限可解である事を仮定すると, $\pi_1(M)$ が RFRS という性質を満たす事が示される. この RFRS という群の概念は Agol によって導入され, この仮定の下で多くの幾何学的な議論が展開されている [1]. そのような Agol の結果の 1 つから, この副可解完備化された所で同型写像を導くならば, それは元々の基本群の間の同型写像 $\pi_1(\Sigma) \to \pi_1(M)$ である事がわかる. これが主張 (2) である.

従って古典的な 3 次元多様体論の議論から, M は $\Sigma \times [0, 1]$ と同相である事が証明でき, $\overline{N}(\Sigma) \cong \Sigma \times [-1, 1]$ である事から, 最終的に $N = M \cup_{\Sigma^\pm} \overline{N}(\Sigma)$ が S^1 上の Σ をファイバーとするファイバー束の構造を持つ事がわかる.

附録 A   Alexander 多項式的 20 年

5.2 群の副可解完備化

ここでは群の副可解完備化 (prosol completion) について簡単にまとめておく. まず副有限完備化について述べる. 参考文献としては Ribes–Zalesskii の教科書 [33] を挙げておく.

定義 5.1　半順序集合 I を添字集合として持つ射影系 (G_i, φ_{ij}, I) で,
(1) G_i が全て有限群,
(2) 写像 $\varphi_{ij} : G_i \to G_j$ $(i \geq j)$ は全射準同型写像

からなるものを考える. このとき射影極限 $\varprojlim_{i \in I} G_i$ として定義される群を副有限群 (profinite group) という.

定義 5.2　G の有限商群を $G_N = G/N$ で表す. ここで N は G の指数有限正規部分群とする. このような全ての指数有限正規部分群の集合 $\{N\}$ 上, $N \subset N'$ ならば $N \geq N'$ として半順序を定義し, この添字集合から定まる射影系を考える. これから定義される副有限群 $\widehat{G} = \varprojlim_N G_N$ を G の副有限完備化 (profinite completion) と呼ぶ.

無限単純群やアーベル群としての $\mathbf{Q}$ の有限商群は自明な群のみであるから, これらの副有限完備化は自明な群になる. そこで次のような条件を考える.

定義 5.3　群 G の任意の要素 $g \neq e \in G$ に対して, G のある有限商群 H への全射準同型写像 $p_H : G \to H$ が存在して $p_H(g) \neq e \in H$ となるとき, 群 G は剰余有限であるという.

注意 13　G が剰余有限である事は, 自然な射影 $\{G \to G_N\}$ から誘導される準同型写像
$$G \to \widehat{G} \subset \prod_N G_N$$
が単射である事と同値である.

単に有限群というだけではなく, さらに有限可解群からなる射影系を考え, その射影極限として定義される群を副可解群, また G の有限可解商群 $G_N = G/N$ 全体からなる射影系の射影極限
$$\widehat{G} = \varprojlim_N G_N$$
を G の副可解完備化 (prosol completion) と呼ぶ. このとき G には単に剰余有限というだけではなく, より強く剰余有限可解, すなわち群 G の任意の要素 $g \neq e \in G$ に対して, 有限可解群 H への全射準同型写像 $p_H : G \to H$ が存在して $p_H(g) \neq e \in H$ となる事を仮定する. このとき G の副可解完備化 $\widehat{G}$ は非自明になり, 自然な準同型写像 $G \to \widehat{G}$ は単射になる.

次の補題 ([13], Lemma 2.10) が副可解完備化と有限群を経由する表現の twisted Alexander 多項式をつなぐ鍵となる. ここで $\mathrm{Hom}(A, G)$ は群 A から G への準同型写像全体の集合とする.

補題 5.2　群の間の準同型写像 $\iota : A \to B$ に対して, 次の 2 つは同値である.
(1) ι は副可解完備化上同型写像 $\widehat{\iota} : \widehat{A} \to \widehat{B}$ を与える.
(2) 任意の有限可解群 G に対して, $\iota^* : \mathrm{Hom}(B, G) \to \mathrm{Hom}(A, G)$ は全単射である.

5.3 縫い目付き多様体と Agol の結果

次に縫い目付き (sutured) 多様体について簡単にまとめておく.

定義 5.4　コンパクトで向き付けられた 3 次元多様体 M と, ∂M 内の曲面 γ との多様体対 (M, γ) が次の 3 つの条件を満たすとき, (M, γ) を縫い目付き多様体という.

纽结理论中的 Jones 多项式

(1) γ はアニュラスの直和 $A(\gamma)$ とトーラスの直和 $T(\gamma)$ との直和である．

(2) $A(\gamma)$ の各成分は縫い目と呼ばれる各アニュラスの中心となる向きの付いた閉曲線を含んでいる．その中心の和集合を $s(\gamma)$ とおく．

(3) $R(\gamma) = \partial M \setminus int(\gamma)$ とおく．ここで $int(\gamma)$ は γ の内部である．$R(\gamma)$ には $\partial R(\gamma)$ の各成分が $s(\gamma)$ の対応する成分と γ においてホモロジー的に等しくなるように向きが入っている．

以下 $R(\gamma)$ の各成分で，法線ベクトルが外向きのもの全体を $R_+(\gamma)$，内向きのもの全体を $R_-(\gamma)$ と表す．

例3 S を空でない境界 ∂S を持つコンパクトな曲面とする．このとき，

$$M = S \times [0,1],\ \gamma = \partial S \times [0,1], R_+(\gamma) = S \times \{1\}, R_-(\gamma) = S \times \{0\}$$

とおくと (M,γ) は縫い目付き多様体となる．これを直積縫い目付き多様体という．

さらに次の定義を考える．

定義 5.5 縫い目付き多様体 (M, γ) において，次の2つの条件

(1) M が3次元多様体として既約，

(2) $R(\gamma) = \partial M \setminus int(\gamma)$ の各成分が非圧縮的で，かつ $H_2(M, \gamma; \mathbb{Z})$ の要素として Thurston ノルムが最小，

を満たすとき，(M,γ) はトート (taut) 縫い目付き多様体であるという．

このトート縫い目付き多様体に関して次が成立する．

定理 5.1 トート縫い目付き多様体 (M, γ) が次の2つの性質を満たすとする．

(1) $R_{\pm}(\gamma)$ はそれぞれ1つの曲面 $\Sigma^{\pm}$ からなり，包含写像 $\Sigma^{\pm} \to M$ のそれぞれから誘導される準同型写像 $\pi_1(\Sigma^{\pm}) \to \pi_1(M)$ は副可解完備化上の同型写像を与える．

(2) $\pi_1(M)$ は剰余有限可解である．

このとき (M, γ) は直積縫い目付き多様体 $(\Sigma^- \times [0,1], \partial \Sigma^- \times [0,1])$ と同相である．

この証明の鍵となるのは Agol の結果 [1] である．それを述べるために群が RFRS (residually finite $\mathbf{Q}$-solvable) であるという概念を導入する．まず G が剰余有限可解 (residually finite solvable) であるとは，群 G にフィルトレーション $G = G_0 \supset G_1 \supset G_2 \supset \cdots$ が存在し，

(1) $\cap_i G_i = \{1\}$，

(2) 任意の i に対して，G_i は G の指数有限正規部分群，

(3) 任意の i に対して，G_i/G_{i+1} は可解群，

の3つの条件を満たす，と表す事ができる．そこで次の定義を考える．

定義 5.6 群 G にフィルトレーション $G = G_0 \supset G_1 \supset G_2 \supset \cdots$ が存在し，

(1) $\cap_i G_i = \{1\}$，

(2) 任意の i に対して，G_i は G の指数有限正規部分群，

(3) 任意の i に対して，$G_i \to G_i/G_{i+1}$ は $G_i \to H_1(G_i; \mathbb{Z})/\{ねじれ元\}$ を経由する，

の3つの条件を満たすとき，G は RFRS (residually finite $\mathbf{Q}$-solvable) であるという．

注意 14 定義から直ちに群 G が剰余有限可解ならば G は RFRS である．

与えられた縫い目付き多様体 (M, γ) に対して，その縫い目付き多様体としてのダブル DM_γ を M の $R(\gamma)$ に沿ったダブル

附录 A Alexander 多项式的 20 年

$$DM_\gamma = M \cup_{R(\gamma)} M$$

として定義し,

$$r : DM_\gamma \to M$$

を $R(\gamma)$ に沿った折り返しによって与えられる写像とする.

次の Agol の定理 [1] がファイバー性の鍵となる.

注意 15 この定理は Agol の原論文では定理 6.1 の証明の中で示されており,この形で明示されてはいない.

定理 5.2 (Agol) (M,γ) を連結なトート縫い目付き多様体で基本群 $\pi_1(M)$ が RFRS であるとする.このとき,次の性質を満たす有限可解群 G と G への全射準同型写像 $\psi : \pi_1(M) \to G$ が存在する.

- $\psi \circ r_* : \pi_1(DM_\gamma) \to G$ に対応する有限被覆 $p : \widetilde{DM}_\gamma \to DM_\gamma$ において,$p_*^{-1}([R_-(\gamma)]) \subset H_2(\widetilde{DM}_\gamma, \partial \widetilde{DM}_\gamma; \mathbb{Z}) \cong H^1(\widetilde{DM}_\gamma; \mathbb{Z})$ は $\widetilde{DM}_\gamma$ のファイバー錐の閉包に存在する.

注意 16 $\widetilde{DM}_\gamma$ はこの ψ に対応する M の有限被覆 $\widetilde{M}$ に縫い目付き多様体の構造を持ち上げた縫い目付き多様体 $(\widetilde{M}, \tilde{\gamma})$ の縫い目付き多様体としてのダブル $D\widetilde{M}_{\tilde{\gamma}}$ と見なす事ができる.

この Agol の定理を我々の考えている状況に適用する.ここで $\pi_1(M)$ が剰余有限可解性を持つ事を仮定する.従って $\pi_1(M)$ は RFRS である.この仮定の下で $(\widetilde{M}, \tilde{\gamma})$ が直積縫い目付き多様体,すなわち,$\widetilde{M}$ が直積 $\widetilde{\Sigma}^- \times [0,1]$ と同相になる事が,$\widetilde{DM}_\gamma$ が S^1 上のファイバー束の構造を許容する事を経由して証明される.主なステップとなる命題を挙げておく.

補題 5.3 $p^{-1}(\Sigma^\pm) = \widetilde{\Sigma}^\pm$ とおく.

- $\widetilde{\Sigma}^\pm$ は連結な曲面で $\pi_1(\widetilde{\Sigma}^\pm) \to \pi_1(\widetilde{M})$ は副可解完備化上の同型写像を誘導する.
- $\widetilde{\Sigma}^-$ が $\widetilde{DM}_\gamma \to S^1$ のファイバーであるならば,$\widetilde{M}$ は直積 $\widetilde{\Sigma}^- \times [0,1]$ と同相になる.
- M が直積 $\Sigma^- \times [0,1]$ と同相になる事と $\widetilde{M}$ が直積 $\widetilde{\Sigma}^- \times [0,1]$ と同相になる事は必要十分条件である.

補題 5.4 次の 2 つの条件

- $\pi_1(\Sigma^\pm) \to \pi_1(M)$ が副可解完備化上同型写像を導く,
- $[\Sigma^-]$ の Poincaré 双対で代表される要素が $H^1(DM_\gamma; \mathbb{R})$ のファイバー錐の閉包に含まれる,

を満たすならば Σ^- はファイブレーション $DM_\gamma \to S^1$ のファイバーである.

最後の補題の証明の道具となるのは,Alexander ノルムを用いた Thurston ノルムの評価である.

5.4 副可解完備化上の同型

ここまでの議論で基本群が剰余有限可解という良い性質を持ち,包含写像 $\pi_1(\Sigma^\pm) \to \pi_1(M)$ が副可解完備化上の同型写像を誘導するならば,定理が得られる事がわかった.そこで副可解完備化上の写像が同型である事が,twisted Alexander 多項式に関する条件から,如何に得られるかをここでは述べる.考えている設定をもう一度思い出そう.

非自明な 1 次元コホモロジー類 $\phi \in H^1(N; \mathbb{Z})$,そしてその Poincaré 双対となる 2 次元ホモロジー類 $[\Sigma] \in H_2(N, \partial N; \mathbb{Z})$ を取る.N の中で Σ の管状近傍 $N(\Sigma) \cong \Sigma \times (-1,1)$,$\overline{N}(\Sigma) \cong \Sigma \times [-1,1]$ を考え,$\overline{N}(\Sigma)$ の $\Sigma \times \{\pm 1\}$ に対応する 2 つの境界を Σ^+, Σ^- と表す.

纽结理论中的 Jones 多项式

$N(\Sigma)$ の補集合 $M = N \setminus N(\Sigma)$ は $\gamma = \Sigma^- \cup \Sigma^+$ として縫い目付き多様体となった. $\Sigma^\pm$ からの 2 つの包含写像を $\iota^\pm : \Sigma \to M$ と表す.

McMullen の定理 (定理 4.3) から, ϕ から定まる N の 1 変数 Alexander 多項式 $\Delta_N(t)$ がゼロでないならば ϕ の Poincaré 双対で Thurston ノルムを最小にする曲面 Σ が存在するので, Σ は Thurston ノルム最小曲面とする.

次の命題から ϕ は原始的, すなわち $\phi = k\psi$ となる $k \neq 0, \psi \neq \phi$ は存在しないと仮定してよい.

命題 5.1 (N, ϕ) と $k \neq 0 \in Z$ に対して次が成立する.
- ϕ がファイバー類である事と $k\phi$ がファイバー類である事は同値である.
- (N, ϕ) が条件 $(*)$ を満たす事と $(N, k\phi)$ が条件 $(*)$ を満たす事は同値である.

twisted Alexander 多項式に関する条件 (M) は次の命題を経由して副可解完備化と関係する事がわかる.

命題 5.2 有限群 G に対して (N, ϕ) が条件 (M) を満たす事と, $i = 0, 1$ に対して $\iota^\pm$ がそれぞれ誘導する写像

$$\iota^\pm : H_i(\pi_1(\Sigma); ZG) \to H_i(\pi_1(M); ZG)$$

が同型である事は同値である.

ここで $H_i(\Sigma; ZG)$ は ZG 上自由であるので, $\operatorname{rank}_Z(H_i(\Sigma; ZG)) = \deg(\Delta^t_{N,\rho}(t))$ が成立する. そして次が成立する.

補題 5.5 以下の 4 つの条件
(1) $\Delta^t_{N,\rho}(t) \neq 0$,
(2) $H_i(N; ZG[t, t^{-1}]_{\rho \otimes \phi})$ は $Z[t, t^{-1}]$ 上ねじれ元のみである,
(3) $H_i(N; QG[t, t^{-1}]_{\rho \otimes \phi})$ は $Q[t, t^{-1}]$ 上ねじれ元のみである,
(4) $\operatorname{rank}_Z(H_i(N; ZG[t, t^{-1}])$ は有限

は同値であり, これらが成立するとき,

$$\deg(\Delta^t_{N,\rho}(t)) = \operatorname{rank}_Z(H_i(N; ZG[t, t^{-1}]))$$
$$= \dim_Q(H_i(N; QG[t, t^{-1}]))$$

が成立する.

そして 0, 1 次元ホモロジーの同型から次が導かれる.

命題 5.3 任意の有限可解群 G に対して,

$$\iota^\pm : \operatorname{Hom}(\pi_1(M), G) \to \operatorname{Hom}(\pi_1(\Sigma), G)$$

は全単射である.

従って補題 5.2 から, $\iota^\pm : \pi_1(\Sigma) \to \pi_1(M)$ は副可解完備化の同型を誘導する.

この証明は derived length に関する帰納法で証明する. 可解群 G の derived lenth $l(G)$ とは何回の derived series が自明になるかを表したものである. 例えば, $l(G) = 0$ ならば G は自明な群であり, $l(G) = 1$ ならば G はアーベル群である.

Friedl-Vidussi は次の 2 つの命題 $S(n), H(n)$ を用意し, 次のように帰納法を用いて命題 5.3 を証

附录 A Alexander 多项式的 20 年

明している.
- $S(n)$: $l(G) \leq n$ である任意の可解群 G に対して, 包含写像 $\iota = \iota^{\pm}$ はそれぞれ集合の間の全単射 $\iota^* : \mathrm{Hom}(\pi_1(M), G) \to \mathrm{Hom}(\pi_1(\Sigma), G)$ を誘導する.
- $H(n)$: $l(G) \leq n$ である任意の可解群 G と任意の準同型写像 $\beta : \pi_1(M) \to G$ に対して, $\iota_*: H_1(\pi_1(\Sigma); \mathbb{Z}G) \to H_1(\pi_1(M); \mathbb{Z}G)$ は同型写像である.

$l(G) = 0$ ならば G は自明な群であるので, $S(0)$ は明らかに成立する. さらに次が成り立つ.

命題 5.4 (1) $H(n)$ と $S(n)$ が成立するならば $S(n+1)$ が成立する.
(2) (N, ϕ) が条件 (*) を満たすとする. このときもし $S(n)$ が成立するならば $H(n)$ が成立する.

条件 (*) の下で $S(n)$ から $H(n)$ を導く証明は, N を Σ^+, Σ^- で切り開いて, (N, Σ, M) の 3 つ組に関する局所系係数ホモロジーの Mayer-Vietoris 完全系列

$$\cdots \to H_2(N) \to H_1(\Sigma) \to H_1(M) \to H_1(N) \to H_0(\Sigma) \to H_0(M) \to H_0(N) \to 0$$

を用いる. このとき, 写像

$$H_i(\Sigma) \to H_i(M)$$

は $t\iota^+ - \iota^-$ から誘導され, また $\Delta_{N,\rho}(t) = \det(t\iota^+ - \iota^-)$ である事から同型写像である事が導かれる.

注意 17 群の間の準同型写像が副有限完備化の間の同型写像を誘導するとき元の写像が同型であるかどうかは, Grothendieck の問題と呼ばれ, 一般的には元の写像が同型写像ではない例が存在する. しかし幾何構造を仮定した場合, 例えば双曲的結び目群の場合には完備化した所で同型ならば元の準同型写像も同型となる事が知られている [29].

5.5 3次元多様体の基本群の剰余有限可解性

これまでの議論から原始的な要素 ϕ に対して, 3 次元多様体 N の基本群が剰余有限可解ならば, 証明は完結する. そこで基本群が剰余有限可解ではない場合が問題となるが, 次の命題から条件を仮想的剰余有限可解かどうかまで緩める事ができる.

命題 5.5 $p: N' \to N$ を有限被覆, $\phi' = p^*(\phi) \in H^1(N'; \mathbb{Z})$ とおく. このとき次が成立する.
- ϕ が N のファイバー類である事と ϕ' が N' のファイバー類である事は同値である.
- (N, ϕ) が条件 (*) を満たすならば, (N', ϕ') も条件 (*) を満たす.

但し有限被覆を取って議論するときには, 次の事が問題になる. 被覆空間の一般論から $\pi_1(N')$ は $\pi_1(N)$ の指数有限の部分群と見なす事ができる. しかし $\pi_1(N')$ から有限群への全射準同型写像はそのまま $\pi_1(N)$ から有限群への準同型写像として拡張するとは限らない. これは $\pi_1(N')$ の指数有限の正規部分群が $\pi_1(N)$ の正規部分群とは限らないからである. そこで有限群を経由する SL-表現を次のように拡張して考える. これまでは $\pi_1(N)$ から有限群 G への全射準同型写像を考え, G の群環上への作用を考えていた. これは $\pi_1(N)$ の指数有限正規部分群 $\widetilde{G}$ を考え, $\pi_1(N)/\widetilde{G}$ の群環上に基本群を表現している事に対応している. そこで $\pi_1(N)$ の単に指数有限の部分群 $\widetilde{G}$ を考えると, $\pi_1(N)/\widetilde{G}$ は今度は群とは限らないが, 集合 $\pi_1(N)/\widetilde{G}$ により生成される加群 $\mathbb{Z}\pi_1(N)/\widetilde{G}$ を考え, この上に基本群の表現を考える事ができる. そして twisted Alexander 多項式も定義され, この設定で条件 (M) を考える事が可能となる. このとき, 次が成立する.

纽结理论中的 Jones 多项式

補題 5.6 $\pi_1(N)$ の全ての指数有限正規部分群に対して条件 (M) が成立するならば, $\pi_1(N)$ の全ての指数有限部分群に対して条件 (M) が成立する.

従って有限被覆を取って議論する事が可能になる. そこで一般の 3 次元多様体の基本群が, 仮想的剰余有限可解である事が証明されればよい事になる. しかし Friedl–Vidussi の元の論文が書き上げられた時点では, これはまだ未解決であったため議論は N を JSJ 分解し, 適切な有限被覆を取り, それぞれの部分に関して議論をしていた. その後 Aschenbrenner–Friedl [3] により次の事が証明されたので, 議論は大幅に簡略化された.

有限群 G の位数が素数 p のべきであるとき, G は p-群であると呼ぶ. このとき次が成立する.

命題 5.6 (Aschenbrenner–Friedl) 3 次元多様体 N の基本群 $\pi_1(N)$ は有限個の素数 p を除いて仮想的剰余 p (virtually residually p) である. すなわち $\pi_1(N)$ の指数有限の部分群 H が存在して, H は剰余 p-群である.

p-群は可解群であるから, この Aschenbrenner–Friedl の結果から, 任意の 3 次元多様体の基本群は仮想的剰余有限可解である事が導かれ, 証明は完結する.

6 Thurston ノルムの決定と Taubes 予想

Friedl–Vidussi の結果は, $\phi \in H^1(N; \mathbb{Z})$ の Thurston ノルム $||\phi||_T$ がわかれば, ファイバー性が判定可能である事を理論的に保証している. しかし一般に Thurston ノルムの計算は容易ではない. 最近, Friedl–Vidussi [14] が次のような結果を得ている.

定理 6.1 (Friedl–Vidussi) N を既約な 3 次元多様体でかつ閉グラフ多様体ではないとする. このとき任意の $\phi \in H^1(N; \mathbb{Z})$ に対して

$$\deg(\tau_{\rho \otimes \phi}(N)) = m||\phi||_T$$

となるユニタリ表現 $\rho : \pi_1(N) \to U(m)$ が存在する. 特に ρ は有限群を経由する表現として取る事ができる.

もちろん具体的に与えられた例に対して, 実際に Thurston ノルムを決定し, ねじれ Alexander 多項式を計算する事は結び目でいえば交点数が大きくなれば, そう容易な事ではない. しかし一方で Friedl–Vidussi は次のような予想も提出している.

予想 1 (N, ϕ) に対して, 任意の有限群 G を経由する表現の twisted Alexander 多項式がゼロでないならば, ϕ はファイバー類である.

この予想がもし正しいならば, Thurston ノルムに関する情報はファイバー性の判定に関しては必要ではなくなる. これに関して Friedl–Vidussi ら自身による研究が進行中である.

ファイバー性と Thurston ノルムの決定に関して, ねじれ Alexander 多項式は, 多くの表現に対して考える事により, 幾何学的に強い性質を導く事ができた. 一方で, 補空間に双曲構造が入る双曲的結び目の場合には, 基本群の表現としてホロノミー表現と呼ばれる特別な表現が存在する. この表現のねじれ Alexander 多項式だけから, ファイバー性や結び目の種数が決定できるのではないかという事も予想され, 実際 15 交点までの全ての双曲的結び目に対して予想は正しい [7]. これらの研究も今後さらに進むと考えられる.

最後にシンプレックティック幾何との関係について一言触れておきたい. Taubes の仕事 [37], [38]

附録 A　Alexander 多項式的 20 年

から次のような予想が提出された (Taubes 予想と呼ばれる).

予想 2 閉 3 次元多様体 N に対して, $N \times S^1$ がシンプレックティック構造を許容するならば N は S^1 上のファイバー束の構造を許容する, すなわちファイバー類 $\phi \in H^1(N; \mathbb{Z})$ が存在する.

これに関して Friedl–Vidussi は twisted Alexander 多項式に関する結果を応用して次の定理を証明した [13], [15].

定理 6.2 N を閉 3 次元多様体とする. $\Omega \in H^2(N \times S^1; \mathbb{R})$ を取る. このとき次は同値である.
(1) Ω は $N \times S^1$ のシンプレックティック構造を与える.
(2) Ω は $N \times S^1$ の S^1-不変なシンプレックティック構造を与える.
(3) $\Omega^2 > 0$ かつ Ω の Künneth 成分 $\phi \in H^1(N; \mathbb{R})$ は N のファイバー錐の内部に含まれる.

この定理から, もし $N \times S^1$ のシンプレックティック構造が $\Omega \in H^2(N \times S^1; \mathbb{Z})$ で実現されるならば, その Künneth 成分 ϕ が N のファイバー類となる事がわかる.

7 最後に

筆者が初めて和田氏の Wada 不変量に関する講演を聞いたのは, 1992 年秋の賢島であった. それから 20 年が過ぎた. 1990 年代にねじれ Alexander 多項式に関する仕事は, Lin, Wada, Jiang–Wang, Kitano, そして Kirk–Livingston と数える程であったものが, 2000 年代に入り多くの研究者により精力的に研究されるようになった. 数学において, 可換から非可換, 1 次元から高次元, 1 つの要素からそれらの族へ, という拡張と精密化は, 時間を掛けて進行し, 新しい結果を導き出す事は歴史の常であるといってもよいであろう. ページ数に限りもあり, ここで取り上げていない研究も沢山ある. それらも含めてこの分野がさらに発展し, 大きな流れとなる事を願いつつ, また自分でもさらに関わっていきたいと思う.

最後にこのような論説執筆の機会が与えられた事に, また原稿作成に当たって有益なコメントを頂いた森田セミナーの方々, 多くのコメントを頂いたレフェリーの方々に, 心から感謝し筆を置きたい.

追記:2012 年 10 月に P. Przytycki–D. T. Wise, Separability of embedded surfaces in 3-manifolds がアーカイブに発表され, その結果を Friedl–Vidussi のこれまでの結果と組み合わせる事により予想 1 (の対偶) が証明された.

文　献

[1] I. Agol, Criteria for virtual fibering, J. Topol., **1** (2008), 269–284.
[2] J. W. Alexander, Topological invariants of knots and links, Trans. Amer. Math. Soc., **30** (1928), 275–306.
[3] M. Aschenbrenner and S. Friedl, 3-manifold groups are virtually residually p, Mem. Amer. Math. Soc., **225** (2013).
[4] G. Burde and H. Zieschang, Knots, de Gruyter Stud. Math., **5**, Walter de Gruyter, Berlin–New York, 2003.
[5] J. Cha, Fibred knots and twisted Alexander invariants, Trans. Amer. Math. Soc., **355** (2003), 4187–4200.
[6] R. H. Crowell and R. H. Fox, Introduction to Knot Theory, Grad. Texts in Math., **57**, Springer, New York–Heidelberg, 1977, reprint, Dover Publications, 2008.
[7] N. Dunfield, S. Friedl and N. Jackson, Twisted Alexander polynomials of hyperbolic knots, Exp. Math., **21** (2012), 329–352.
[8] R. H. Fox, A quick trip through knot theory, In: Topology of 3-Manifolds and Related Topics, Proceedings of The Univ. of Georgia Institute, 1961, Englewood Cliffs, Prentice-Hall, 1962, pp. 120–167, reprint, Dover Publications, 2010.
[9] R. H. Fox and J. W. Milnor, Singularities of 2-spheres in 4-space and cobordism of knots, Osaka

J. Math., **3** (1966), 257–267.

[10] S. Friedl and T. Kim, The Thurston norm, fibered manifolds and twisted Alexander polynomials, Topology, **45** (2006), 929–953.

[11] S. Friedl and T. Kim, Twisted Alexander norms give lower bounds on the Thurston norm, Trans. Amer. Math. Soc., **360** (2008), 4597–4618.

[12] S. Friedl, T. Kim and T. Kitayama, Poincaré duality and degrees of twisted Alexander Polynomials, Indiana Univ. Math. J., **61** (2012), 147–192.

[13] S. Friedl and S. Vidussi, Twisted Alexander polynomials detect fibered 3-manifolds, Ann. of Math. (2), **173** (2011), 1587–1643.

[14] S. Friedl and S. Vidussi, The Thurston norm and twisted Alexander polynomials, 2012, arXiv: math.GT/1204.6456v2.

[15] S. Friedl and S. Vidussi, Construction of symplectic structures on 4-manifolds with a free circle action, Proc. Roy. Soc. Edinburgh Sect. A, **142** (2012), 359–370.

[16] H. Goda, T. Kitano and T. Morifuji, Reidemeister torsion, twisted Alexander polynomial and fibered knots, Comment. Math. Helv., **80** (2005), 51–61.

[17] J. Hempel, 3-Manifold, Ann. of Math. Stud., **86**, Princeton Univ. Press, Princeton, N. J., reprint, AMS Chelsea Publishing, 2004.

[18] K. Horie, T. Kitano, M. Matsumoto and M. Suzuki, A partial order on the set of prime knots with up to 11 crossings, J. Knot Theory Ramifications, **20** (2011), 275–303, erratum: J. Knot Theory Ramifications, **21** (2012), 1292001, 2 pp.

[19] B. Jiang and S. Wang, Twisted topological invariants associated with representations, In: Topics in Knot Theory, Proceedings of NATO Advanced Study Institute, Erzurum, Turkey, 1992, (ed. M. E. Bozhüyük), NATO Adv. Sci. Inst. Ser. C Math. Phys. Sci., **399**, Kluwer Acad. Publ., Dordrecht, 1993, pp. 211–227.

[20] 河内明夫 (編者), 結び目理論, シュプリンガー・フェアラーク東京, 1990.

[21] P. Kirk and C. Livingston, Twisted Alexander invariants, Reidemeister torsion, and Casson–Gordon invariants, Topology, **38** (1999), 635–661.

[22] T. Kitano, Twisted Alexander polynomial and Reidemeister torsion, Pacific J. Math., **174** (1996), 431–442.

[23] 北野晃朗・合田洋・森藤孝之, ねじれ Alexander 不変量, 数学メモアール, **5**, 日本数学会, 2006.

[24] T. Kitano and T. Morifuji, Divisibility of twisted Alexander polynomials and fibered knots, Ann. Sc. Norm. Super. Pisa Cl. Sci. (5), **4** (2005), 179–186.

[25] T. Kitano and T. Morifuji, Twisted Alexander polynomials for irreducible $SL(2;C)$-representations of torus knots, Ann. Sc. Norm. Super. Pisa Cl. Sci. (5), **11** (2012), 395–406.

[26] T. Kitano and M. Suzuki, A partial order in the knot table, Experiment. Math., **14** (2005), 385–390, erratum: Exp. Math., **20** (2011), p. 371.

[27] T. Kitano, M. Suzuki and M. Wada, Twisted Alexander polynomials and surjectivity of a group homomorphism, Algebr. Geom. Topol., **5** (2005), 1315–1324, erratum: Algebr. Geom. Topol., **11** (2011), 2937–2939.

[28] X. S. Lin, Representations of knot groups and twisted Alexander polynomials, Acta Math. Sin. (Engl. Ser.), **17** (2001), 361–380.

[29] D. D. Long and A. W. Reid, Grothendieck's problem for 3-manifold groups, Groups Geom. Dyn., **5** (2011), 479–499..

[30] C. T. McMullen, The Alexander polynomial of a 3-manifold and the Thurston norm on cohomology, Ann. Sci. École Norm. Sup. (4), **35** (2002), 153–171.

[31] J. Milnor, A duality theorem for Reidemeister torsion, Ann. of Math. (2), **76** (1962), 137–147.

[32] J. W. Milnor, Infinite cyclic coverings, In: Conference on the Topology of Manifolds, Proceedings of a conference on the topology of manifolds, Michigan State Univ., E. Lansing, Mich., 1967, Prindle, Weber & Schmidt, Boston, Mass, 1968, pp. 115–133.

[33] L. Ribes and P. Zalesskii, Profinite Groups, 2nd ed., Ergeb. Math. Grenzgeb. (3), **40**, Springer, Berlin, 2010.

[34] R. Riley, Nonabelian representations of 2-bridge knot groups, Quart. J. Math. Oxford Ser. (2), **35** (1984), 191–208.

[35] D. Rolfsen, Knots and Links, Math. Lecture Ser., **7**, Publish or Perish, Inc., Houston, TX, 1990, reprint, AMS Chelsea Publishing, 2003.

[36] D. S. Silver and S. G. Williams, Twisted Alexander polynomials detect the unknot, Algebr. Geom. Topol., **6** (2006), 1893–1901.

[37] C. H. Taubes, The Seiberg–Witten invariants and symplectic forms, Math. Res. Lett., **1** (1994), 809–822.

[38] C. H. Taubes, More constraints on symplectic forms from Seiberg–Witten invariants, Math. Res. Lett., **2** (1995), 9–13.

[39] W. P. Thurston, A norm for the homology of 3-manifolds, Mem. Amer. Math. Soc., **59** (1986), no. 339.

[40] M. Wada, Twisted Alexander polynomial for finitely presentable groups, Topology, **33** (1994), 241–256.

(2012 年 9 月 27 日提出)
(きたの　てるあき・創価大学工学部)

AR 纽结 APP 使用说明书

附录 B

请用网页浏览器扫描如下二维码,下载相应的"AR 纽结"应用.

安卓版"AR纽结"下载

苹果版"AR纽结"下载

"AR 纽结"APP 是本书的一款手机应用,它采用增强现实技术实现了本书彩页(1-8)内容的 3D 显示及其交互. 读者可以下载本 APP 安装到所使用的手机上并启用,将手机摄像头对准本书彩页,您将看到相应的 3D 纽结,并可与之进行有趣的互动. 具体使用方法如下:

(1) 打开此应用将手机摄像头对准彩页 1"纽结",屏幕上会出现一个 3D 的中国结在缓慢地旋转图 1,当手指按在屏幕上滑动时,3D 中国结会跟随手指旋转;

纽结理论中的 Jones 多项式

当手指离开屏幕一段时间后,3D 中国结会慢慢恢复到原来的状态.

图 1　中国结出现时的效果

（2）打开此应用将手机摄像头对准彩页 2"等价",屏幕上会跳出 8 个不同的纽结(图 2),您可以用手指点击屏幕选择您认为等价的纽结(图 3),若选对了会出来一个成功界面,并让您选择继续玩本关还是玩下一关(图 4);若选错了,可以重选.如果双击某一纽结可以将其放大,并可以用手指拖动以观看纽结的不同角度和细节,再双击恢复原样(图 5).

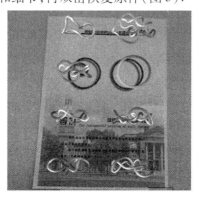

图 2　八个纽结出现时

附录 B　AR 纽结 APP 使用说明书

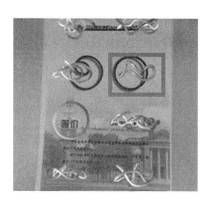

图 3　选中方框内的纽结时,纽结变成红色

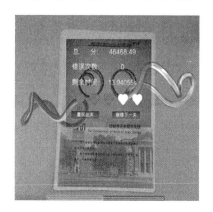

图 4　选中配对的纽结时

纽结理论中的 Jones 多项式

图 5　双击放大选中的纽结

（3）打开此应用将手机摄像头对准彩页 3 "分类"，屏幕上会跳出一个"平凡结"——圆环（图 6），同时在下侧有节数可以选择（通过手指在数字上滑动），右侧有同结下的编号可以选择（通过手指在数字上滑动）（图 7）. 每一个被显示出来的纽结都可以通过手指的触控被旋转，并停止自转；当手指离开屏幕一定时间后，纽结会恢复到最开始的状态并自转.

图 6　显示 0 结编号为 1 的纽结

附录 B　AR 纽结 APP 使用说明书

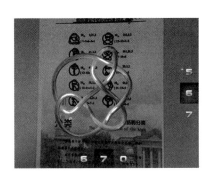

图 7　显示 7 结编号为 6 的纽结

(4) 打开此应用将手机摄像头对准彩页 4 "缠结",屏幕上会跳出两条交叉的绳子(图 8),当手指在绳子的右侧滑屏时,两条绳子会纽缠. 每滑一次,绳子就会纽缠一次,直至两条绳子缠成复杂的纽结(图 9),此时您若继续滑屏,便会看到此纽结的不同的侧面.

图 8　缠结出现时

纽结理论中的 Jones 多项式

图9　缠结最终状态,此时手指在屏幕上滑动缠结可以旋转

（5）打开此应用将手机摄像头对准彩页5"构建",您会看到一系列纽结,您可以左、右滑动屏幕将您想构建的纽结放在中间,然后点击下方的"确定"按钮,便可进入到构建纽结的场景.此场景的中间是存放纽结元件的框架(图10),点击右侧菜单的"添加"和"删除"按钮可以添加或删除一层框架,点击右侧菜单的"取消背景"可以将框架隐藏;另外,此场景的左侧菜单存放的是构建纽结的元件(图11),您可以选中某一元件然后按住它,将其拖放到中间的纽结框架中,用此方法您可以构建想要的纽结.无论是左侧菜单中的纽结元件还是中间的纽结框架,您都可以利用滑屏将其上下、左右旋转,以便找到您认为镶嵌的最佳角度.另外,两侧的菜单都可以收起和打开并可以通过两个手指的滑动实现构建单元的放大与缩小(图12—图15).

附录 B　AR 纽结 APP 使用说明书

图 10　选中红色方框中的纽结，单击确定后跳转到图 11

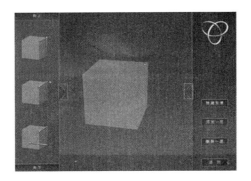

图 11　单击红色方框内的图形会变到图 12

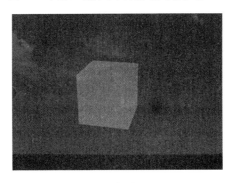

图 12　菜单收起

纽结理论中的 Jones 多项式

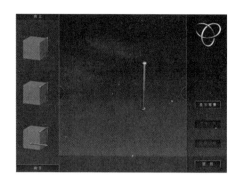

图 13　隐藏背景

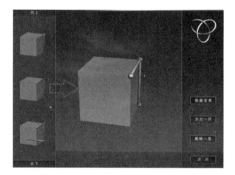

图 14　拖拽构建纽结

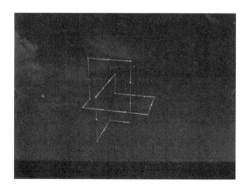

图 15　拼好的三叶结

附录 B AR 纽结 APP 使用说明书

（6）打开此应用将手机摄像头对准彩页 6"投影"，您会看到一个三叶结在自转，并且周围五个侧面都能看到它的投影（图 16），您可以用手指点击此三叶结，让其停止旋转，再点击一次它又会自转起来，您若想看到该结的某一个方向的投影，可以用手指按住它并拖转.

图 16　投影显示时

（7）打开此应用将手机摄像头对准彩页 7"生活"，您会看到一个透明的三叶结，以及屏幕左下角的虚拟手柄和右下角的"开始"按钮（图 17）. 点击"开始"按钮，开始跑车游戏（图 18），用手指滑动虚拟手柄可让跑车前进、倒退、左右转弯，当您跑完整个纽结，您会听到胜利的喝彩声，当您的车掉下纽结，您也会听到遗憾的叹息声，无论成功与否您都会看到跑车在纽结上的行驶回放，希望您玩得高兴！

纽结理论中的 Jones 多项式

图 17 "生活"显示时,单击"开始游戏"跳转到图 18

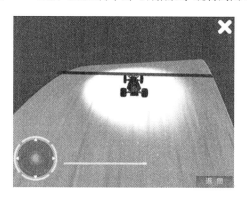

图 18 开始游戏显示画面,单击"返回"按钮画面跳转到图 17

(8)打开此应用将手机摄像头对准彩页 8"艺术",您会看到一个三叶结(图 19),埃舍尔(M. C. Escher)的许多艺术作品都来源于数学知识,这页所展示的埃舍尔作品,其背后的数学对象就是一个三叶结.您可以用手指拖动该三叶结旋转.

附录 B　AR 纽结 APP 使用说明书

图 19　"艺术"显示时

（9）在以上应用中,如果您看到"X"符号（图 20）,它表示退出的意思,单击它只退出当前页的应用,若要想退出整个应用,请按手机上的"退出"键.

图 20　方框内所示为退出按钮

参 考 文 献

[1] ADYAN S I. Unsolvability of some algorithmic problems in the theory of groups (Russian)[J]. Trudy Moskov: Mat. Obshch. 1957,6:23-298.

[2] ALEXANDER J W. A proof of the invariance of certain constants of analysis situs. Trans[J]. Amer. Math. Soc,1915,16:148-154.

[3] ALEXANDER J W. Note on Riemann spaces[J]. Bull. Amer. Math. Soc. 1919,26:370-372.

[4] ALEXANDER J W. Note on two three–dimensional manifolds with the same group[J]. Trans. Amer. Math. Soc,1919,20: 339-342.

[5] ALEXANDER J W. On the subdivision of 3–space by a polyhedron[J]. Proceedings of the National Academy of Sciences ,1924,10:6-8.

[6] ALEXANDER J W. Topological invariants of knots and links. Trans[J]. Amer. Math. Soc,1928,30: 275-306.

[7] ALEXANDER J W, BRIGGS G B. On types of knotted curves[J]. Ann. Math,1916,28, 562-586.

[8] APPELL P. Quelques rémarques sur la théorie des potentiels multiforms [J]. Math. Ann, 1927, 30: 155-156.

[9] ARTIN E. Theorie der Zöpfe[J]. Abh. math:

Sem. Univ. Hamburg,1926,4:47-72.

[10] BETTI E. Sopra gli spazi di un numero qualunque di dimensioni[J]. Annali di Matematica pura ed applicata,1871,4:140-158.

[11] BRAUNER K. Zur Geometrie der Funktionen zweier komplexer Veränderliche [J]. Abh. Math Sem: Univ. Hamburg ,1928,6:1-55.

[12] BROUWER L E J. Beweis der Invarianz der Dimensionzahl[J]. Math. Ann,1911,70:161-165.

[13] CAIRNS S S. On the triangulation of regular loci [J]. Ann. Math,1934, 35: 579-587.

[14] CAYLEY A. The theory of groups: Graphical representation[J]. Amer. J. Math,1878,1:174-176.

[15] CHURCH A. An unsolvable problem of elementary number theory [J]. American Journal of Mathematics,1936,58:345-363.

[16] DEHN M. Uber raumgleiche Polyeder[J]. Gött. Nachr, 1900, 345-354.

[17] DEHN M. Berichtigender Zusatz zu Ⅲ AB3 Analysis situs [J]. Jber. Deutsch. Math. Verein, 1907,16,573.

[18] DEHN M. ber die Topologie des dreidimensional Raumes[J]. Math. Ann,1910, 69:137-168.

[19] DEHN M. ber unendliche diskontinuierliche Gruppen[J]. Math. Ann. 1911,71,116-144.

[20] DEHN M. Transformation der Kurven auf zweiseitigen Fl chen [J]. Math. Ann, 1912, 72: 413-421.

[21] DEHN M. Die beiden Kleeblattschlingen[J]. Math. Ann,1914,75:402-413.

[22] DEHN M. Papers on Group Theory and Topology [M]. New York: Springer – Verlag,1987.

[23] DYCK W. On the "Analysis Situs" of 3 – dimensional spaces[J]. Report of the Brit. Assoc. Adv. Sci,1884,648.

[24] EPPLE M. Die Entstehung der Knotentheorie[M]. Braunschweig: Friedr,1999.

[25] EPPLY M. Geometric aspects in the development of knot theory[J]. In History of Topology,1999, 301-357.

[26] FREEDMAN M H. The topology of four – dimensional manifolds [J]. Differential Geom. 1982, 17(3): 357-453.

[27] GORDON C A,LUECKE J. Knots are determined by their complements[J]. Amer. Math. Soc. 1989,2:371-415.

[28] GORDON C M. 3 – dimensional topology up to 1960[J]. In History of topology,1999, 449-489.

[29] GUGGENHEIMER H. The Jordan curve theorem and an unpublished manuscript of Max Dehn[J]. Archive for the History of the Exact Sciences , 1977,17: 193-200.

[30] HAKEN W. Theorie der Normalflächen[J]. Acta Math. 1961,105:245-375.

[31] HEEGAARD P. Sur l'Ünalysis situs. Bull[J]. Soc. Math. France, 1916,161-242.

[32] KNESER H. Geschlossene Flächen in dreidimensionalen Mannigfaltigkeiten[J]. Jber. Deutsch. Math. Verein. 1929,38:248-260.

[33] LICKORISH W B R. A representation of orientable combinatorial 3 – manifolds [J]. Ann. Math. 1962, 76:531-540.

[34] MARKOV A. The insolubility of the problem of homeomorphy (Russian) [J]. Dokl. Akad. Nauk SSSR. 1958,121: 218-220.

[35] MCMULLEN C T. The evolution of geometric structures on 3 – manifolds [J]. Bull. Amer. Math. Soc. 2011,48 (2): 259-274.

[36] MÖBIUS A F. Theorie der Elementaren Verwandtschaft [J].1863,2: 433-471.

[37] MOISE E E. Affine structures in 3 – manifolds [J]. The triangulation theorem and Hauptvermutung. Ann. Math. 1952, 56(2): 96-114.

[38] NEUMANN C. Vorlesungenüber Riemann'á Theorie der Abelschen Integralen [M]. Leipzig: Teubner,1865.

[39] NOETHER E. Ableitung der Elementarteilertheorie aus der Gruppentheorie[J]. Jber. Deutsch. Math. Verein. 1925, 34: 104.

[40] PAPAKYRIAKOPOULOS C D. On Dehn'á lemma and the asphericity of knots[J]. Ann. Math. 1957, 66(2): 1-26.

[41] POINCARÉ H. Théorie des groupes fuchsiens [J]. Acta Math. 1882, 1:1-62.

[42] POINCARÉ H. Sur l'Ünalysis situs[J]. Comptes rendus de l'Ācademie des Sciences . 1892, 115: 633-636.

[43] POINCARÉ H. Analysis situs[J].. Éc. Polytech. , ser. 1895, 2 1:1-123.

[44] POINCARÉ H. Second complément à l'Ünalysis situs. Proc[J]. London Math. Soc. 1900, 32: 277-308.

[45] POINCARÉ H. Sur certaines surfaces algébriques; troisième complément à l'Ünalysis situs. Bull[J]. Soc. Math. France . 1902,30:49-70.

[46] POINCARÉ H. Cinquième complément à l'Ünalysis situs[J]. Rendiconti del Circolo matematico di Palermo. 1904,18:45-110.

[47] POINCARÉ H. Papers on Fuchsian Functions [M]. New York: Springer-Verlag. 1985.

[48] POINCARÉ H. Papers on Topology, Volume 37 of History of Mathematics[M]. Providence, RI: American Mathematical Sociey,2010.

[49] REIDEMEISTER K. Knoten und Gruppen[J]. Abh. math. Sem. Univ. Hamburg , 1926,5: 7-23.

[50] REIDEMEISTER K. Einführung in die kombinatorische Topologie[M]. Braunschweig: Vieweg, 1932.

[51] SEIFERT H,THRELFALL W. Seifert and Threlfall: a textbook of topology, Volume 89 of Pure and Applied Mathematics[M]. New York: Aca-

demic Press ,1980.

[52] SEIFERT H,WEBER C. Die beiden Dodekaederräume. Math[J]. Zeit. 1933,37:237-253.

[53] SELA Z. The isomorphism problem for hyperbolic groups[J]. Ann. Math. 1995,141(2):217-283.

[54] SMITH H J S. On systems of linear indeterminate equations and congruences [J]. Philosophical Transactions,1861, 111:293-326.

[55] SOMMERFELD A. Über verzweigte Potential im Raum[J]. Proc. Lond. Math. Soc. 1897,28:395-429.

[56] STILLWELL J. Letter to the Editor[J]. Mathematical Intelligencer,1979,1, 192.

[57] STILLWELL J. Classical Topology and Combinatorial Group Theory (Second ed.) [M]. New York:Springer – Verlag,1993.

[58] TIETZE H. Über die topologischen Invarianten mehrdimensionaler Manning – faltigkeiten [J]. Monatshefte für Mathematik und Physik ,1908, 19:1-118.

[59] TURING A. On computable numbers, with an application to the Entschei-dungsproblem [J]. Proc. Lond. . Math. Soc. , ser. 1936, 242:230-265.

编辑手记

这是一本闲书.说它闲原因有两个:一是它不会对任何考试有帮助;二是阅读它需要少许的闲暇.

今天我们所使用的 school(学校)一词,来自希腊语的 schole,意思就是"闲暇".在古希腊人看来,从事战争和搞政治的人是辛苦的,只有"闲暇"的人才有时间读书学习,所以亚里士多德、柏拉图给青年讲课的地方就被称作 schole.

本书不是快餐式的读物,需要慢慢研究才能有所体会.

在《南方周末》上曾有一篇文章专门议论过这事.

诺贝尔经济学奖得主卡尼曼写过一本书叫《快思考与慢思考》,将我们的认知系统一分为二.系统一:反应快速,依赖直觉,几乎不需要我们的努力就能完成任务,粗粝,包含各种偏见,不那么

编辑手记

精确,几乎自动运行,随时运作,低成本、低能耗,这就是快思考.系统二:工作起来需要我们集中注意力,但理性精准,运行需要分析与推理的介入,高成本、高能耗,这就是慢思考.

这两个系统,一个都不能少,但显然系统一控制的行为比系统二多得多.我们走路,设定了目的地与路线之后,基本是由系统一来控制的,左右脚交替迈步是不需要系统二持续发指令的;如果前面遇到阻挡,系统二就会介入,指令我们避让,然后又复归系统一控制.

在进化发生序列上,系统一要远远早于系统二出现.系统一对图形、故事情节与地图线路这样的信息是高度敏感的,能快速处理,但对抽象的内容就无感,需要系统二来介入.我们远古的祖先掌握前一种信息是有生存优势的.可见,注重图像化直观、注重具体应用的"启发式",适应了我们的大脑对具象信息的偏好,符合认知规律,让理解变得容易,能大大提高学习效率.在这个意义上,把"启发式"加到教育模式去,是极有必要的.

那这是否意味着有了"启发式"就足够了,就不能有"填鸭式"了?否.人的记忆是呈指数衰减的,当时通过启发与探索理解了但不及时巩固,时间久了也趋于零.传统主义强调及时反馈,以检验知识是否掌握与巩固;进行高强度重复训练,将记忆曲线在衰减前抬升若干次,使曲线尾端平缓化,以形成长期记忆,这把握了学习任何系统知识的普遍规律.

从系统一和系统二的相互关系来看,高强度重复训练是极其关键的.这两个系统是有交流的,系统二可成为系统一的奴隶,例如你不喜欢某个人,系统二就会

纽结理论中的 Jones 多项式

找理由来合理化你的情绪,也可以反过来,系统二改造系统一,给系统一增加新的自动执行程序模块,方法就是通过高强度重复训练,这对知识的学习与技能的学习都适用.但前提是,高强度的重复训练要获得最佳效果,需要学习者有较强的兴趣.如果是与兴趣割裂的高强度训练,也可能对学生的创造性造成压抑.

学习数学到一定程度,是有精准的"数感"的,这说明你的数学知识与能力已经整合到你的系统一上去了.学习驾驶到一定程度,就有精准的"车感"与"路感";敲击键盘,你根本记不住某个字母的键盘位置,但你可以快速打出来,这说明这些技能已经加到你的系统一上去了.什么叫学成了一门知识或技能?这就是标准.

高强度重复训练,既磨砺了你的系统二,也让你的系统一功能变得越来越强大.一个领域的顶级专家与顶级玩家,无非是他的系统一在这方面的功能被训练得越来越强大与精准.你在某个知识领域或技能领域的创新能力,其实是由你的系统一在这方面的功能界定的,"熟能生巧"就是对这一事实的朴素描述.所以说什么"填鸭式"抹杀创新能力是错误的.

高强度重复训练的本质是、方向也应该是系统二控制与训练系统一,传统主义教育模式的精髓即在于此.当然,背离了这个本质与方向,那就成了名副其实的填鸭式了.

本书还是一本试图见微知著的小书.

胡适曾为"整理国故"进行辩护说:"浅学的人只觉得汉学家斤斤计较地争辩一字两字的校勘.以为'支离破碎',毫无趣味,其实汉学家的工夫,无论如何

编辑手记

琐碎,都有一点不琐碎的元素,就是那点科学的精神."

国人喜大,做学问也如此,单看一些书名就吓人,大全、观止、概论、通史,层出不穷.这种大事化小的论述方式像木匠用的刨子,薄薄的削下一片.而外国人做学问讲究见微知著,从一个非常狭窄的方向入手,讲究小题大做,做深做透.若干年前一位搞建筑史的俄罗斯专家来访,我们请他写一本建筑史著作.他吓得连连摆手说他只能搞中世纪史中的一个小片段,除此之外他便不再是专家.

大学问家陈寅恪费墨 80 万字为一个秦淮八艳之一的杨爱写了一本《柳如是别传》(杨爱因读宋朝辛弃疾《贺新郎》中:"能见青山多妩媚,料青山见我应如是",故自号如是.柳如是之所以受青睐,原因之一是她嫁给了大文人钱谦益,钱后来向清军投降饱受世人诟病,但他的条件是:一,不能伤害无辜百姓,涂炭生灵;二,尽快恢复科举取士,让文脉延续.")一位中国顶级大史学家竟会为一个名不见经传的小人物写传,充分体现了大家独到的以小见大的眼界与方法.

本套丛书也是秉承这一理念而设计的.首先问题一定要小,最好限于中学生可理解的范围,但背景一定要深远,最好达到目前国际数学前沿.本书从一道北京高一竞赛试题谈起,介绍了亚历山大多项式、Jones 多项式等纽结理论中的基本知识.并介绍了传奇数学家、物理学家威腾的一些贡献.本书涉及名人众多,除上面提到的三位以外还有:库尔特、沃林德、莫尔、塞尔伯格、阿蒂亚、陈省身、西蒙斯、费曼等一大批名人.名人是信息社会不可缺少的元素,有他们才有人围观.这不

纽结理论中的 Jones 多项式

在网上由"陈罐西式茶货铺"引发了一场网络接龙游戏. 有：

张柏芝士蛋糕房，谢霆蜂王浆专卖店，钟欣桐油店，吴彦祖传老中医，吴奇隆胸专业会所，郑秀文胸店，桂纶美甲店，周杰伦胎专卖，陈奕迅捷快递，苍井空调专卖店，宋祖英语培训，郭美美容店，李冰冰棍批发中心，李开复印打印店，郭富成都小吃……

英国《电讯卫报》2014 年 12 月报道称：切·格瓦拉与第二个夫人所生的小儿子恩内斯托·格瓦拉(49岁)，于本月初开办了一家旅游网站，旅行社的名字为"La Poderosa Tours". Poderosa 一词是他父亲切·格瓦拉于 1952 年在医大毕业前夕，在 9 个月期间里进行南美旅行所乘坐的 500cc 摩托车的名字. 恩内斯托共推出了两种旅游路线，分别是乘坐摩托车进行环岛 6 日游和环岛 9 日游，也称为 Fuser1 和 Fuser2. Fuser 是切·格瓦拉儿时的别名.

因本书所述内容过于前沿，虽是兴趣所在，但已远超笔者所能驾驭范围. 所以大部分皆为引介他人材料，在此必须说明，否则便有失规范. 在《胡适口述自传》中，胡适讲了一件事，原文是这样的：

今日回看我在 1916 年 12 月 26 日的日记上所写"论训诂之学"，这整篇文章实是约翰·浦斯格教授为《大英百科全书》第八版所写的有关"版本学"一文的节译. 这篇文章今日已变成"版本学界"权威的经典著作了. 今版《大英百科全书》所采用的还是这一篇，假如我不说出我那篇文章是上述辅文的节要，世上将无人知道，因为我那篇节要并未说明采自何书.

编辑手记

其实这样做是有一定风险的. 在对学术文章的批评中,首先受到抨击的就是引用过多. 有些人写文章,仿佛不是给读者看的,通篇不加解释的术语,且随处引文,弯弯绕. 有些所谓学术文章,引文高达五分之三,既然如此,写它做甚? 这种文章给外行颇高深的感觉,其实不过是以艰涩饰浅陋,强不知以为知,说得严重点,就是以其昏昏,使人昭昭. 有人以为周作人后期文章,此病甚重,评论家居然认为其文有枯涩美,枯涩就是枯涩,与美何干? 当代某才子,文章如网兜,不经意间总喜欢露出他那渊博的知识储备,他也以此自得、自炫,有论者讥讽他:君之大作去掉外国人名和名言警句,大概只剩"的、地、得"了. 此乃妙评. 另有一妙评说此类人: 移动的书柜.

本书涉及较多的当代数学家是威腾. 在 Edward Witten 访谈录中 Hirost Ooguri 采访 Edward Witlen 关于 Khovanov 同调时,问:"我参加了您昨天的讲座,在那里您解释了您是如何得到了那个想法,即 Khovanov 同调可以写成当 $N=4$ 时的超杨 – Mills 在一个非寻常积分闭链上的积分. 令我印象深刻的是,您以前的文章是关键性的源头,即您与 Anton Kapustin 的工作,在其中你们列出了 Kapustin-Witten 方程,也在随后与 Davide Gaiotto 合作对关于在 $N=4$ 的超杨 – Mills 理论中的边界条件进行了研究. 当您写这些文章时,内心是否已经有了对 Khovanov 同调的应用?"

Witten 说:"回答是"否":在那些年里我知道了 Khovanov 同调理论,但却因搞不懂它而沮丧,对于它与几何 Langlands 纲领的关系毫不知晓. 之所以对于弄

纽结理论中的 Jones 多项式

不懂 Khovanov 同调感到沮丧,是因为我觉得我在 Jones 多项式方面的工作理应是了解 Khovanov 同调的一个很好的出发点,但是我就是不明白该如何进行.(从数学观点看,Khovanov 同调是一个纽结的 Jones 多项式的"精炼"或"范畴化".)实际上,Sergei Gukov, Albert Schwarz 和 Vafa 部分地借助于 Ooguri 和 Vafa 早先的工作给出了(在 2004 年)Khovanov 同调的一个基于物理学的解释.但是我觉得它有些令人困惑和沮丧,它与规范场论的关系是那样地间接和遥远.我想要找到一条更加直接的道路,但多年来我发现这很困难.

然而,数学中的一些进展最终帮助我明白了,用理解几何 Langlands 纲领同样的要素应当能理解 Khovanov 同调.我没有完全了解所有这些要素,但其中两个给了我启发.一个是 Dennis Gaitsgory 的关于数学家称之为量子几何 Langlands 纲领的工作(我不能确定一个物理学家会不会使用这个名字),它证明量子几何 Langlands 纲领的 q 参数与量子群和 Jones 多项式的 q 参数相关联.另一个则是 Sabin Cautis 和 Joe Kamnitzer 的工作,它运用一个经反复的赫克修正的空间构造了 Khovanov 同调.我一开始并不知道用这些要素来做什么,但它们像悬挂在那里的一面红旗指引我前行.

赫克变换是几何 Langlands 纲领的一个最重要的成份.它们物理的意义曾长时间困扰了我,而最终成为用物理和量子规范场解释几何 Langlands 纲领的主要障碍.最终,当我从西雅图乘飞机回家时,眼前突然一亮,在几何 Langlands 纲领的语境下,一个赫克变换竟然是以代数几何的方式去描述量子规范场论的一个"t

编辑手记

Hooft 算子",我从没有研究过"t Hooft"算子,但在1970年代后期曾为了解量子规范场介绍过它们,故我熟悉它们.对于如何运用"t Hooft"算子以及在电磁对偶下它们会发生什么变化我们已有充分的了解,所以一旦我可以用"t Hooft"算子去重新解释赫克变换时,对我来说,许多东西就豁然开朗了.

Cautis 和 Kamnitzer 用反复赫克变换空间的 B-模型解释了 Khovanov 同调,而 Kamnitzer 在另一篇文章中也猜测存在同一个空间的 A-模型的描述.从技术上说,要找到正确的 A-模型是不容易的.我之所以想真正地去了解 A-模型是因为那是人们可以期望由此获得三维或四维对称性.我研究 Khovanov 同调的主要目标是找出有明显对称性的一个描述以及与 *Jones* 多项式的规范场论之间的清晰关系.我终于成功地做到了.最具技巧性的要素是规范场必须满足一个微妙的我称之为 Nahm 极点边界条件的边界条件.(导致 Nahm 极点边界条件的基本想法是由 Werner Nahm 在30多年前在他关于磁单极的工作中引进的.)对我来说,幸运的是由于我曾在几年前与 Davide Gaiotto 一起做过一些工作,我熟悉 Nahm 极点边界条件以及它在电磁对偶中的作用.

其实他在中国也挺出名的.20世纪80年代,威腾提出了一个"威腾刚性定理".哈佛大学的鲍特和另一位数学家阿布什给出了一个证明,但这个证明非常之繁琐,几乎没有几个数学家能看懂这一证明,而来自中国的年青数学家刘克峰到哈佛后不久就给出了一个精妙的证明,不仅极其简洁,还推导出了几个全新的刚性与消灭定理.并发现了与其他数学分支意想不到的联

纽结理论中的 Jones 多项式

系.

刘小博教授最开始去美国的时候读的是黎曼几何,他的博士论文做的是紧李群中的整体极小子流形.博士毕业后,他去德国做了两年研究.在那期间他主要的工作是无穷维等参子流形,也属于无穷维黎曼几何的范畴.之后刘小博教授又回到美国,在麻省理工学院开始研究量子上同调和 Gromov-Witten 不变量理论.刘小博教授主要的研究方向就此确定下来.

Gromov-Witten 不变量是一个全新的领域.它大概是 90 年代才慢慢开始建立起来的,刘小博教授是 1988 年到美国读研究生的,因此在整个研究生阶段他都没有听说过这个领域.他第一次接触这个理论是在波恩的 Max Planck 研究所.有一些访问学者在那里开了一个关于 Gromov-Witten 不变量的讨论班.刘小博教授当时的研究兴趣还在等参子流形上,因此在这个讨论班上听了几次报告后就放弃了.而他真正从事这个领域研究,是在麻省理工学院做博士后期间开始的.在田刚教授的建议下,他开始研究由三个物理学家 Eguchi,Hori 还有 Xiong 提出的"Virasoro 猜想".这个猜想的一个特例是 Witten 的一个非常有名的猜想,当时已经被 Kontsevich 证明了. Witten 的这个猜想还有很多别的证明,其中一个证明是在前几年由 Mirzakhani (2014 年菲尔兹奖获得者)给出的.她在毕业论文里用双曲几何给出 Witten 猜想的一个证明. Virasoro 猜想是 Witten 猜想的一个推广,可以说 Witten 猜想相当于 Virasoro 猜想在辛流形是一个点的情况.当时田刚老师跟刘小博提到这个题目的时候,这个猜想刚提出来不久,能够找到的文献还非常少.刘小博教授当时能找到

编辑手记

的文献只有那三个物理学家的文章. 他当时还很少接触物理文章, 这对他早期的研究造成了很大的障碍. 其实当时这个领域对刘小博教授来说也是从未接触过的全新领域. 面对种种困难和障碍的时候, 他也曾动摇过, 也怀疑过是否能继续做下去. 但是比较幸运的是, 皇天不负有心人, 经过不懈的努力, 他后来终于找到了一个突破口, 与田刚教授合作解决了零亏格的 Virasoro 猜想.

刘小博教授在 2002 年受邀在美国数学协会大会上做主题报告. 报告内容是有关亏格为 2 的 Gromov-Witten 不变量的一些性质, 主要的结果是证明了由 Mumford 等几位代数几何学家发现的曲线模空间上的两个关系可以决定所有的具有半单上同调的辛流形上的亏格为 2 的 Gromov-Witten 不变量. 当时这个成果可以说是有些出乎意料的, 背后还有一段轶事. 在那之前, 刘小博教授在 2001 年底去 Princeton 高等研究院参加会议. 会议开始阶段他做了一个报告, 正是关于这项工作的. 当时会上有一位知名教授质疑刘小博教授的结果. 会后他来找刘小博教授, 说他和别人已发表的文章里的一个例子是刘小博教授那个结果的反例. 他说那个例子是他们三个人一块儿算的, 算了好几个月, 肯定不会错. 当时会上聚集了这个领域很多重要的人物, 比如说 Witten. 在此之前刘小博教授不知道这个反例的存在, 因此非常紧张, 担心万一这个结果有错, 可能会对以后的学术生涯带来很不好的影响, 以致会议后面的报告他都没有心思去听, 整天都在研究那个例子. 到大会结束的时候, 他已基本确定这个例子的错误所在. 会议结束以后他又做了更仔细的验算, 更加确认

纽结理论中的 Jones 多项式

他们那个例子确实有错误. 刘小博教授就把验算结果寄给那位教授, 并很快得到了回复. 那位教授承认了自己的例子确实有错. 由于最初的证明比较复杂, 别人难以理解, 后来刘小博教授又花了很长的时间, 得到了这个结果的一个简化的证明, 并进一步证明了亏格为 2 的半单条件下的 Virasoro 猜想. 关于 Virasoro 猜想的工作是刘小博教授在 2006 年世界数学家大会上所作报告的主要内容.

  近年来, 国内的科研环境和学术氛围有了很大的改善, 在很多方面并不比国外的条件差. 国家对数学学科的发展给予了很大的支持, 北京国际数学研究中心的建立就是一个例子. 这种日新月异的巨大变化吸引着刘小博教授. 虽然在国外取得了许多重大的学术成就, 但祖国的召唤却是那样真切. 感受到在国内工作, 学术上也可以进一步发展, 在人才培养上还可以发挥更大的作用, 刘小博教授决定全心回到祖国, 投身于祖国的数学事业中去. 于是他毅然放弃在著名的美国圣母大学的职务, 全职在北京大学北京国际数学研究中心工作.

  刘小博教授回国后全心投入科研工作, 在 Gromov-Witten 不变量普适方程和 Virasoro 猜想的研究上取得了新的重要进展. 刘小博教授还和他在北大的研究生王新合作解决了 Dubrovin - 刘思齐 - 张友金关于亏格为 2 的 G - 函数的猜想. G - 函数是半单上同调场论中亏格为 2 的生成函数最复杂的构成部分. 这个猜想预测 ADE 型奇点理论和 ADE 型球面轨形的 G - 函数应该为 0. 刘小博教授和王新的工作给出了 G - 函数为 0 的一个几何条件, 从而得到了这个猜想所有情形的一